플라스틱 시대

플라스틱의 역습,
어떻게 대처할 것인가?

플라스틱 시대

플라스틱의 역습,
어떻게 대처할 것인가?

초판 1쇄 발행 2022년 4월 5일
초판 4쇄 발행 2024년 7월 31일

지은이 이찬희

펴낸곳 서울대학교출판문화원
주소 08826 서울 관악구 관악로 1
도서주문 02-889-4424, 02-880-7995
홈페이지 www.snupress.com
페이스북 @snupress1947
인스타그램 @snupress
이메일 snubook@snu.ac.kr
출판등록 제15-3호

ISBN 978-89-521-3026-6 03570

THE AGE OF
PLASTIC

플라스틱 시대

플라스틱의 역습,
어떻게 대처할 것인가?

이찬희 지음

서울대학교출판문화원

'신이 내려준 선물' 또는 '현대 생활의 뼈·조직·피부'라고 불리는 동시에 '악마의 저주' 또는 '인류 역사상 최악의 발명품'이라고도 불리는 물질, 바로 플라스틱이다. 이런 평가가 보여 주듯이 플라스틱은 천사와 악마의 얼굴을 동시에 갖고 있다.

1907년 미국의 화학자 리오 베이클랜드가 최초의 합성수지인 베이클라이트를 발명한 이후, 우리는 플라스틱 시대에 살고 있다. 플라스틱 시대 사람들은 마치 마법사처럼 생각하고 원하는 모든 종류와 형태의 물건을 매우 싼 가격에 만들 수 있다. 천사의 얼굴을 한 플라스틱은 사람들에게 편리함과 물질적 풍요로움을 제공하고 삶의 질을 높이는 데 크게 기여했다.

우리는 일상생활의 거의 모든 순간을 플라스틱과 함께한다. 컴퓨터 앞에 앉아 일할 때도, 밥을 먹을 때도, 자동차와 비행기를 탈 때도, 핸드폰을 볼 때도, 옷을 입을 때도, 담배를 피울 때도, 하루 일과를 끝내고 잠자리에 들 때도 플라스틱은 천사의 얼굴을 하고 우리와 함께한다. 우리가 어디에 있든 플라스틱을 외면할 수 없다.

플라스틱은 과학의 발달과 진보에도 크게 영향을 끼치고 있다. 플라스틱은 인류가 유사 이래 사용해 오던 철, 나무, 유리, 종이, 면화 등 천연자원이 갖고 있던 단점을 하나씩 극복하면서 거의 모든 용도로 사용 가능하도록 발전하고 있다. 우리가 일상생활에서 사용하는 포장재, 생활용품과 건축용 재료뿐만 아니라 최고 수준의 첨단제품들도 플라스틱으로 만들어진다. 반도체 소자, 유기발광 다이오드(OLED), 디스플레이, 비행기와 인공위성, 수술용 의료기구와 로봇, 태양광 전지 등 첨단과학 제품들이 플라스틱을 소재로 만들어진다. 앞으로도 어떤 첨단제품이 만들어진다면 십중팔구는 플라스틱을 기반으로 할 것이다.

플라스틱은 도대체 어떤 특성을 지니기에 우리의 일상용품에서 첨단제품에 이르기까지 무궁무진하게 사용되는 것일까? 이처럼 다양하게 사용될 수 있는 것은 플라스틱이 가진 뛰어난 물성 때문이다. 어떤 모양으로든 성형이 가능하고 가벼우며 필요에 따라 강도를 조절할 수 있고 화학약품에 잘 견디고 잘 썩지 않으며 단열성, 전기절연성, 빛 투과성, 내진성 등이 뛰어나다. 여기에 그 어떤 물질보다 가격이 저렴하다. 곧 뛰어난 물성과 저렴한 가격으로 거의 모든 종류의 물건을 만드는 데 사용되면서 플라스틱은 천사의 얼굴로 우리에게 다가온 것이다.

그런데 플라스틱 제품 사용량이 급속히 늘어나면서 천사의 얼굴에 가려져 잘 드러나지 않던 악마의 모습이 조금씩 드러나기 시작하고 있다. 플라스틱 제품의 탄생 과정, 주요 성분과 폐기 과정을 살펴보면 왜 플라스틱이 악마의 재능을 지니고 있는지 알 수 있다.

플라스틱 제품의 탄생 과정을 보면 플라스틱 제품이 '화학물질의 덩어리'임을 알 수 있다. 나프타를 원료로 해 만들어지는, 우리가 플라스틱이라 부르는 합성수지도 화학물질이고, 분해와 중합을 촉진하기 위해 사용하는 촉매도 화학물질이며, 성형 과정에서 사용되는 각종 첨가제도 화학물질이다. 플라스틱에 함유된 화학물질의 일부는 유독성을 띠는데, 일정한 조건이 되면 유출되어 지구의 생태계와 환경에 영향을 미친다. 플라스틱에 첨가된 화학물질 중 일부는 적은 양으로도 어린이의 성장과 건강에 치명적인 영향을 미치는 내분비계 장애물질로 추정된다. 그리고 플라스틱 제품이 수명을 다해 매립이나 소각될 때는 인체의 건강과 환경에 해로운 영향을 미치는 다양한 오염물질을 토양, 지하수 및 대기 중에 방출한다.

가볍고 잘 썩지 않는 성질을 가진 플라스틱 폐기물은 바람에 날리거나 물을 따라 흐르면서 산과 들, 하천과 바다의 생태계를 훼손한다. 특히 바다로 유입된 플라스틱 폐기물들은 해류를 따라 지구의 오대양 어디로든 흘러간다. 1997년 미국의 해양환경운동가 찰스 무어 선장이 발견한 '태평양 거대 쓰레기 지대(Great Pacific Garbage Patch, GPGP)'와 같은 쓰레기 섬들이 대양 곳곳에 형성되고 있으며, 수심 1만 미터가 넘는 지구에서 가장 깊은 마리아나해구에서도 플라스틱 쓰레기가 발견되었다.

바다로 유입된 플라스틱 폐기물은 해양생물에 치명적이다. 2015년 8월 미국 텍사스 A&M 대학교 소속 해양생물학자들이 코스타리카 앞바다에서 코에 플라스틱 빨대가 박힌 채 구조된 바다거북이 피와 눈물을 흘리며 괴로워하는 모습을 유튜브를 통해 공개하면서 전 세계를 충격에 빠뜨린 적이 있다. 국제환경보호단체인 그린피스에 따르면 매년 바닷새 100만 마리와 바다거북 10만 마리가 플라스틱 쓰레기 조각을 먹고 죽는다. 유엔에서 환경문제를 전담하는 유엔환경계획(United Nations Environment Programme, UNEP)에 따르면 인간이 버린 쓰레기로 피해를 보는 해양생물은 267종에 달한다.

최근에는 미세플라스틱(microplastics)에 대한 우려가 커지고 있다. 하천이나 바다로 유입된 플라스틱 폐기물이 마찰, 햇볕에 의한 광분해와 공기에 의한 산화분해 등의 작용으로 5mm 이하로 잘게 부서지면서 생성되는 미세플라스틱은 바다 등 환경에 잔류하는 해로운 화학물질을 흡착·흡수하면서 해양생물 등에 매우 해로운 화학물질 덩어리가 된다. 이렇게 오염된 미세플라스틱을 하위단계 해양생물이 섭취하면 먹이사슬에 따라 생물 축적 과정을 거치면서 점점 상위단계로 이동하고, 최종적으로는 사람에게까지 영향을 미치는 것으로 알려져 있다.

이와 같이 점차 악마의 재능을 발휘하면서 지구를 역습하고 있는 플라스틱에 어떻게 대응할 것인가? 가장 간단하고 확실한 해결책은 플라스틱 시대 이전으로 돌아가 모든 플라스틱 제품을 쓰지 않는 것이다. 그러나 이것은 바람직하지도, 가능하지도 않다는 것을 우리 모두 안다. 플라스틱은 너무나 많은 분야에서 유용하게 사용되면서 사람들의 삶의 질을 높이고 있다. 예컨대 의료 분야에서 사용되는 의수, 의족, 수술용 기구와 장비, 인공혈관과 심장을 비롯한 다양한 의료용품이 안전하고 위생적인 플라스틱으로 만들어져 사람들의 질병을 치료하는 데 크게 기여하고 있다. 플라스틱으로 만든 스마트폰, 블루투스 스피커, 헤드폰 등과 같은 IT 기기가 있어 현대인들은 여가 시간을 즐겁게 보낼 수 있다. 그리고 비닐하우스, 어망 같은 농업용·어업용 플라스틱은 농·어민의 소득 증대에도 크게 기여하고 있다. 아울러 자동차와 항공기도 핵심 부품 몇 개를 제외하면 강철보다 더 강도가 높은 탄소섬유 플라스틱으로 제조된다. 이처럼 플라스틱으로 만든 자동차는 가벼워서 연료 사용량이 적기 때문에 각종 오염물질의 배출을 줄임으로써 환경 개선에도 기여한다.

곧 플라스틱은 금속, 나무, 유리, 종이 등 한정된 천연자원의 무분별한 사용을 억제하고, 소재산업·화학산업·생명공학산업·의료산업·수송산업·전기 및 전자산업·보건 및 건강산업 등 현대 산업사회를 지탱하는 다양한 산업 분야에서 핵심 소재로 사용되고 있다. 이러한 산업은 현재도 발전하고 있으며, 미래 인류의 행복을 위해서도 더욱 발전해야 한다. 플라스틱을 사용하지 않기 위해 이 모든 것을 포기하는 것은 결코 플라스틱 문제의 해결책이 될 수 없다.

가장 확실한 해결책인 플라스틱 사용하지 않기가 불가능하다면 우리가 선택할 수 있는 대안은 무엇일까? 플라스틱을 최대한 현명하게 사용하고, 플라스틱 사용으로 인한 나쁜 영향을 최소화하는 것이다. 플라스틱의 현명한 사용에는 플라스틱 사용을 최대한 억제해 꼭 필요한 분야에만 사용하고, 재활용해 다시 사용하는 것이 포함될 것이다. 그리고 플라스틱의 나쁜 영향을 최소화하는 방법에는 중합과 성형을 포함한 플라스틱 공급사슬 각 단계에서 유해성이 높은 원료, 용매와 첨가제 사용을 최소화하고, 환경적 영향이 적은 바이오플라스틱을 사용하는 것이 포함될 것이다.

플라스틱 문제를 해결하기 위해서는 플라스틱 전반에 대해 제대로 이해하는 것이 무엇보다 중요하다. 플라스틱은 무엇이고 어떤 특성을 지니는지, 플라스틱은 어떤 종류가 있고 어떤 용도로 사용되는지, 플라스틱은 어떤 과정을 거쳐 만들어지고 어떤 일생을 살아가는지, 플라스틱에는 어떤 첨가제가 사용되고 이러한 첨가제가 사람의 건강과 환경에 어떤 영향을 미치는지, 플라스틱과 내분비계 장애물질 사이에는 어떤 관계가 있는지, 최근 문제가 되고 있는 미세플라스틱은 어떻게 생성되고 해양생물을 비롯한 해양생태계에 어떤 물리적·화학적 영향을 미치는지, 플라스틱 문제를 관리하기 위한 제도와 정책에는 무엇이 있는지, 더욱 심각해지고 있는 플라스틱 문제의 본질은 무엇인지, 플라스틱 문제 해결을 위한 실질적인 방안에는 무엇이 있는지 등, 이 책은 이러한 질문에 대한 해답을 구하는 내용으로 구성되어 있다. 그러다 보니 마치 플라스틱에 대한 백과사전처럼 느껴지기도 한다. 비록 빈약한 백과사전이지만, 이 책이 플라스틱에 대한 이해를 높이고 문제를 해결하는 데 조금이라도 도움이 되었으면 하는 바람이다.

이찬희 교수는 필자가 환경부 장관(1999.6.-2003.2.)으로 일할 때 비서관으로 함께했던 인연이 있다. 그 소중한 인연은 오늘날까지 이어지고 있다. 무엇보다도 이 책의 추천사를 쓰게 되어 기쁘다. 필자는 이 책의 출간을 특히 뜻깊게 생각한다. 그럴 만한 이유가 있다. 필자가 회장으로 일하던 한국과학기술단체총연합회(한국과총)가 2018년 말 '올해의 10대 과학기술 뉴스'를 선정했는데, 그때 1위가 '미세먼지와의 전쟁', 2위가 '플라스틱의 역습'이었다. 선정위원회 전문가 36명과 7,800명이 온라인 투표로 선정한 결과였다. 한 해를 결산하는 한국 과학기술 뉴스의 상위 1, 2위에 환경 뉴스가 올라간 것이다.

한국과총 회장으로서 필자는 2019년 TF를 구성해 1년 동안 '플라스틱 이슈 포럼'을 6회 시리즈로 개최했다. 정부, 시민, 산업체, 지자체 등 경제주체별 역할과 정책 대안을 제시하기 위해서였다. 그때 플라스틱 이슈 포럼의 위원장으로 프로그램을 기획하고 진행을 총괄하는 리더의 역할을 한 사람이 바로 이 책의 저자 이찬희 교수였다. 이찬희 교수를 아는 사람은 그가 얼마나 책임감 있고 학구적이며 겸손하고 진지한 사람인지를 안다. 그가 2013년 환경부 노조가 뽑은 '닮고 싶은 간부 공무원'으로 선정된 것도 그의 이런 장점이 한몫을 했을 것이다. 플라스틱 이슈 포럼의 심층토론 결과를 총정리하고 이 교수의 추가 연구 노력이 합쳐진 결실이 이 책이고 보니, 감개가 무량하다.

오늘날 플라스틱이 없는 세상은 상상할 수가 없다. 미국의 과학 저널리스트 수전 프라인켈은 그의 저서『플라스틱사회』에서 "플라스틱은 현대 생활의 뼈, 조직, 피부"라고 했다. 실감 나는 표현이다. 2차 산업혁명기인 19세기 말에 선보이기 시작한 플라스틱이 없었더라면, 제2차 세계대전의 잿더미를 딛고 현대 산업문명이 불사조처럼 일어날 수 없었을 것이다.

경이로운 신소재 플라스틱은 20세기 중반부터 뛰어난 물성과 편의성, 경제성으로 철, 목재, 유리, 종이, 면화 등 천연자원을 대체하기 시작했다. 드디어 온통 플라스틱에 둘러싸인 '플라스틱 시대'가 열렸고, 급기야는 한 번 쓰고 휙 버리는 '일회용품 시대'가 되어 버렸다. 마치 신의 선물처럼 등장한 플라스틱은 이제 지구 생태계에 재앙이 되고 있고, 21세기 글로벌 리스크로 부상했다.

세계 각국에서 플라스틱 사용 규제, 재활용 확대 등 다양한 대책을 강구하고 있지만, 근본적 해결이 되기에는 플라스틱을 비롯한 폐기물 관리가 너무 복잡하고 어렵다. 중앙정부의 정책만으로 플라스틱 이슈가 해결되리라 기대하기는 어렵다. 생활 속에서 일회용품 사용을 줄이고, 재활용 과정을 과학적·기술적·사회적으로 혁신하는 등 모든 경제주체가 참여한 새로운 행동규칙이 나와야 한다. 과학기술계는 차세대 플라스틱 연구개발의 성과를 내고, 유통을 비롯한 산업계는 지속가능경영으로 전환하며, 중앙정부는 경제주체의 실행효과를 극대화할 수 있도록 정책을 수립하고 지방정부는 이를 차질 없이 집행해야 한다.

이 책은 '플라스틱의 모든 것'을 낱낱이 수록한 백과사전 같은 책이다. 플라스틱의 역사, 국내외 플라스틱 생산과 이용 실태, 플라스틱의 환경적·사회적 영향, 재질·구조, 플라스틱 남용의 심각성, 재활용의 현황과 한계, 폐기물 저감 방안, 대체 소재의 개발, 플라스틱 문제해결을 위한 국내외 정책과 대응 방안 등 온갖 세부 주제를 충실하게다루면서 플라스틱의 모든 이슈를 망라했다. 플라스틱 오염이 심각하다 보니, 하기 쉬운 말로 '플라스틱 제로', '탈플라스틱' 같은 과격한구호도 나온다. 그러나 플라스틱 자체는 선도 악도 아니다. 사람들이그것을 어떻게 쓰는가에 따라 그 위험성의 크기가 결정된다. 따라서균형적 시각에서 다루는 것이 중요하다. 이 책은 그런 균형감각으로집필된 책이다.

저자는 집필과정에서 해외 최신자료를 비롯한 이론적 접근에도충실하면서 환경부와 국제기구에서 쌓았던 실무 경험도 살렸다. 글로벌 리스크로 부상한 플라스틱 문제를 어떻게든 해소해야 하는 중차대한 시점에 '플라스틱 교과서'가 나왔으니 거듭 반갑다. 이 한 권의 책이 우리 시대 플라스틱 문제의 실체와 해결방안을 찾는 데 길잡이가될 수 있기를 기대한다. 그리고 더 많은 전문가들이 플라스틱에 관한국민이해 운동에 힘써 주기를 바란다.

김명자
서울국제포럼 회장·한국과총 명예회장·전 환경부 장관

차례

제2장 플라스틱은 인체와 환경에 어떠한 영향을 미칠까?

제3장 플라스틱 문제 해결을 위한 제도와 정책에는 무엇이 있을까?

제4장 플라스틱 문제, 어떻게 해결할 수 있을까?

제5장   플라스틱 문제 해결을 위해 우리는 무엇을 해야 할까?

1

플라스틱 시대는
어떻게 도래했나?

플라스틱은 무엇인가?

1. 플라스틱의 두 얼굴

로마 신화에 등장하는 야누스처럼 플라스틱은 두 개의 얼굴을 가지고 있다. 유리, 금속, 나무, 돌 같은 전통적인 물질들에 비해 뛰어난 물성과 경제성으로, 플라스틱은 '신이 내려준 선물' 혹은 '기적의 소재'라는 찬사를 들으며 천사의 얼굴로 나타나 인류가 지금까지 꿈꿔 온 편리함, 안전함과 풍요로움을 제공하고 있다. 그러나 동시에 악마의 얼굴을 드러내고 지금껏 존재해 온 그 어떤 물질도 가지지 못한 난분해성과 유해성으로 사람의 건강과 환경에 나쁜 영향을 끼쳐 '인류 역사상 최악의 발명품'이라고도 불린다.

천사와 악마의 두 얼굴을 가진 플라스틱은 지구상에 등장한 지 약 110년이 지난 현재, 산업과 생활 각 분야에서 기존 천연 소재를 대체해 광범위하게 사용되고 있으며, 사용 범위와 사용량이 지속적으로 확대되고 있다. 인류의 역사를 석기시대, 청동기시대, 철기시대로 구분한다면, 현대는 플라스틱 시대라고 할 정도로 플라스틱은 현대 문명을 지탱하는 핵심 소재로 사용되고 있다. 그렇다면 플라스틱에는 도대체 어떤 성질이 있기에 이토록 광범위하게 사용되는 것일까? 플라스틱의 종류에 따라 다소 차이가 있지만, 다음과 같은 특징 때문에 기적의 소재로 불리며 그 용도를 지속적으로 확대해 가고 있다.

우선, 성형가공성이 매우 뛰어나다. 열가소성이 있고 사출성형이

용이하기 때문에 제품의 형상이 아무리 복잡하더라도 쉽게 제조할 수 있다. 이러한 성형가공성으로 인해 디자이너들은 플라스틱으로 만들어지는 의자, 인형, 커피포트, 자동차, 주방용품 등 거의 모든 제품에서 현대적 미학을 창출할 기회를 얻었다. 예컨대 과거에는 상상도 하지 못했던 다양한 모양의 일체형 의자를 만들 수도 있다. 또한 플라스틱은 필요에 따라 투명하게 만들거나 착색제를 첨가해 다양한 색상으로 만들 수도 있다. 디자인에서 모양과 색상이 매우 중요한 요소임을 고려할 때, 플라스틱의 뛰어난 성형가공성과 다양한 색상은 일상생활에서 사용하는 제품의 디자인에 무한한 상상력과 예술성을 발휘하는 토대가 되었다.

플라스틱의 또 다른 특징은 가볍고, 결합된 분자들의 구조와 배열에 따라 강도가 다양하다는 것이다. 플라스틱의 비중은 0.9~1.6 정도인 것이 가장 많으며, 금속이나 유리에 비해 가볍기 때문에 제품을 경량으로 만들 수 있다. 심한 외상으로 팔다리를 잃은 사람들이 착용하는 의족과 의수를 생각해 보자. 플라스틱이 등장하기 전에는 금속, 가죽 또는 나무 등으로 의족과 의수를 만들어 착용했다. 그러나 이런 소재로는 만들기도 어렵고 성능도 떨어졌지만, 무엇보다 너무 무거워 사용하기 불편했다. 그러나 요즘 3D 프린터로 제작되는 플라스틱 의족과 의수는 만들기도 쉽고 성능도 뛰어나며, 무엇보다 가벼워 이전의 것과 비교할 수 없을 정도로 편리하다. 따라서 플라스틱은 사용자들에게 축복의 물질이 되고 있다.

최근에는 엔지니어링 플라스틱 및 탄소섬유강화 플라스틱과 같이 가벼우면서도 강도가 강한 복합소재가 개발되어 소재산업의 혁신이 이루어지고 있다. 예컨대 탄소섬유강화 플라스틱은 철보다 75% 가벼우면서도 강도는 약 10배, 탄성은 약 7배 우수한 특성을 지녀 철을 대체할 차세대 경량 소재로 각광받고 있다. 이처럼 경량이면서도 강도가 강한 플라스틱 소재는 자동차와 항공기 등에 폭넓게 사용되어 에너지 효율화와 연비 개선에 크게 기여하고 있다.

내화학성(chemical resistance)과 내부식성(corrosion resistance)도 플라스틱의 큰 장점 중 하나다. 내화학성은 산, 염기, 유기용제 등의 화학약품에 견디는 성질을 말하며, 내부식성은 수분, 공기 등에 의해 부식되거나 침식되지 않고 잘 견디는 성질을 말한다. 이러한 내화학성과 내부식성은 특히 금속과 비교할 때 부각되는 플라스틱의 큰 장점 중 하나다. 이러한 성질 때문에 표면 처리, 도장 또는 음극 보호와 같은 보호 처리를 추가하지 않아도 혹독한 환경에서 사용할 수 있을 뿐만 아니라, 각종 물질 보관용기로도 사용 가능하다.

단열성과 전기절연성도 플라스틱의 중요한 특징 중 하나다. 플라스틱은 열을 차단하는 성질이 우수하기 때문에 건축물의 단열재 또는 아이스박스에 이용되고 있다. 대부분의 플라스틱은 전기절연성이 좋아 전기를 잘 전달하지 않으며, 고주파 전기에도 우수한 저항성을 나타낸다. 이러한 절연성 때문에 스위치, 조명기구, 배선 및 회로기판 같은 전기·전자제품과 그 부품으로 널리 사용되고 있다. 또한 플라스틱은 전도성 물질을 적당히 혼합해 전도성을 띤 물질로 만들 수도 있고, 필요에 따라 전기절연성을 조절할 수도 있어 전기재료에 많이 이용된다.

그 외에도 플라스틱은 빛을 잘 통과시키는 투광성이 우수해 유리와 똑같은 용도로 이용할 수 있으며, 충격을 흡수하는 성질이 있어서 제품포장 완충재로도 사용된다. 아울러 수십에서 수백 퍼센트까지 탄성이 큰 플라스틱은 고무공업용 재료로도 사용된다.

무엇보다 플라스틱의 가장 큰 장점은 뛰어난 경제성이다. 각종 기름과 가스를 정제하는 정유공장은 연중무휴로 돌아가면서 플라스틱의 원료가 되는 에틸렌가스 같은 부산물을 계속해서 내놓는다. 이러한 부산물은 어떻게든 처리해야 하므로 플라스틱 원료로 사용하지 않았다면 폐기물에 지나지 않았을 것이다. 그러나 플라스틱 원료로 사용되면서 수익을 창출하는 자원이 된 것이다.

플라스틱 원료는 충분하기 때문에 시장논리에 따라 가격이 저렴할 수밖에 없다. 낮은 가격은 뛰어난 물성과 더불어 플라스틱 제품의 확산에 크게 기여했다. 수많은 시장에서 플라스틱은 전통 물질에 도전해 승리했다. 포장에서 종이, 유리와 금속을 몰아냈고, 가구와 건축물에서 나무를 몰아냈으며, 주방용품과 생활용품에서 사기, 유리, 나무를 몰아냈다. 의류에서는 면화와 비단에 승리를 거두었다. 심지어 자동차와 비행기에서 철을 몰아냈고, 1980년대에는 플라스틱 생산량이 철강 생산량을 넘어섰다. 저렴한 가격과 뛰어난 물성 때문에 플라스틱은 놀라울 정도로 짧은 기간에, 수전 프라인켈이 『플라스틱사회』에서 말한 바와 같이, 현대 생활의 뼈, 조직, 피부가 되며 플라스틱 시대를 열었다.

이러한 장점을 가진 플라스틱이 없었다면 세상이 어떻게 되었을지 간단하게 생각해 보자. 먼저, 지금처럼 IT 기기를 활용해 영상을 보고, 게임을 하며, 음악을 듣는 문화생활이 어려워졌을 것이다. 우리가 일상생활에서 사용하는 스마트폰, 노트북, 게임기, 디스플레이, 모바일 프로젝터, 블루투스 스피커, 헤드폰과 같은 첨단 IT 기기가 모두 플라스틱으로 만들어지기 때문이다.

그리고 플라스틱이 없었다면 질병이 있는 사람들이 지금보다 훨씬 더 많은 어려움을 겪었을 것이다. 어떤 모양으로든 만들 수 있고 유연성, 안전성과 위생성이 뛰어나기 때문에 사람의 몸 안으로 들어가는 인공혈관과 인공심장 등을 만들 수 있으며, 극도로 안전성이 요구되는 수술용 기구도 대부분 플라스틱으로 제작된다. 곧 플라스틱은 사람들의 질병을 치료하고 생명을 연장하는 데도 크게 기여한다.

플라스틱은 농민과 어민들의 소득증대에도 크게 기여하고 있다. 온도와 습도를 조절할 수 있는 비닐하우스 및 멀칭필름은 계절의 구분 없이 다양한 야채를 재배할 수 있도록 해 농민들의 소득증대에 크게 기여하고 우리의 식탁을 풍성하게 해준다. 어업에 사용되는 각종 그물과 로프, 양식에 사용되는 부표와 도구들도 대부분 플라스틱으로 만든다.

플라스틱이 없었다면 지금과 같이 따뜻한 집에서 살 수 없을지도 모른다. 플라스틱으로 만들어진 단열재가 열이 외부로 나가지 못하도록 막아 실내온도를 따뜻하게 유지할 수 있다. 그리고 플라스틱이 없었다면 현대의 혁신적인 제품들도 만들 수 없을 것이다. 예컨대 고해상도 반도체 소자, 다양한 시각정보를 제공하는 액정 디스플레이, 고성능 2차전지, 초극세사와 기능성 섬유, 가벼우면서도 강도가 높은 자동차와 비행기 소재 등은 플라스틱이 개발되지 않았다면 볼 수 없었을 것이다.

그러나 사용량이 급속하게 늘어나면서 플라스틱이 매우 빠른 속도로 '악마의 얼굴'을 드러내고 있다. 그동안 천사의 얼굴에 가려 보이지 않다 플라스틱이 대세물질이 되어 과다하게 사용되자 더 이상 감출 수 없었던 것이다. 동전의 양면처럼 플라스틱이 가진 많은 장점이 바로 악마의 재능이며, 플라스틱으로 초래되는 많은 문제의 근본 원인이라는 사실은 매우 역설적이다.

가볍고 쉽게 썩지 않는 플라스틱의 장점은 오히려 플라스틱을 바람에 흩날리고, 물에 떠다니게 만들어 장기간 산, 하천, 바다의 생태계를 파괴하는 원인으로 작용한다. 폐플라스틱을 매립할 경우에도 땅속에서 썩지 않아 매립장의 안정화를 방해한다. 다양한 모양과 색상으로 쉽게 디자인할 수 있지만 그 과정에서 첨가된 가소제, 착색제, 유연제와 같은 화학물질로 인해 매립 시 침출수 등이 발생해 주변의 토양, 지하수 및 바다를 오염시키고, 소각 시에는 다이옥신, 퓨란 등 각종 대기오염물질을 방출해 사람의 건강과 환경에 나쁜 영향을 미친다.

플라스틱의 또 다른 장점 중 하나인 저렴한 가격은 필요 이상으로 플라스틱 제품을 많이 만들게 하는 원인이기도 하다. 우리 생활에 널리 사용되는 일회용 플라스틱 제품과 포장재의 상당량은 거의 공짜에 가까운 가격에 공급되고 있는데, 가격이 저렴하지 않았다면 지금처럼 많이 사용되지 않았을 것이다. 또한 가격이 저렴하기 때문에 좀 더 오랜 기간 사용할 수 있고 다시 사용할 수 있음에도 너무 쉽게 버려 엄청난 양의 플라스틱 폐기물을 양산한다.

아울러 낮은 가격은 플라스틱 폐기물의 해결방안 중 하나인 재활용을 어렵게 한다. 플라스틱을 효율적으로 재활용하기 위해서는 철저한 분리배출과 회수·선별 과정에서 플라스틱 재질별 선별과 이물질 제거, 품질 좋은 재생원료 생산 등이 필요하다. 그러나 이러한 과정에 인건비 등 많은 비용이 소요되어 폐플라스틱을 재활용해 재생원료를 생산하는 비용보다 신규 합성수지 가격이 오히려 낮거나 비슷해 재활용의 경제성을 맞추기가 매우 어렵다. 따라서 시장의 원리에 의해서는 재활용이 어려우므로, 재활용을 활성화하기 위한 제도적·정책적 지원이 필요하다.

플라스틱의 성형가공성, 가소성, 난연성, 색상, 반부식성, 열안정성 등을 높이기 위해 사용되는 각종 첨가제는 플라스틱의 장점을 극대화하는 데 크게 기여했으나 이 가운데 일부는 유해물질이며, 일부는 내분비계 장애물질이다. 이러한 물질들은 남성과 여성의 생식기능 이상 초래, 비만과 당뇨병 증대, 사회성 약화 등 다양한 질병과 부조화를 불러오는 것으로 의심받고 있다.

최근 들어서는 플라스틱 쓰레기로 인한 해양생태계 파괴와 미세플라스틱 문제가 많은 우려를 낳고 있다. 여러 연구결과를 종합하면 1,000만 톤 이상의 플라스틱 폐기물이 매년 바다로 흘러 들어가며 그 양이 점점 많아지고 있다. 이렇게 바다로 유입된 플라스틱 폐기물은 해류를 따라 이동해 북태평양 등 해양 곳곳에 거대한 플라스틱 섬을 형성하는 등 해양생태계를 훼손하고 있다.

또한 하천이나 바다로 흘러 들어간 플라스틱은 마찰, 햇볕에 의한 광분해나 산화분해 등의 작용으로 잘게 부서지면서 미세플라스틱으로 전환된다. 미세플라스틱은 플라스틱 제조 과정에서 사용되는 유해한 가소제 등 다양한 첨가제를 함유하고 있을 뿐만 아니라, 바다 등 자연에서 독성물질이라 할 수 있는 잔류성 유기오염물질 등을 흡수 또는 흡착하는 특성을 가지고 있다. 이러한 미세플라스틱은 해양생물의 먹이가 되며 먹이사슬에 따라 사람에게까지 영향을 미치는 것으로 알려져 충격을 주고 있다.

천사와 악마의 두 얼굴을 가진 플라스틱은 지금 이 순간에도 계속 사용량이 늘어나고 있다. 천사가 주는 편리함, 안전함과 풍요로움, 악마가 몰고 오는 환경오염과 생태계 훼손 중에서 우리는 과연 무엇을 선택할 것인가? 천사가 주는 혜택을 누리면서 악마의 재능이 발현되지 않도록 해 환경 훼손을 막을 방법은 없을까? 쉽지는 않지만, 악마의 재능을 막거나 줄일 방법은 분명 있다.

플라스틱의 역습에 잘 대응하기 위해서는 먼저 플라스틱에 대해 잘 알아야 한다. 플라스틱의 역사, 중합과 성형 과정, 특성과 쓰임새, 첨가제와 흡착물질의 종류와 독성 등 플라스틱 전반에 대한 이해를 바탕으로 대응방안을 수립한다면 플라스틱의 역습으로부터 우리의 건강과 지구의 생태계를 지키고, 플라스틱이 지닌 악마의 재능이 발현되는 것을 최소화할 수 있을 것이다.

2. 플라스틱의 정의[1]와 범위

플라스틱(plastic)은 그리스어 플라스티코스(plasticos)에서 유래한 것으로, '조형이 가능한', '가소성(可塑性)의', '금형으로 가공이 가능한'이라는 의미를 지닌다. 곧 "어떤 물체가 플라스틱이다."라고 말할 때는 돌이나 나무처럼 그 형태가 언제까지나 유지되는 것이 아닌, 어떤 조건에 따라 물러지게 했다가 다시 딱딱하게 굳힐 수 있는 물성을 가졌다고 기대되는 물체라는 것을 의미한다. 플라스틱이 인류가 오랫동안 사용해 온 전통적 소재인 돌, 나무, 금속, 유리 등에 비해 가공성이 뛰어나기 때문에 이러한 명칭이 사용된 것으로 보인다.

플라스틱을 고분자(高分子, macromolecule)라고 하는데, 그렇다면 무엇을 고분자라고 할까? 우리 주변에는 다양한 종류의 유기물질이 있다. 그중 알코올, 가솔린, 설탕 같은 물질은 기화하기 쉽고, 물이나 유기 용매에 잘 녹으며, 녹은 용액도 끈적거리지 않는데, 이는 분자량이 작기 때문이다. 이렇게 분자량이 작은 물질을 저분자화합물이라고 부른다. 반면에 녹말, 솜, 명주 등은 물이나 유기용매에 잘 녹지 않는데, 이처럼 용해성이 나쁜 것은 분자량이 크기 때문이다. 곧 녹말은 수천 개의 포도당(글루코스)이 쇠사슬처럼 연결된 고분자이고, 솜은 주성분이 셀룰로스(cellulose)인 포도당 수천 개가 쇠사슬 모양으로 연결되어 있다. 이렇게 분자량이 큰 물질을 고분자화합물이라고 한다.

녹말, 솜, 명주 등은 자연 상태에서 만들어지기 때문에 천연고분자(天然高分子, natural polymers)라고 한다. 이에 비해 플라스틱은 저분자화합물을 원료로 공장에서 인공적으로 만든 고분자, 즉 합성고분자(合成高分子, synthetic polymers)로 1만 개 이상의 분자량이 연결되어 있다.

---

1   우리나라 KS표준용어사전에서는 플라스틱을 가열·가압 또는 이 두 가지에 의해서 성형(成型)이 가능한 재료 또는 이런 재료를 사용한 수지제품(樹脂製品)이라고 정의하고 있다. 그리고 두께가 0.25mm 미만의 막 모양 플라스틱을 플라스틱 필름, 0.25mm 이상의 얇은 판 모양 플라스틱을 플라스틱 시트로 정의하고 있다.

합성고분자도 천연고분자와 마찬가지로 물이나 보통 유기용매에서는 잘 녹지 않는다. 특별한 용매를 사용하면 녹는 것도 있으나 그 용액은 매우 끈적거린다.

일반적으로 플라스틱은 구조가 매우 단순하고 분자량도 작은 분자인 단량체(monomer)가 열이나 압력 또는 촉매 등의 작용으로 다수 결합해 생긴 중합체(polymer)다. 즉 단량체는 플라스틱을 형성하는 기초단위인 단위분자다. 분자는 탄소(C) 원자와 다른 원소들 간의 공유결합으로 연결되어 있다. 이때 탄소와 연결되는 원소는 수소(H), 질소(N), 산소(O), 불소(F), 실리콘(Si), 황(S), 염소(Cl) 등이다.

생활용품과 산업용품 등 상업적으로 사용되는 대부분의 플라스틱은 가소성(可塑性, plasticity)[2] 같은 특수한 기능을 부여할 목적으로 가소제, 안정제, 충전제 또는 다른 첨가제와 함께 사용된다. 플라스틱의 가장 큰 특징인 열가소성(熱可塑性, thermoplastic)은 열을 가하면 부드럽게 되고 모양을 누르면 그 모양대로 찍히며, 열이 식으면 찍힌 모양대로 굳어지는데, 다시 열을 가하면 부드럽게 되어 마음대로 모양을 바꿀 수 있는 성질을 말한다.

법령이나 학계에서는 플라스틱을 다양한 개념으로 사용하고 있다. 가장 넓은 의미로는 천연고분자와 합성고분자를 모두 포함하는 고분자를 플라스틱이라고 부른다. 천연고분자는 천연으로 존재하거

---

2   가소성은 고체가 외부에서 탄성 한계 이상의 힘을 받아 형태가 바뀐 뒤 그 힘이 없어져도 본래 모양으로 돌아가지 않는 성질을 말한다.

그림 1-1. 고분자의 분류

나 생물에 의해 만들어지는 고분자 물질로, 셀룰로스, 녹말, 단백질, 효소, 송진, 천연고무 등을 들 수 있다. 고분자에서 천연고분자를 제외한 합성고분자를 플라스틱이라고 할 때도 있다. 이때 플라스틱에는 합성수지 외에 합성섬유와 합성고무가 포함된다. 합성섬유는 나일론, 폴리에스터, 아크릴섬유 등 인조섬유를 말하며, 합성고무는 두 가지 이상의 원료물질에 촉매를 가해 중합시킨 고무를 말한다. 그리고 가장 좁은 의미의 플라스틱은 합성수지를 가리키는데, 가장 일반적으로 사용된다. 이때 합성수지(合成樹脂, synthetic resin)는 석유나 석탄, 천연가스 등을 원료로 해 인위적으로 합성한 수지를 말한다(그림 1-1).

플라스틱 개발 이야기

자연계에 존재하는 고분자들도 플라스틱의 일종이라고 본다면 이미 인류는 오래전부터 다양한 형태의 플라스틱을 사용해 왔다고 할 수 있다. 고대부터 보석으로 취급되는 호박(琥珀, amber)도 일종의 플라스틱으로 볼 수 있고, 성경에 등장하는 유향(乳香, frankincense) 역시 식물에서 추출된 플라스틱 물질이다. 또한 아메리카 원주민들이 옛날부터 씹어 왔던 고무 역시 플라스틱 물질로 간주할 수 있을 것이다. 하지만 이렇게 자연계에서 유래한 천연고분자는 플라스틱으로 인식하지 않는 경향이 있는데, 사람들이 플라스틱은 산업적으로 생산된 제품이어야 한다고 인식하기 때문인 듯하다.

이렇게 어떤 물질이 플라스틱이라고 불리려면 사람의 손에 의해 일정 부분 인위적으로 합성되어야 한다는 암묵적인 동의가 현대사회에 널리 퍼져 있다. 이를 고려하면 플라스틱의 역사는 19세기 하반기 셀룰로스, 나무수액, 면섬유, 나무가루, 뼛가루 같은 천연물질에 화학물질을 첨가해 만든 반(半)합성물질에서 시작되었다고 할 수 있다. 그리고 20세기 초에 처음 인공적으로 만든 합성수지가 개발된 이후 플라스틱은 비약적인 발전을 거듭해 왔다.

플라스틱 개발의 주요 역사를 살펴보면 다음과 같다.

1. 파크신 개발

19세기 중반 유럽과 미국에서는 당구가 열풍이었는데, 서민들은 나무나 점토로 만든 공을 사용했지만 부유층은 천연중합체인 상아로 만든 당구공을 선호했다. 1813년 영국 버밍엄에서 태어나 전기도금 등 금속에 관한 60개 이상의 특허를 가지고 있던 알렉산더 파크스는 인조 당구공을 만들겠다는 목표를 세우고 연구를 거듭한 끝에, 파크신(Parkesine)을 만들어 1862년 영국 국제박람회에 출품해 동메달을 받았다.

파크스는 천연고분자로 식물계에서 얻을 수 있는 셀룰로스에 질산과 약간의 용매를 섞어 나이트로셀룰로스(nitrocellulose)를 합성했고, 이것을 고온에서 가열한 뒤 용매를 모두 날려 버리면 딱딱하게 굳어 원하는 모양대로 성형이 가능하다는 것을 발견했다. 그는 이 물질이 당구공 외에도 아주 다양한 용도로 활용될 수 있음을 알아채고, 파크신이란 이름을 붙여 칼 손잡이, 담배파이프 자루, 목걸이 메달, 조가비 등 금속제품이나 자연물 모사품을 만들어 국제박람회에 출품했다.

파크스는 파크신을 이용한 원대한 계획을 세웠다고 한다. 당구공은 물론이고 솔, 신발 밑창, 채찍, 지팡이, 단추, 브로치, 버클, 장식품, 우산, 작업대 등 수많은 것을 만들려고 했다. 모두 오늘날 흔히 플라스틱으로 만들어지는 것이다. 파크신은 가죽이나 고무, 뿔 같은 천연재료보다 쌌기 때문에 상업적 가능성이 무궁무진했다.

그럼에도 불구하고 파크스가 세운 파크신컴퍼니는 차츰 삐걱거리다 망하고 말았는데, 파크스가 원가절감을 위해 싼 원재료를 사용했기 때문이라고 전해진다. 또 파크신에는 건조하면 크기가 줄어들고 습도가 높으면 다시 조금 부푸는 치명적인 약점이 있었다. 파크스는 파크신의 개발로 경제적 성공을 거두지는 못했지만, 최초로 플라스틱을 발명한 '플라스틱의 아버지'로 불린다.

2. 셀룰로이드 개발

1837년 미국 뉴욕주 북부에서 태어난 존 웨슬리 하이엇은 여느 19세기 발명가들처럼 대학교육을 받지 못했고 인쇄소에서 견습 생활을 했다. 그런데 1860년대 미국 최대 당구장비 회사 펠런앤콜렌더(Phelan and Collender)가 미국의 한 신문에 '당구공을 만들 새로운 물질을 가져오면 1만 달러를 주겠다'는 광고를 냈다. 당시 1만 달러는 현재 가치로 18만 달러(약 2억 원)가 넘는다. 19세기 당시에는 당구공뿐만 아니라 각종 공예품, 피아노 건반, 빗 등 다수의 물건을 상아로 만들었다. 그 결과 코끼리 개체 수가 급격히 줄기 시작하고, 오늘날 동물보호단체의 시초격인 단체들이 생겨나 무차별적인 상아 채취에 반대하는 운동을 벌였다. 공급이 줄어들자 상아 가격이 폭등했다.

하이엇은 신문광고를 보고 당구공 개발에 뛰어들었다. 그는 인쇄공 출신답게 처음에는 종이를 이용해 당구공을 만들려고 했다. 바싹 말린 나무로 기본 형태를 잡고 물에 불린 종이, 헝겊, 아교 등을 겉에 발라 마무리했다. 하지만 그렇게 만들어진 당구공은 튼튼하지 않았고 무게도 가벼웠다. 그렇게 실패를 거듭하던 중 나이트로셀룰로스를 알코올에 용해한 콜로디온(collodion)이란 약품을 쏟았는데, 알코올이 공기 중으로 날아가고 나이트로셀룰로스가 굳어져 단단한 판을 형성한 것을 발견했다. 여기서 영감을 얻은 그는 나이트로셀룰로스와 장뇌를 혼합해 새로운 물질을 만들어 냈다. 그리고 이 물질에 셀룰로이드(Celluloid)라는 이름을 붙여 1869년 특허를 냈는데, 이로써 또 하나의 플라스틱이 탄생했다.

하이엇이 셀룰로이드로 만든 당구공은 상아처럼 단단하고 무게도 적당했다. 열을 가하면 어떠한 모양으로도 만들 수 있고, 열이 식으면 단단하고 탄력이 생겼다. 그러나 셀룰로이드 당구공에는 하나의 문제가 있었다. 셀룰로이드의 주원료인 나이트로셀룰로스는 화약제조에도 사용되는 물질이어서 충돌 시 엄청난 소리가 나고, 충격을 받으면 터지는 경우가 종종 있었다. 하이엇이 셀룰로이드 당구공으로 상금을 받았는지 못 받았는지는 정확한 기록이 남아 있지 않다고 한다. 폭발 문제로 못 받았다는 이야기도 있고, 반만 받았다는 이야기도 있다. 하지만 1만 달러의 상금은 중요하지 않았다. 셀룰로이드는 가격이 저렴하고 성형이 쉬워 장난감, 주사위, 영화필름, 안경테, 단추 등 일상용품 전반에 사용되어 그에게 경제적 부를 안겨 주었다.

아마 셀룰로이드가 남긴 가장 큰 영향은 영화필름의 기초물질로 사용된 점일 것이다. 셀룰로이드가 사용된 영화필름은 현실을 이미지로 완벽하게 전환하고, 살아 있는 3차원의 존재를 스크린에서 왔다 갔다 하는 2차원의 유령으로 만들어 영화산업의 발전에 크게 기여했다. 이제까지 연극으로 상류층만 즐기던 극 장르를 셀룰로이드가 사용된 영화필름으로 만든 영화를 통해 모든 대중이 공유할 수 있게 되었다.

그런데 파크스가 개발한 파크신과 하이엇이 개발한 셀룰로이드가 모두 나이트로셀룰로스를 원료로 하기 때문에 하이엇이 파크스의 파크신을 모방한 것 아닌가 하는 의문이 든다. 이에 대해서는 역사적 설명이 나뉜다. 하이엇은 1914년 응용화학계 최고 영예인 퍼킨상을 받는 자리에서 자신은 파크스의 업적을 몰랐다고 주장했다. 1870년대부터 1880년대 사이 파크스의 후계자인 대니얼 스필과 하이엇 사이에

격렬한 법정 다툼이 벌어졌다. 판사의 최초 판정은 스필에게 유리하게 내려졌지만, 최종적으로는 파크스가 파크신을 발명한 것으로 인정하면서 하이엇의 셀룰로이드에 대해서도 정황상 표절은 아니라고 판단해 양측 모두에 배타적 독점권을 인정하지 않았다.

이 판결에 따라 스필과 하이엇이 세운 회사는 독자적으로 파크신과 셀룰로이드를 사용해 제품을 제조할 수 있게 되었다. 그러나 하이엇의 셀룰로이드는 엄청난 성공을 거둔 데 비해 파크스의 파크신은 역사의 뒤안길로 사라지고 말았다. 두 물질 모두 나이트로셀룰로스를 원료로 했지만 상용성과 범용성 측면에서의 차이가 성공과 실패를 가름한 것으로 추정된다.

3. 최초의 합성수지, 베이클라이트 개발

최초의 완전한 합성수지는 1907년 미국의 리오 베이클랜드가 개발한 베이클라이트(Bakelite)다. 기존의 플라스틱 선구자들과 달리 베이클랜드는 벨기에에서 태어나 대학교육을 받은 사람이었다. 미국 컬럼비아 대학교 교수이던 베이클랜드는 회사를 차려 벨록스(Velox)라는 사진 인화용지를 만들었고, 이를 당시로는 천문학적인 금액인 100만 달러에 코닥에 넘기면서 35세 나이에 은퇴해 여가를 누릴 수 있게 되었다. 이전에는 인화용지를 햇빛에 노출시켜야만 인화가 완성되었던 반면, 벨록스는 실내에서 인화할 수 있을 뿐만 아니라 가격도 매우 저렴했다.

코닥과의 계약 때문에 20년 동안 사진과 관련된 일을 할 수 없었던 베이클랜드는 미국 뉴욕주 자신의 집에 최첨단 시설을 갖춘 연구실을 만들고 플라스틱에 관한 연구를 시작했다. 그는 셸락(shellac) 대신 전선 절연재로 쓸 수 있는 값싼 합성소재를 개발하고 싶었다. 천연 곤충수지인 셸락은 암컷 깍지벌레가 내놓은 점성 있는 분비물인데, 20세기 초 셸락의 절연기능이 알려지면서 수요가 급증했다. 하지만 셸락 1파운드(약 450g) 정도를 만들려면 1만 5,000마리의 깍지벌레가 6개월이나 수지를 분비해야 했다. 따라서 천연셸락은 수요가 공급을 초과한 까닭에 가격이 비쌌으며, 빠르게 성장하는 전자산업의 수요를 맞추려면 뭔가 새로운 것이 필요했다.

수년간 반복된 시도와 실패 끝에 베이클랜드는 석탄 부산물인 페놀에 포름알데하이드를 섞은 뒤 열과 압력을 가해 마침내 점성 있고 성형 가능한 수지인 베이클라이트를 만들어 냈다. 베이클랜드는 1909년 미국화학학회 모임 때 베이클라이트로 만든 파이프 자루, 단추, 팔찌 등 멋진 제품들을 선보여 선풍적인 반응을 불러일으켰다.

베이클라이트는 당초 목적인 절연물질 셸락을 완전히 대체했을 뿐만 아니라 무한하게 용도를 확장해 나갔다. 셀룰로이드와 달리 정확하게 성형할 수 있었던 베이클라이트는 겨자씨만 한 튜브 형태의 공업용 베어링부터 실물 크기의 관에 이르기까지 어떤 물건으로든 기계로 성형해서 만들 수 있었다. 사람들은 베이클라이트의 변화무쌍한 적용가능성에 찬사를 보냈고, 석탄페놀처럼 지독한 냄새가 나는 역겹고 오랫동안 버려지던 물질로 놀라운 새 물질을 만든 발명가 베이클랜드에게 경탄했다. 사람들은 베이클라이트 라디오 주위에 모여 라디오를 들었고, 베이클라이트 부속품이 부착된 차를 몰았고, 베이클라이트 전화로 연락을 했고, 베이클라이트 날개가 돌아가는 세탁기로 옷을 빨았고, 베이클라이트를 씌운 다리미로 주름을 폈고, 베이클라이트 빗으로 머리를 빗었다(프라인켈, 2012, 41-42쪽 참고).

1924년 『타임(Time)』지는 베이클라이트를 다룬 표지 기사에서 "아침에 일어나 베이클라이트 칫솔로 이를 닦기 시작하는 순간부터 베이클라이트 담배 케이스에서 마지막 담배를 꺼내 피운 후 베이클라이트 재떨이에 불을 끄고 베이클라이트 침대로 들어가는 순간까지 만지고 보고 사용한 모든 것은 천 가지 용도를 가진 이 물질로 만들어졌을 것이다."라고 했다. 플라스틱으로 만든 제품에 둘러싸여 살아가는 사람들의 일상을 잘 표현한 것이다(프라인켈, 2012, 41-42쪽 참고).

베이클라이트는 보석인 호박의 모사품을 만들 때 사용되는 단골 소재이기도 하다. 호박은 나무의 수지가 긴 세월에 걸쳐 굳은 덩어리인데, 여기에 공룡 시대 곤충이 들어간 경우 가격이 수억에서 수십억 원을 호가하기도 한다. 혹시 곤충이 들어간 호박을 판다고 할 때는 조심할 필요가 있다. 이런 경우는 대부분 진짜 호박이 아니라 베이클라이트이기 때문이다.

플라스틱 개발의 역사에서 베이클라이트의 탄생은 하나의 전환점이 되었다. 베이클라이트 이후 과학자들은 자연에서 필요한 물질을 찾기보다 인공적인 실험과 새롭고 풍부한 상상력을 활용해 필요한 물질을 만들어 냈다.

4. 셀로판과 폴리염화비닐의 합성

셀로판(cellophane)은 스위스의 화학자 자크 브란덴부르크가 1900년에 처음으로 발견했다. 브란덴부르크는 우연히 식탁보에 와인을 쏟은 후, 물을 흡수하지 않는 방수성 섬유를 만들어 보겠다는 생각을 했다. 첫 시도는 비스코스(viscose: 펄프를 알칼리, 이황화탄소로 처리해 제조한 점착성 액상물질)를 식탁보에 뿌려 보는 것이었는데, 식탁보가 코팅되지는 않았지만 얇고 투명한 막 형태로 재생되어 분리될 수 있다는 사실을 발견했다. 여기서 아이디어를 얻은 그는 1911년 투명성을 주된 장점으로 하는 초기형 셀로판 필름 제조를 위한 장치를 고안해 1912년 특허를 획득한다. 1913년 프랑스의 라 셀로판(La Cellophane)사가 설립되어 최초로 셀로판의 상업적 생산에 성공했다.

셀로판은 셀룰로스(cellulose)의 'cel'과 투명하다는 뜻의 프랑스어 'diaphane'의 합성어다. 그리고 처음으로 셀로판의 상업적 생산에 성공한 회사의 이름이기도 하다. 셀로판은 투명성이 양호해 가시광선이 95% 정도 투과되고 자외선과 적외선도 잘 투과되며, 인장강도는 크지만 찢어짐에 약한 성질을 갖고 있다.

미국 듀폰사는 셀로판 생산 특허권을 구입해 1924년 뉴욕주 버펄로에서 필름을 만들기 시작해 세계 제일의 셀로판 생산시설을 갖추었다. 초기에는 습도를 견디는 성질이 약하거나 열을 차단하지 못하는 상품이 생산되었고, 당시에는 포장기계가 없어 주로 수작업으로 포장을 했다. 이러한 이유로 셀로판은 주로 향수 같은 화장품 종류 포장재로 사용되는 등 그 용도가 한정적이었다.

1927년 듀폰사가 셀로판을 습기를 완전히 차단하도록 개량하는 데 성공하면서 셀로판은 모든 가정에 들어가게 되었다. 1930년대 포장기계의 성능이 발전하기 시작하면서 셀로판 사업은 크게 성장해 그 용도가 각종 식용 제품의 포장으로까지 확대되었다. 1960년대까지 셀로판의 용도는 지속적으로 증가했지만, 비스코스 재생공법 자체의 유해성이 산업계에서 논란의 대상이 되었다. 이후 제조공법이 상이한 여러 가지 플라스틱과의 경쟁, 저가 포장재 출현 등으로 포장재산업에서 셀로판의 사용 비율이 서서히 감소했다.

비닐이란 명칭으로 오랫동안 사용되어 온 폴리염화비닐(polyvinyl chloride, PVC)은 열가소성 수지의 하나로, 원래 고무 대용으로 1872년에 개발되었으나 1926년까지 상용화되지 못했다. 1926년 BF 굿리치사의 미국인 월도 세먼이 폴리염화비닐을 합성하고 특허를 신청한 이후 상업적으로 널리 사용되었다.

제2차 세계 대전 이전 독일과 미국에 폴리염화비닐 공장이 건설되고 의료용과 건축용으로 널리 쓰였다. 색을 내기 쉽고, 단단하거나 유연하고, 잘 마모되지 않는 성질로 인해 인조가죽, 레코드판, 포장재, 파이프, 전기절연체, 바닥재에 사용되었다. 1960년대 폴리에틸렌(polyethylene, PE)에 의해 대체되기 전까지 세계적으로 가장 많이 사용된 플라스틱이었으며, 현재도 폴리에틸렌과 폴리프로필렌에 이어 세 번째로 사용량이 많다.

폴리염화비닐은 소각 시 유해물질인 염화수소가 발생하고 맹독성 발암물질인 다이옥신이 발생할지도 모른다는 우려 때문에 소비자들로부터 환경유해물질로 의심받고 있다.

5. 폴리에틸렌, 폴리프로필렌, 폴리스티렌의 합성

오늘날 플라스틱 중에서 사용량이 가장 많은 폴리에틸렌은 1898년 독일의 화학자 한스 폰 페치만이 우연한 기회에 만들게 되었다. 실험 튜브에서 다이아조메테인(diazomethane)을 가열하고 남은 물질에서 'CH$_2$'가 반복되는 것을 알고 폴리에틸렌이라 명명했다고 한다. 가변성을 지녀 얇은 필름 형태의 제품을 만들 수 있는 물질이라고 여겼지만 당시에는 실용화되지 않았다.

이렇게 잊힐 뻔했던 위대한 발견은 1933년 영국 임페리얼화학공업사의 에릭 포셋과 레지널드 깁슨이 실험실에서 우연히 다시 발견하면서 빛을 보게 되었다. 에틸렌 압축 작업 과정에서 여러 개의 압축기 중 단 한 개에서 이상한 물질이 생겨나는 현상이 나타났다. 그 이유를 찾던 중에 압축기 균열 부분을 통해 반응용기에 공기가 들어가 산소가 촉매작용으로 에틸렌을 중합시켜 폴리에틸렌을 만든다는 사실을 발견한 것이다. 이들이 발견한 저밀도 폴리에틸렌은 제2차 세계 대전이 터지던 날 최초로 생산되었다.

고온고압법 공정으로 생성되던 저밀도 폴리에틸렌은 1939년 ICI사에서 제조하기 시작해 제2차 세계 대전에서 레이더용 고주파 절연 재료로서 중요한 군수품이 되었다. 당시 독일 공군의 영국 본토 폭격에 대비해 영국 공군은 해안에 레이더망을 구축했으나 레이더 고주파 회로선의 절연이 나빠 일기가 나쁜 날에는 레이더의 독일 폭격기 탐색 능력이 현저하게 저하되었다. 당시에는 건사나 에나멜 정도가 절연 재료로 사용되었다. 이런 상황에서 폴리에틸렌이 우수한 전기절연성을 가지고 있다는 것을 알고 절연 재료로 사용하게 된 것이다. 그 결과 레이더의 성능이 크게 향상되어 적기 탐색 능력도 높아졌다. 군사 목적으로 사용되던 폴리에틸렌은 전후 평화적 사용방법이 모색되었다. 초기에는 특수 전기 부품으로 쓰이다 주방용품으로 확대되고, 미국에서 대량생산되면서 사용 범위가 더욱 확대되었다.

1953년부터는 저온저압법을 이용해 고밀도 폴리에틸렌까지 생산되었다. 이 공정은 독일과 이탈리아에서 각각 폴리에틸렌을 독자적으로 연구하던 카를 치글러(1898-1973)와 줄리오 나타(1903-1979)가 동시발명[3]했다. 이후 고밀도 폴리에틸렌은 1957년 미국에서 공업화되었다.

폴리프로필렌(polypropylene, PP)이 최초로 중합된 것은 미국의 필립스 석유회사에서였다. 1951년 필립스의 연구원 폴 호건과 로버트 뱅크스가 프로필렌을 가솔린으로 바꾸기 위해 연구하던 중 폴리프로필렌을 발견했다. 1951년 6월 호건과 뱅크스는 기존의 촉매로 사용하던 니켈산화물에 소량의 산화크로뮴(chromium oxide)을 첨가했다. 그리고 크로뮴을 투입하면서 하얗고 단단한 물질이 생성되는 현상을 발견했는데, 이것이 바로 최초로 결정화된 폴리프로필렌이다. 새로운 물질의 개발을 직감한 이들은 곧바로 연구 방향을 가솔린 연구에서 플라스틱 개발 연구로 바꾸었다. 이로써 폴리에틸렌이 장악하고 있던

---

3 동시발견 또는 발명은 아무런 교신이 없이 독립적으로 연구하면서 똑같은 시기에 똑같은 발견 또는 발명을 하는 것을 의미한다.

플라스틱산업에 폴리프로필렌이 본격적으로 등장했다.

뒤이어 줄리오 나타가 1954년 치글러 촉매를 변형해 프로필렌의 중합반응을 연구하면서 규칙적인 구조를 가지는 폴리프로필렌을 개발했다. 나타는 특정 형태의 치글러 촉매가 공간적으로 균일한 구조를 갖는 거대분자 아이소택틱 폴리프로필렌(isotactic polypropylene)을 만든다는 사실을 발견했다. 이렇게 만든 폴리프로필렌은 분자량이 크며 결정화도가 높고 165℃ 내외 녹는점을 가지는 특징이 있다. 즉, 치글러 촉매를 사용한 덕분에 내구성이 강한 고결정성 폴리프로필렌을 만들 수 있게 되었다.

치글러는 새롭고 유용한 산업공정의 길을 닦은 공헌으로, 나타는 새로운 방법으로 공간적 규칙구조를 갖는 거대분자를 합성하는 데 성공한 공헌으로 1963년 노벨화학상을 공동 수상했다. 그리고 산업적으로 유용하게 사용되는 이 촉매에 두 사람의 업적을 기려 '치글러·나타 촉매(Ziegler-Natta catalyst)'라는 이름을 붙였다.

폴리프로필렌은 비중이 0.9로 범용 플라스틱 중에서 가장 가벼워 물에서도 뜰 수 있다. 이렇게 낮은 비중, 뛰어난 가격 경쟁력과 더불어 다양한 모양으로 성형이 가능하기 때문에 자동차 경량화 목적에 아주 잘 부합해 자동차의 여러 부품에 활용되고 있다.

폴리프로필렌은 또한 안정성이 매우 높아 의료장비나 의료부품, 의약품 포장용품 같은 데도 많이 사용되고 있다. 구체적으로는 주사기 몸체를 만들거나 엑스레이(X-ray), 자기공명영상(MRI) 같은 의료기기와 혈액백을 만드는 데 사용된다. 또한 약과 의료기구를 포장하는 소재로도 사용되고 있다. 환경단체인 그린피스도 탄소와 수소로만 이루어진 안정된 폴리프로필렌을 환경호르몬에서 자유롭고 재활용 가능한 '미래의 자원'으로 분류한 바 있다.

폴리스티렌(polystyrene, PS)은 BASF사의 카를 울프와 외젠 도르러가 1930년 개발해 특허등록을 했으며, 1931년 소규모로 제조를 시작했다. 초기의 폴리스티렌은 부서지기 쉬웠으나 첨가물을 사용해 이러한 단점을 보완했다. 폴리스티렌은 단단하고 광택이 나는 플라스틱으로, 밝은 색상을 띠게 할 수도, 크리스탈처럼 투명하게 할 수도, 공기로 부풀려 거품 같은 중합체가 되게 할 수도 있었다. 이 거품 같은 중합체가 듀폰이 1954년에 '스티로폼'이라는 상표로 등록한 물질이다. 방수 절연체인 발포성 폴리스티렌은 컵과 음식 포장에 가장 많이 사용되었다. 하지만 가볍고 잘게 부서지기 쉬워 해양에서 검출되는 미세플라스틱의 원인물질로 알려져 있다.

6. 합성섬유 개발

최초의 합성섬유인 나일론의 개발에는 듀폰연구소의 월러스 캐러더스(1896-1937) 박사가 결정적인 공헌을 했다. 하버드 대학교 화학과 교수였던 그는 1928년 문을 연 듀폰연구소에 기초과학연구부장으로 합류해 현재도 서핑복이나 잠수복으로 사용되는 네오프렌을 개발하는 등 실용화학 분야에서 뛰어난 업적을 남겼다.

이후 캐러더스는 상용화가 확실한 제품을 개발하라는 경영진의 압박에 심적 부담을 느끼면서도 연구를 지속해 결과를 얻었다. 그는 폴리아마이드(polyamide, PA)에서 긴 실을 뽑아내 석탄에서 분해한 탄산과 석유에서 만든 아디프산을 원료로 반응시켜 나일론 66을 만드는 데 성공했다.

연구는 성공을 거두었으나 캐러더스는 그 과정에서 심한 우울증으로 정신과 치료까지 받았다. 1937년 누이의 죽음으로 실의에 빠진 그는 결국 41세에 자살하고 말았다. 나일론을 연구·개발한 캐러더스의 업적을 기리기 위해 듀폰 종합연구소의 한 건물 앞에는 다음과 같은 글이 적힌 팻말이 있다고 한다.

"이곳에서 캐러더스와 그의 동료들이 세계 최초로 나일론이라고 하는 합성섬유를 개발했다. 이것은 고분자 축합이란 새로운 공정으로 이루어졌으며, 새로운 고분자 물질을 개발하는 열쇠를 제공했다."

이후 1939년부터 나일론이 생산되기 시작했다. 그중 75% 이상을 스타킹 제조에 사용했다. 1939년 나일론 스타킹이 시판되자 3시간 만에 4,000켤레가 팔렸는데, 간신히 스타킹을 구입한 여성들은 기뻐하며 즉석에서 스타킹을 신어 보는 진풍경이 벌어지기도 했다고 한다. 이후 나일론 스타킹은 폭발적인 인기를 끌어 투박하고 잘 늘어지는 면제품을 밀어냈다. 듀폰에서 사용한 '석탄과 공기와 물로 만든 섬유, 거미줄보다 가늘고 강철보다 질긴 기적의 실'이라는 광고 카피는 나일론의 내구성과 강인함을 잘 표현하고 있다.

1941년 태평양 전쟁이 발발하자 나일론은 민수용 공급이 중단되고 모두 군수용으로 투입되었다. 나일론은 낙하산 로프, 텐트, 비행기

견인밧줄, 방탄용 조끼 등 군수용으로 유용하게 사용되었다. 이때 미국 여성들은 희생정신을 발휘해 몇 시간 동안 줄을 서야 구할 수 있던 귀한 스타킹을 해외에서 싸우고 있는 병사들을 위해 아낌없이 내놓았는데, 그것들을 녹여 낙하산을 만들었다고 한다. 여성들은 나일론 스타킹 대신 물감으로 다리에 스타킹 선을 그려 넣었다고 한다.

일본이 항복을 선언한 지 겨우 8일 만에 듀폰사는 나일론 스타킹 생산을 재개했다. 1945년 말 나일론 스타킹이 상점에 다시 등장하자 사람들이 몰려들어 '나일론 폭동(nylon riots)'이라는 현상이 역사에 기록되기까지 했다. 피츠버그의 한 백화점에는 나일론 스타킹을 사기 위해 무려 5만 명이 몰려들었다고 한다. 하지만 공급이 달려 백화점 측이 서둘러 문을 닫자 상황이 심각해졌다. 폭력 사태로 번진 것이다. 치안 당국이 기마경찰까지 동원하는 등 강경진압을 편 끝에 사태를 간신히 잠재웠다.

테레프탈산(terephthalic acid, TPA)과 에틸렌글리콜(ethylene glycol, EG)을 반응시켜 만든 폴리에스터는 1928년경 듀폰사의 월러스 캐러더스가 연구를 처음 시작했고, 약 12년 후인 1941년에 영국 칼리코프린터스사의 윈필드와 딕슨이 발명했다.

이후 1946년에 영국의 ICI사가 특허권을 얻어 최초의 폴리에스터 섬유인 '테릴렌(Terylene)'이라는 제품을 생산·판매했다. 캐러더스 재직 시절 폴리에스터 연구 경험이 있던 미국의 듀폰도 ICI에서 폴리에스터의 제조·판매권을 양도받은 뒤 '데이크런(Dacron)'이라는 이름의 폴리에스터를 미국 시장에 내놓았다. '다림질이 필요 없는 마법의 옷'이란 폴리에스터의 광고 문구처럼 폴리에스터는 구김이 적고 형태

변형이 잘 일어나지 않는 특성이 있어 겉옷류에 가장 많이 쓰인다.

합성섬유 소비량을 양분하는 나일론과 폴리에스터 외에도 합성섬유에는 폴리우레탄, 고어텍스, 아크릴 등이 있다. 폴리우레탄은 3차원 구조를 가진 플라스틱형 합성섬유로, 질긴 성질을 갖고 있다. 스판덱스는 폴리우레탄의 일종으로, 합성섬유 중에서도 고부가가치를 지녀 '섬유의 반도체'라고 알려져 있다. 스판덱스는 고무보다 강도가 월등해 신축성이 뛰어나다. 땀을 배출하는 능력 또한 뛰어나 여성속옷, 수영복 등에 널리 이용되고 있다.

고어텍스는 1969년 밥 고어가 발명했는데 방수, 방풍 기능이 탁월한 동시에 투습성이 아주 뛰어난 섬유다. 외부에서 들어오는 바람과 물기를 막아 주면서, 섬유 내부의 습기를 빠르게 배출하는 특성 때문에 아웃도어 의류에 많이 이용되고 있다.

아크릴은 '아크릴로나이트릴(acrylonitrile)'과 '스티렌(styrene)'이라는 물질의 중합체를 녹여 가늘게 실을 뽑아낸 합성섬유를 가리키는데 나일론, 폴리에스터와 함께 대표적인 합성섬유로 꼽힌다. 양모처럼 가볍고 부드러우며 보온성이 좋아 니트 의류에 많이 사용되고 있다. 구김도 잘 생기지 않아 담요나 겉옷에도 많이 쓰이고, 단독으로 사용되기보다 다른 합성섬유와 혼방으로 많이 사용되는 편이다.

플라스틱 생산 과정

1. 나프타의 분리

플라스틱의 원료는 '검은 황금'이라 불리는 원유에서 나온다. 시추관을 통해 뽑아 올린 원유로 플라스틱을 만들기 위해서는 긴 과정을 거쳐야 한다. 원유는 여러 가지 혼합물이기 때문에 가장 먼저 각 성분들을 분리하고 불순물을 골라내는 정유 과정을 거쳐야 한다. 끓는점에 따라 원유의 성분들을 분리하는데, 이를 화학적인 용어로 분별증류라고 한다. 분별증류(fractional distillation)는 끓는점이 다른 혼합물을 가열해 끓는점이 낮은 것부터 높은 것 순으로 증발시켜 혼합물을 분리하는 방법이다.

분별증류를 위해 원유를 가열로에서 350℃까지 가열하는데, 이때 끓는점이 350℃ 이하인 성분은 모두 기화된다. 그 증기는 증류탑으로 들어간다. 간단히 말하자면 이 탑은 많은 층으로 이루어져 있는데 위로 올라갈수록 점점 더 차가워진다. 증기 형태의 물질이 자신의 끓는점에 해당하는 층에 도달하면 응축되면서 다시 액체가 된다. 증류탑 지붕으로는 더 이상 응축될 수 없는 가스가 빠져나간다. 각각의 층으로 여러 가지 중간 유분이 빠져나가고 지하실에는 찌꺼기가 남는다. 이 과정이 증류법인데, 증류탑에서 가장 위에 위치하는 것이 액화석유가스, 그다음으로 휘발유, 나프타, 등유, 경유, 윤활유, 중유 순으로 분리된다. 맨 밑바닥에 남는 것이 아스팔트다(그림 1-2).

증류탑의 위에서부터 세 번째에 분리되는 나프타 성분이 플라스틱 원료가 된다. 플라스틱의 원료가 되기 전 나프타는 석유 정제 과정에서 남는, 버려지는 부산물이었다. 그러나 화학산업이 발전하면서 이제 나프타는 플라스틱 원료 등으로 그 쓰임새를 넓혀 가고 있다. 그런데 나프타가 플라스틱 제품이 되기 위해서는 몇 단계를 거쳐야 한다. 분해 과정을 거쳐 단량체가 되고, 단량체 중합(polymerization) 과정을 거쳐 중합체라고 불리는 합성수지가 만들어지며, 합성수지가 성형 과정을 거치면 플라스틱 제품이 된다.

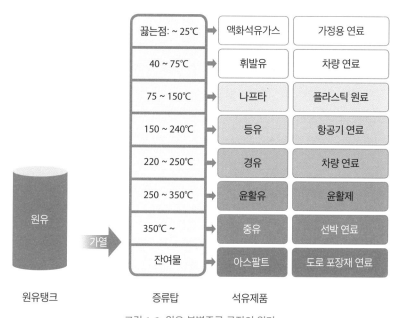

그림 1-2. 원유 분별증류 공정의 원리

2. 탄화수소의 중합

분별증류 공정으로 분리된 나프타는 액화석유가스나 휘발유에 비해 아직 탄소가 많이 결합된 무거운 탄화수소에 해당한다. 플라스틱으로 만들기 위해서는 보다 단순한 탄화수소를 얻어야 한다. 이를 위해 나프타를 증기와 혼합한 뒤 800℃ 이상으로 가열된 파이프를 통과시켜 분해한다. 원래 나프타의 탄소수는 5~12개 정도인데 고온의 가열된 파이프를 통과하면서 분해되어 탄소수 1~4개 정도만 모인 가벼운 탄화수소 혼합물이 된다. 이 혼합물로는 메탄(CH_4), 에틸렌(C_2H_4), 프로필렌(C_3H_6), 프로판(C_3H_8), 메테인(CH_4), 수소, C4유분 등이 약 75%를 차지한다.

고온으로 가열되어 분해된 에틸렌, 프로필렌, 스티렌(C_8H_8) 등이 플라스틱의 원료가 될 수 있는 단량체(monomer)다. 이러한 단량체를 중합체로 만드는 과정을 중합(polymerization)이라고 한다. 원료인 단량체를 고온에서 기체 상태로 만들어 서로 결합하도록 만드는 것이다 (그림 1-3). 이러한 결합 과정을 돕기 위해 대부분의 경우 촉매(catalyst)가 필요하다.

이러한 결합 과정을 거친 결과물의 분자량이 1,000개 이하인 경우 '저분자', 1,000~1만 개 정도인 경우 '중분자', 1만 개 이상의 분자량을 가진 거대한 분자 사슬구조가 만들어지는 경우 '고분자'라고 부른다. 이 고분자를 다른 말로 중합체(polymer)라고 부른다. 이런 중합 과정을 거쳐 에틸렌은 폴리에틸렌으로, 프로필렌은 폴리프로필렌으로, 스티렌은 폴리스티렌으로 태어난다.

플라스틱 시대

그림 1-3. 고분자 합성방법

3. 합성수지의 성형

중합 과정을 거쳐 만들어진 합성수지를 일정한 모양으로 만드는 과정
이 성형이다. 일반적으로 성형이란 재료를 금형 또는 형틀에서 압력
과 열을 가해 원하는 모양으로 만드는 과정이라고 할 수 있다. 그런데
합성수지의 물성을 개선하거나 성형이 용이하도록 성형 과정에서 가
소제, 열안정제, 난연제 등 다양한 첨가제를 추가하는데, 첨가제의 일
부가 사람의 건강과 환경에 영향을 미칠 수 있는 유해화학물질이다.
대부분의 합성수지는 성형 과정에서 하나의 첨가제만 사용하는 것이
아니라 여러 가지를 한꺼번에 사용하므로 사용하는 첨가제의 종류만
큼 환경적 영향도 커진다. 성형 과정에서 첨가제를 추가하는 방법으
로는 수지원료에 첨가제를 섞어 사용하는 방법과 성형된 수지의 표면
에 첨가제를 바르는 방법이 있다.

　합성수지를 성형하는 방법은 수지의 종류, 원하는 형태 등에 따라
여러 가지가 있으며, 압출성형, 사출성형, 중공성형, 캘린더성형, 압축
성형 등이 많이 사용된다.

　합성수지 성형에 가장 많이 쓰이는 압출성형(extrusion molding)은
원료를 압출성형기에 공급·가열하고 금형에서 밀어내 일정한 모양

의 단면을 가진 성형품을 만들어 내는 성형법이다. 열가소성 수지, 특히 폴리에틸렌이나 염화비닐수지 등의 성형에 사용된다. 압출성형품은 어디를 잘라도 단면 형태가 동일하다. 원리적으로는 무한한 길이의 성형품을 만들 수 있고, 생산성이 뛰어나다.

열가소성뿐만 아니라 열경화성 수지의 성형에도 이용되는 사출성형(injection molding)은 금형을 이용한 성형법으로, 플라스틱을 가열해서 녹이고 금형에 주입한 뒤 냉각시켜 원하는 모양으로 만드는 방법이다. 주사기로 액체를 주입하는 모습과 유사하다고 해 사출성형이라 불리게 되었다. 사출성형은 복잡한 형상을 포함해 다양한 형태의 부품을 연속해서 신속하게 대량으로 제조하는 데 적합하다. 일회용품을 비롯한 폭넓은 분야의 제품 제조에 사용되고 있다.

중공성형(blow molding)은 바람을 이용하는 성형 방법이다. 페트병과 같이 속이 비어 있는 제품을 만드는 데 사용된다. 오래전부터 공업용품, 화장품, 세제, 의약품, 식용유 및 조미료통, 각종 용기나 완구, 스포츠 용품 등의 제작에 이용해 왔다.

캘린더성형(calendar molding)은 가열된 두 개의 롤러 사이에 합성수지를 용해·압축시켜 필름, 시트, 인조가죽, 벽지, 바닥재 등을 만드는 성형 방법이다. 일반적으로 인접한 두 개의 롤러 중 한 개는 고정되어 있고, 다른 롤러는 큰 힘이 가해지면서 두 롤러가 밀착되는데, 이때 가한 힘이 클수록 얇은 시트가 만들어진다. 압연에 의해 성형 중인 시트에 천을 압착하면 인조가죽을 만들 수 있으며 시트 표면에 모양을 넣을 때는 그 모양을 미리 파놓은 엠보스롤러를 시트면에 눌러주면 된다.

압축성형(compression molding)은 열경화성과 열가소성 수지 모두에 적용할 수 있는데, 수지를 금형의 빈 공간에 넣고 열을 가한 후 높은 압력을 주어 최종제품 모양으로 성형하는 방법이다. 사출성형과 마찬가지로 입체적인 성형품을 만드는 데 적합하다. 금형과 같이 가열·냉각하기 때문에 사출성형보다 시간과 에너지가 많이 소비된다. 열가소성 수지를 재활용하기 위한 수단으로 많이 사용되며, 주로 대형 화분이나 물탱크 등을 만든다.

이 외에도 플라스틱 성형 방법에는 수지의 미세한 가루가 용기의 안쪽 전면에 들러붙는 것을 이용하는 분말성형(powder molding), 열경화성 수지의 성형에 이용되는 이송성형(transfer molding), 플라스틱 판재를 가열해 부드럽게 하고 여기에 외력을 가해 성형하는 열성형(thermo foaming), 열가소성 또는 열경화성 수지용액을 여러 장의 박판, 천, 종이 등에 침투시켜 건조한 것을 겹쳐서 가열·압축해 판상성형하는 적층성형(laminated molding) 등이 있다.

플라스틱의 분류와 복합재료의 개발

1. 플라스틱의 분류

1907년에 최초의 합성수지인 베이클라이트가 개발된 이후 수많은 종류의 플라스틱이 개발되었다. 플라스틱은 종류가 매우 많기 때문에 목적에 따라 다양한 방식으로 분류되는데, 플라스틱의 열적 특성, 상용성 및 구조 등을 기준으로 분류하는 것이 일반적이다.

먼저 열적 특성에 따라 플라스틱은 열가소성 수지(thermo plastic)와 열경화성 수지(thermosetting plastic)로 나뉜다. 열가소성 수지는 열을 가해 변형시킨 후 냉각 과정을 거쳐 고화(solidification)되는 수지다. 열가소성 수지는 가열성형한 후 다시 가열하면 본래 성질을 잃지 않고 다시 녹는다. 대부분의 열가소성 수지는 열에너지를 가해 유동성을 갖도록 한 다음 금형에 사출하거나 일정한 단면적을 가진 다이(die)를 통해 압출한 뒤 냉각과 고화 과정을 거치며, 성형공정 중 고분자의 화학적 변화 없이 물리적 변화만 일어난다.

열경화성 수지는 열을 가해 고화시키는 수지다. 열경화성 수지는 한번 가열성형한 뒤 다시 가열하더라도 녹지 않는다. 곧 열경화성 수지는 가소성이 없어 어원에서 말하는 플라스틱의 의미인 '조형이 가능한', '가소성(可塑性)의', '금형으로 가공이 가능한' 성질을 가지고 있지 않기 때문에 플라스틱이라고 부르는 것은 적절하지 않을 수도 있다. 그러나 플라스틱이 합성수지 전반을 가리키게 되어 열경화성 수지도 플라스틱이라 부르게 되었다. 열경화성 수지는 액상 또는 고상의 저분자물질로 이루어져 있으며, 실온 또는 가열에 의해 유동성을 나타내는데, 경화제나 촉매 또는 가열에 의해 화학반응을 일으켜 다시 녹지 않는 상태로 고화한다.[4]

---

4   2019년 발간된 『플라스틱: 미래산업에 답하다』에서 저자 이국환은 열가소성 수지와 열경화성 수지

표 1-1. 열가소성 수지와 열경화성 수지의 특징

열가소성 수지	열경화성 수지
• 가열성형한 뒤 재차 가열하면 녹음	• 성형 뒤 재차 가열해도 녹지 않음
• 용제 또는 열을 가하면 녹음	• 용제 또는 열을 가해도 녹지 않음
• 가열 시 녹아 재활용 용이	• 가열해도 녹지 않아 재활용 어려움
• 압출성형, 사출성형 등으로 가공	• 압축성형, 적층성형 등으로 가공
• 결정성과 비결정성으로 분류	• 축중합형과 첨가중합형으로 분류
• 고체 상태의 고분자물질로 구성	• 비교적 저분자물질로 구성

열가소성 수지와 열경화성 수지의 특징을 정리하면 〈표 1-1〉과 같다.

상용성 측면에서 플라스틱은 내열성 등의 성능과 용도, 시장 규모, 가격에 따라 범용 플라스틱(common plastic)과 엔지니어링 플라스틱(engineering plastic)으로 분류할 수 있다.

범용 플라스틱은 열가소성 수지에 속하며, 가공성이 좋고 녹슬지 않으며 전기절연성이 있고 가벼운 동시에 대량생산이 가능하고 가격이 저렴한 장점이 있다. 따라서 포장재, 식품용기, 저장용기, 섬유, 장난감, 일회용품 등 특수 성질을 요구하지 않는 일상생활 제품에 널리 사용된다. 범용 플라스틱 중 사용량이 많은 폴리에틸렌(PE), 폴리프로

의 차이를 초콜릿과 쿠키를 예로 들어 설명하고 있다. 열가소성 수지는 초콜릿과 같은 성질을 가지고 있는 반면에, 열경화성 수지는 쿠키의 성질을 가지고 있다는 것이다. 초콜릿 제품은 원료 초콜릿을 열로 녹여 형틀에 넣은 후 냉각시켜 굳힌 것이다. 이 초콜릿 제품에 열을 가하면 다시 원료 상태의 초콜릿이 되므로 열가소성 수지와 비슷한 성질을 가지고 있다. 반면 쿠키는 몇 가지 원료를 혼합하고 열을 가해 만든 단단한 제품인데, 쿠키 제품에 다시 열을 가해도 쿠키의 원료물질로 돌아가지 않기 때문에 열경화성 수지와 성질이 비슷하다는 것이다.

필렌(PP), 폴리염화비닐(PVC), 폴리스티렌(PS), 아크릴로나이트릴-부타디엔-스티렌수지(ABS수지)를 5대 범용 플라스틱이라고 한다. 그러나 범용 플라스틱은 공업용으로 쓰기에 강도가 약하고, 내열 온도도 100℃ 이하로 상대적으로 약하며, 내구성이나 치수정밀성도 떨어지는 편이다.

엔지니어링 플라스틱은 공업용으로 사용되는 플라스틱으로, 일반적으로 내열성과 강도가 큰 플라스틱을 말한다. 이런 고성능 플라스틱은 강도와 탄성이 좋고 100℃ 이상에서도 견디는 내열성 및 내구성도 뛰어나다. 엔지니어링 플라스틱은 금속의 장점과 플라스틱의 장점을 함께 가져 화학산업의 발전과 더불어 전기·전자, 자동차, 항공기, OA 기기 정밀 분야 등에 적용되어 급속한 발전을 이루어 왔으며, 앞으로도 계속 발전할 것으로 예상된다.

엔지니어링 플라스틱은 다시 범용 엔지니어링 플라스틱과 슈퍼 엔지니어링 플라스틱으로 나뉜다. 슈퍼 엔지니어링 플라스틱은 엔지니어링 플라스틱의 기능을 강화한 것으로, '특수 엔지니어링 플라스틱'이라고도 불린다(그림 1-4). 슈퍼 엔지니어링 플라스틱의 일반적인 연속사용 온도는 150℃ 이상이며, 높은 내열성과 뛰어난 강도, 내약품성, 내마모성으로 인해 엔진 및 엔진 관련 고내열 부품, 전기·전자 정밀부품, 펌프 및 배기가스 밸브 등에 사용된다.

내열성과 강성을 강화하기 위해 유리섬유나 탄소섬유를 결합하기도 한다. 탄소섬유강화 플라스틱은 철보다 75% 가벼우면서도 강도와 탄성은 각각 10배, 7배 우수해 철을 대체하는 차세대 경량 소재로 각광받고 있다.

그림 1-4. 플라스틱의 분류

2. 플라스틱 복합재료의 개발

앞서 살펴본 열가소성 수지, 열경화성 수지, 엔지니어링 플라스틱 외에도 플라스틱을 모재(매트릭스) 또는 부재로 활용한 복합재료나 고성능, 고기능성 플라스틱이 무수히 많으며 현재도 계속 개발되고 있다.

플라스틱의 복합화 방법에는 고분자합금(polymer alloy)과 고분자 블렌드(polymer blend)가 있다. 고분자 블렌드는 성질이 다른 두 종류 이상 고분자를 물리적으로 섞은(혼합한) 것을 말하고, 이렇게 섞었을 때 고분자 사이에 화학결합이 있는 경우를 고분자합금이라고 한다. 그러나 물리적 혼합과 화학적 결합의 경계가 분명하지 않은 경우가 많으며, 이 둘이 함께 일어나 고분자 블렌드와 고분자합금의 구별이 명확하지 않은 경우도 많다. 따라서 구분하지 않고 단순하게 고분자합금이라고 부르는 경우가 많다.

플라스틱의 다양성을 더욱 고도화하고 원하는 특성과 성형성 개량을 목표로 한 고분자합금의 사례는 매우 다양하다. 예컨대 단단하고 무른 폴리스티렌의 내충격성과 내열성을 개량하기 위해 아크릴나이트릴을 혼합한 AS수지가 개발되었으며, 여기에 내충격성을 향상시키기 위해 고무탄성체인 부타디엔이 추가됨에 따라 ABS수지가 나오게 되었다. 폴리페닐렌에테르의 좋지 않은 성형성을 개량하기 위해 폴리스티렌을 섞어 변성 폴리페닐렌에테르가 만들어졌다. 또한 페놀, 멜라민, 우레아 등 열경화성 수지는 각각 단독으로 성형이 곤란하며 강도도 그다지 높지 않아 나무, 종이, 면포 등에 수지를 결합해 성형되고 있다. 이 외에도 플라스틱의 물성을 개선하기 위한 다양한 사례[5]가 있다.

고성능 및 고기능 플라스틱의 개발도 지속적으로 이루어지고 있다. 고성능 플라스틱이란 플라스틱이 재료로서 가진 중요한 성질, 곧 성형용이성, 강도, 내충격성, 내열성 등이 뛰어난 플라스틱을 말한다. 일반적으로 엔지니어링 플라스틱은 이러한 성질들이 뛰어나기 때문에 범용 플라스틱보다 고성능 플라스틱이라고 할 수 있다. 중합체 합성기술의 발달과 고분자합금을 통해 엔지니어링 플라스틱보다 뛰어난 고성능 플라스틱이 지속적으로 개발되고 있다.

고기능 플라스틱은 특수한 기능을 가진 플라스틱이라고 할 수 있

---

5   고분자합금의 사례: ABS수지에 난연성을 부여하기 위해 폴리염화비닐을 섞은 ABS/PVC 고분자합금; 내열성 및 강성을 향상시키기 위한 PC/ABS, PC/AES, PC/PS 고분자합금; 성형성과 내충격성을 향상시키기 위한 PC/PET, PC/PBT 고분자합금; 내충격성과 성형성을 향상시키기 위한 PPE/HIPS, PPE/PA 고분자합금; 흡습성과 치수 정밀도, 강성 및 내충격성을 향상시키기 위한 PA/PP 고분자합금; 내열성과 강성 및 치수 안정성을 향상시키기 위한 PA/PAR 고분자합금; 성형성을 개량하고 광택성을 부여하기 위한 PBT/PET 고분자합금 등.

다. 특수한 기능으로는 도전성, 이온전도성, 가스투과성, 생분해성 등을 예로 들 수 있다. 구체적으로 콘택트렌즈용의 산소투과성 플라스틱, 전자부품에 사용되는 도전성 플라스틱, 2차전지와 연료전지에 사용되는 고분자 전해질 등이 있다. 이러한 고기능성 플라스틱을 기능성 플라스틱이라고 부르기도 한다.

위와 같이 고성능 플라스틱과 고기능 플라스틱의 차이를 설명했으나, 실제로 이 두 가지를 구분하기는 매우 어렵다. 예를 들어 잘 부서지지 않도록 내충격성을 강화한 것은 플라스틱을 고성능화한 것이라 할 수 있으나, 잘 부서지지 않는 성질을 가지도록 하나의 기능을 추가한 것으로 생각하면 고기능이라고 할 수 있는 것이다. 따라서 플라스틱의 기능과 관련해서는 고성능과 고기능이 거의 동의어로 사용되는 경우가 많다.

앞으로도 플라스틱의 복합화, 고성능 및 고기능성 플라스틱 개발은 지속적으로 이루어져 의료용은 물론, 전기·전자산업, 항공 및 우주산업에서도 무수히 많은 소재가 개발될 것이다. 이러한 소재기술의 개발이 국가 경쟁력에도 영향을 미칠 것으로 예측되고 있다.

복합재료에서 강화되는 측의 부재를 모재(매트릭스)라고 부른다. 섬유강화금속의 경우는 금속, 철근 콘크리트의 경우는 콘크리트가 각각 매트릭스가 된다. 플라스틱을 모재로 하는 대표적인 복합재료는 섬유강화 플라스틱이라고 할 수 있다. 섬유강화 플라스틱은 플라스틱 모재에 유리섬유나 탄소섬유, 아라미드섬유 등을 조합한 복합재료를 의미한다.

이 매트릭스에는 불포화 폴리에스터와 에폭시 수지 등의 열경화성 수지 또는 열가소성 수지가 사용되고 있다. 플라스틱이 섬유로 강화되어 있기 때문에 섬유강화 플라스틱(fiber reinforced plastics, FRP)이라고 부른다. 섬유강화 플라스틱 중에서는 유리섬유강화 플라스틱(glass fiber reinforced plastics, GFRP)과 탄소섬유강화 플라스틱(carbon fiber reinforced plastics, CFRP)이 주로 사용되고 있다.

유리섬유강화 플라스틱(GFRP)은 불포화 폴리에스터에 지름 0.1mm 이하로 가공한 유리섬유를 보강한 플라스틱이다. 철보다 강하고 알루미늄보다 가벼운 소재로, 단단하지만 가벼우면서도 외부 충격에 강하고 장력강도가 매우 큰 것이 특징이다. 녹슬지 않고 열에 변형되지 않으며 가공하기 쉽지만, 고온에서는 사용할 수 없다는 것이 단점이다. GFRP는 건축자재, 보트, 스키용품이나 헬멧, 자동차, 항공기 부품 등에 사용되고 있다.

탄소섬유강화 플라스틱(CFRP)은 탄소섬유를 강화재로 하고 매트릭스 수지를 플라스틱으로 해 결합한 탄소섬유 복합재료다. 플라스틱에 탄소섬유를 첨가해 강도와 탄성을 높인 것이라 할 수 있다. 탄소섬유강화 플라스틱은 철보다 훨씬 낮은 밀도와 높은 인장강도, 가벼운 무게, 낮은 열팽창률이 특징이어서, 자동차 및 항공우주산업, 건축 및 각종 스포츠용품의 경량화 소재로 사용되고 있다.

탄소섬유강화 플라스틱의 무게는 강철의 4분의 1이지만, 강도는 철의 10배에 이른다. 따라서 자동차 무게를 획기적으로 낮출 수 있어 자동차 몸체 및 내장재, 자동차 시트 등에 많이 사용되고 있다. 지구 온실가스 배출량의 25%를 차지하는 자동차산업에서 유리섬유강화 플라스틱과 탄소섬유강화 플라스틱 같은 플라스틱 복합소재 사용이 좀 더 확대된다면 에너지 사용을 감소시키는 동시에 탄소배출도 줄일 수 있을 것이다.

플라스틱 시대의 도래

1. 플라스틱 시대의 도래

앞서 언급한 열경화성 수지와 열가소성 수지 외에도 20세기 중반까지 다양한 종류의 플라스틱이 개발되었다. 전체적으로 플라스틱에는 약 20가지 기본범주가 있다. 이 기초 플라스틱을 가지고 기본특성을 수정하거나 제조 공법을 개선하거나, 특수한 성질을 갖는 첨가제 또는 부재를 첨가해서 수만 가지 플라스틱을 만드는 것이다.

플라스틱의 개발로 사람들은 모든 필수품과 사치품을 값싸게 대량생산할 수 있게 되었다. 천연자원의 경우 나라별로, 지역별로 불균등하게 분포되어 국가들 간에 수많은 갈등이 발생했다. 하지만 플라스틱은 싸고 쉽게 생산할 수 있어 그런 문제에서 벗어나게 해주었다. 플라스틱은 모두가 누릴 수 있는 물질세계의 유토피아를 약속한 것처럼 보였다.

제2차 세계 대전 직전 영국의 화학자 빅터 야슬리와 에드워드 쿠젠스는 "플라스틱 시대에 사는 사람들을 상상해 보자. 플라스틱 세상에서 사람들은 마치 마법사처럼 거의 모든 필요에 대해 자신이 원하는 것을 만들어 낼 수 있다."라고 했다. 플라스틱 세상에서 사람들은 망가지지 않는 장난감, 둥글게 모서리를 처리한 가구들, 흠집이 나지 않는 벽, 휘지 않는 창문, 때가 묻지 않고 주름이 지지 않는 직물, 경량 자동차 등 플라스틱으로 만든 물건들에 둘러싸여 살아갈 수 있다고 생각했다(프라인켈, 2012, 44-45쪽 참고).

다양한 플라스틱의 개발로 금방 도래할 것 같았던 플라스틱 시대는 제2차 세계 대전이 일어나 전쟁이 끝날 때까지 연기되었다. 1930년대 말까지 개발된 각종 플라스틱 대부분은 전쟁 동안 군대가 사용을 독점했다고 할 수 있다. 전쟁에서 플라스틱은 매우 중요한 용도로 사용되었다. 박격포 퓨즈, 낙하산, 항공기 부품, 안테나 커버, 바주카포 몸체, 포탑, 군모 속 등 셀 수 없이 많은 곳에 쓰였다.

군인들이 지급받은 위생용품도 플라스틱 원료로 만들었다. 예컨대, 귀한 천연고무를 절약하기 위해 1941년 미 육군은 현역 군인에게 지급되는 모든 빗은 경질고무가 아니라 플라스틱으로 만들어야 한다고 규정해 모든 군인은 13cm 길이의 검은색 휴대용 플라스틱 빗이 들어 있는 위생도구 세트를 지급받았다. 플라스틱은 원자탄을 만드는 과정에서도 필수적이었다. 맨해튼 프로젝트에 참여한 과학자들이 실험에 사용하는 휘발성 강한 기체를 담기 위해 부식에 매우 강한 테플론을 사용해 용기를 만든 것이다. 전쟁 기간 중 미국에서는 플라스틱 생산이 급증해 1939년 9,660만kg에서 1945년 3억 7,100만kg으로 약 4배가 되었다(프라인켈, 2012, 44-45쪽 참고).

제2차 세계 대전 동안 높아진 플라스틱 생산력은 전쟁이 끝난 후 소비재 시장으로 쏟아져 들어갔다. 사람들이 플라스틱 제품에 열광

했기 때문이다. 전쟁이 끝나고 얼마 지나지 않아 뉴욕에서 열린 플라스틱 박람회에는 수천 명이 몰려들었다. 플라스틱의 특성과 유용성은 전쟁 중에 이미 입증됐고, 이 박람회에서는 사람들이 상상도 못 했던 많은 플라스틱 제품이 전시되었다. 절대로 페인트칠이 필요 없을 것 같은 온갖 색상의 창문 스크린, 손가락 하나로 들 수 있을 만큼 가벼운데 벽돌을 잔뜩 넣어도 될 만큼 튼튼한 여행가방, 젖은 헝겊으로 문지르기만 하면 깨끗하게 닦을 수 있는 옷, 강철처럼 튼튼한 낚싯줄, 안에 담긴 식품이 신선한지 아닌지 들여다볼 수 있는 투명한 포장재, 유리를 깎아 만든 것처럼 보이는 꽃, 진짜 손처럼 보이고 움직이는 의수 등이 선보였다. 당시로서는 흥미롭고 파격적인 제품들과 함께 본격적으로 플라스틱 시대가 도래했다. 그때까지만 하더라도 사람들은 플라스틱으로 인한 환경적 재앙을 생각하지 못했다.

2. 플라스틱의 용도와 범위

미국 화학협회에 따르면 플라스틱은 1976년 이래 세상에서 가장 많이 사용되는 물질이다. 20세기 후반부터 플라스틱은 생활용품뿐만 아니라 거의 모든 산업 분야에서 가장 중요한 물질로 사용되고 있다. 이제 우리 인간은 주변 물건의 70~80%가 플라스틱인 플라스틱 시대에 살고 있다. 플라스틱이 사용되는 주요 분야는 다음과 같다.

플라스틱 포장재|plastic packaging

플라스틱은 산과 알칼리에 강하고 가스와 수분을 차단하는 성질이 있어 용기와 포장재로 많이 사용되고 있다. 용기 및 포장재로 사용되는 플라스틱 재질은 30여 종 이상으로, 실생활에 주로 사용되는 것은 폴리에틸렌, 폴리프로필렌, 폴리스티렌, 폴리에틸렌테레프탈레이트 (PET), 폴리아마이드 등이다.

폴리에틸렌과 폴리프로필렌은 식품용 용기 및 포장재로 가장 많이 사용되는 플라스틱으로, 제과용 포장재, 포장필름이나 랩으로 사용되고 있으며, 정상적인 조건에서 사용할 경우 안전한 것으로 알려져 있다. 나일론이라고 하는 폴리아마이드 재질은 주로 필름 형태로 제조되어 폴리에틸렌 등의 재질과 함께 라미네이팅해 육가공품의 진공 포장이나 냉동식품 및 고온살균용 포장에 사용되고 있다. 폴리스티렌은 도시락이나 두부 포장, 요구르트병 제조에 사용되며, 발포성 폴리스티렌은 컵라면 용기나 도시락 용기로 사용되고 있다. 통상 비닐이라고 부르는 폴리염화비닐(PVC)은 투명성 및 차단성, 접착성 등이 좋고 가격이 저렴해 식품용 랩, 비닐백 등으로 많이 사용되어 왔으나 첨가제의 유해성과 소각 시 발생하는 다이옥신 등의 문제로 식품용 용기로는 거의 사용되지 않고 있다.

유럽의 통계 등에 따르면 플라스틱 전체 생산량의 약 40.5%가 용기와 포장재로 사용되고 있다. 전체 플라스틱 폐기물 발생량의 약 61%가 포장폐기물이어서 환경에 미치는 영향 또한 다른 용도로 사용되는 플라스틱보다 훨씬 크다. 따라서 플라스틱 폐기물 발생량 억제 및 재활용 활성화 대책도 대부분 플라스틱 포장재를 대상으로 하고 있다.

건축용 플라스틱

플라스틱 생산량 중 건축용으로 사용되는 양은 약 20.4%로, 포장재에 이어 두 번째로 많다. 플라스틱은 성형하기 쉬워 다목적으로 활용되고, 무게가 가벼워 운송비용이 절감되며, 강도가 높고 설치하기 쉬워 건축 분야에서 폭넓고 다양하게 사용되고 있다. 이 외에도 부식에 강하고 내구성이 우수하며 유지관리에 수고롭지 않다는 이점이 있으며, 전도성과 가연성이 낮아 안전성을 보강하는 데도 도움이 된다.

건축용 플라스틱은 주로 파이프, 케이블, 지붕과 바닥, 창과 문, 단열재 및 와셔 같은 부속품에 사용된다. 건설 분야에 사용되는 플라스틱은 주로 아크릴, 복합재료, 폴리스티렌, 폴리카보네이트, 폴리에틸렌, 폴리프로필렌 및 폴리염화비닐 등이다. 최근에는 폴리카보네이트 등의 시공성이 개선되어 건축 내장재뿐만 아니라 건축 외장재 등으로도 많이 사용되고 있다. 또한 목재, 석재 등과 달리 건축용 플라스틱은 철거 후 재사용하거나 재활용할 수 있는 친환경성도 부각되고 있다.

운송용 플라스틱

플라스틱 생산량 중 운송용으로 사용되는 양은 8.8% 정도로 추정된다. 자동차, 배, 비행기 같은 운송수단에 사용되는 플라스틱은 크게 범용 플라스틱, 엔지니어링 플라스틱, 슈퍼 엔지니어링 플라스틱이 있다. 폴리프로필렌, 폴리에틸렌 같은 범용 플라스틱은 자동차 등의 내외장재에 많이 사용되고 있다. 엔지니어링 플라스틱과 슈퍼 엔지니어링 플라스틱은 범용 플라스틱에 비해 인장강도와 내열성, 굴곡 탄성률 등이 우수해 금속 대체 소재로 사용된다. 특히 플라스틱은 금속에 비해 가볍기 때문에 연비를 늘릴 수 있다는 장점이 있다.

자동차에서는 범퍼, 각종 게이지, 라이트, 문, 차량바퀴를 덮고 있는 펜더, 대시보드, 보닛 등이 플라스틱으로 만들어지며 그 사용 범위가 더욱 확대되고 있다. 최근에는 100% 플라스틱으로 만든 차도 개발되고 있다. 전에는 보트나 요트 등 비교적 작은 배들이 유리섬유강화 플라스틱으로 만들어졌지만, 최근에는 큰 배들도 플라스틱으로 만들어지고 있다. 비행기도 비행거리와 연료 효율성 개선 및 반부식성의 필요 때문에 일찍부터 플라스틱을 사용해 왔다. 비행기의 창은 깨지지 않는 투명한 플라스틱이고, 항공기의 방향키, 보조날개 및 내장재 등에도 플라스틱이 사용된다. 최근에는 엔진을 제외한 대부분이 복합 플라스틱으로 만들어지고 있다. 이와 같이 복합 플라스틱을 사용할 경우 제작비와 유지보수비가 많이 절감된다.

우주선과 위공위성에도 고기능성 플라스틱이 사용된다. 우주선에 사용되는 재료는 튼튼하고 고온에 버틸 수 있어야 하기 때문에 탄소섬유강화 플라스틱 등이 많이 사용된다. 20세기 중반에 시작된 우주탐사도 이러한 복합 플라스틱이 없었다면 불가능했을 것이다.

농·수산용 플라스틱

플라스틱 생산량 중 농업용으로 사용되는 플라스틱은 3.2% 정도로 추정된다. 현대 농업은 플라스틱이 없다면 가능하지 않을 정도로 벼와 밀 등 식량작물을 제외한 대부분의 농작물 재배가 플라스틱에 크게 의존하고 있다.

농업용 플라스틱이라면 아마도 비닐하우스가 가장 먼저 떠오를 것이다. 이 플라스틱 덕분에 계절에 상관없이 채소와 과일을 먹을 수 있다. 비닐하우스 외에도 밭고랑을 덮어 수분 증발을 줄이고 온도를 올려 주어 생육을 촉진하는 멀칭필름, 볏짚 등을 보관하기 위한 사일리지(silage) 작업에 이용되는 플라스틱 박스, 농약살포나 관개에 사용되는 호스 같은 자재들, 그늘을 만드는 부직포 등 다양한 용도에 플라스틱이 사용되고 있다.

수산업에도 플라스틱은 폭넓게 사용되고 있다. 어망과 로프가 천연섬유에서 플라스틱 재질로 바뀜에 따라 비용과 기능 면에서 큰 변화를 가져왔다. 해산물 운송용으로 쓰이는 상자, 해산물 양식장에서 사용되는 부표와 각종 자재, 냉동 해산물을 저장 및 운반하는 데 사용되는 발포 플라스틱 상자 등이 수산업에 사용되는 대표적인 플라스틱이다.

전기·전자제품용 플라스틱

플라스틱 생산량 중 전기·전자제품용으로 사용되는 양은 6.2% 정도로 추정된다. 폴리에틸렌이나 폴리염화비닐은 전기절연성이 뛰어나 전선 피복용으로 사용되어 왔다. 전기절연성이 뛰어나고 가볍기 때문에 전기소켓, 플러그, 전기다리미 등은 대부분 플라스틱으로 만든다. 또한 가볍고 가공성이 뛰어나며 색상과 디자인을 자유롭게 조절할 수 있어 냉장고, 세탁기, 에어컨, 전자레인지, 컴퓨터 등 전자제품에도 플라스틱이 많이 쓰인다.

최근에는 고기능성 플라스틱이 개발되어 2차전지, 디스플레이, 태양전지 등에 사용되고 있으며, 전기전도성 및 열전도성 플라스틱이 개발되어 금속이나 세라믹을 따라잡으며 에어컨, 냉장고, 온풍기, 자동차용 라디에이터 등 냉열기기의 부품소재, 핸드폰 및 노트북 등에도 사용되고 있다.

가정 및 스포츠·레저용 플라스틱

플라스틱 생산량 중 가정용이나 스포츠·레저용으로 사용되는 양은 4.3% 정도로 추정된다. 플라스틱은 가볍고 튼튼하며 색상 조정이 자유롭고 알칼리나 산에 강하며 위생적이기 때문에 각종 주방용품이나 도마, 물통, 쓰레기통, 세숫대야 등으로 많이 사용되고 있다. 일부 플라스틱은 자기 중량의 몇백 배나 되는 수분을 흡수할 수 있어 아기용 기저귀나 여성용 위생용품으로 사용되고 있다. 또한 플라스틱은 모양과 색상이 다양하고 화려하기 때문에 문구류나 장난감에도 널리 사용된다.

스포츠나 레저용품도 플라스틱의 발달과 함께 성장해 왔다고 할 수 있다. 테니스·배드민턴 라켓의 몸체는 탄소섬유강화 플라스틱으로 제조되며, 라켓 줄 또한 대부분 나일론으로 되어 있다. 스키나 서핑보드도 폴리에틸렌이나 폴리우레탄 등으로 만든다. 골프클럽이나 공, 헬멧, 당구공, 볼링핀과 공, 신발, 운동장의 인조잔디, 낚싯대 등 대부분의 스포츠 용품과 장비도 플라스틱이나 복합 플라스틱으로 되어 있다.

의료용 플라스틱

플라스틱은 가벼우며 부작용이 적고 위생 면에서 뛰어나 의료 분야에서 다양하게 사용되고 있다. 콘택트렌즈, 인공혈관, 인공신장, 인공뼈 등 신체 일부 기능을 하는 제품 대부분이 플라스틱으로 만들어진다. 수술 후 인체에 자연스럽게 흡수되어 별도로 뽑아낼 필요가 없는 수술용 실과 수액, 수혈과 주사 등에 사용되는 청결이 필요한 기구도 대부분 플라스틱으로 만들어진다. 가벼우면서도 강도가 높은 의족이나 의수 등도 플라스틱으로 만들어지며, 엑스레이나 자기공명영상에 사용되는 필름, 의료용 가운, 의료용 튜브, 수술용 트레이와 장갑 등 다양한 제품이 플라스틱으로 되어 있다.

기타 산업용 및 가구 등에 사용되는 플라스틱

전통적으로 금속이 주로 사용되던 기계 및 산업용 부품에도 내부식성 및 가공용이성 등의 강점을 내세워 플라스틱 사용량이 늘어나고 있다. 특히 가벼우면서도 강도는 금속보다 강한 엔지니어링 플라스틱과 슈퍼 엔지니어링 플라스틱이 등장하면서 점차 전통적 소재인 금속을 대체하고 있다. 이러한 플라스틱은 베어링, 실(seal), 롤러, 슬라이더 패드와 기계부품 전반에 걸쳐 사용량이 늘어나고 있다.

나무, 금속 및 유리가 사용되던 가구 분야에서도 플라스틱 사용이 확대되고 있다. 서랍장, 테이블, 의자 등이 플라스틱으로 만들 수 있는 대표적인 가구다. 최근에는 성형이 용이하고 다양한 색상과 모양이 가능하다는 점 때문에 독창적이고 세련된 디자인의 명품 플라스틱 가구를 생산하는 업체들도 등장해 플라스틱 가구시장이 확대되고 있다.

제2차 세계 대전이 끝난 뒤부터 시작된 플라스틱 시대에는 위에서 살펴본 바와 같이 플라스틱이 거의 모든 분야에서 일일이 열거할 수 없을 정도로 많이 사용되고 있다. 이 시대 사람들은 상상하는 모든 형태의 물건을 플라스틱으로 마법사처럼 만들어 낼 수 있다. 그리고 앞으로 새로운 제품, 특히 고기능성 최첨단 제품이 발명된다면 십중팔구는 플라스틱을 최소한 일부라도 원료로 사용할 것이다. 가볍고, 잘 썩지 않으며, 다양한 모양과 색상으로 변형할 수 있고, 필요에 따라 강도를 높게도 낮게도 만들 수 있으며, 가격도 저렴해 플라스틱의 가능성은 앞으로도 무궁무진하다. 비록 플라스틱이 안고 있는 문제, 특히 플라스틱 폐기물에 대해 여러 가지 문제가 제기되고 있지만, 현재와 미래의 소재로서 플라스틱의 가치는 떨어지지 않을 것이다.

플라스틱 시대와 폐기물

1. 플라스틱 시대 폐기물의 변화

폐기물이란 사람의 생활이나 사업활동에 필요하지 않게 된 물질을 말한다. 폐기물은 사람의 생활이나 사업활동에서 필연적으로 발생하기 때문에, 어떤 의미에서는 사람이 삶을 살아간다는 증거라고 할 수 있다.

그런데 플라스틱 시대 이전과 이후로 나누어 폐기물을 분석해 보면 두 가지 측면에서 매우 큰 차이가 있음을 알 수 있다. 첫 번째 차이는 폐기물을 구성하는 내용물이 크게 달라졌다는 것이다. 다른 말로 폐기물의 질적 변화가 이루어진 것이다. 플라스틱 시대 이전의 폐기물은 인간과 동물의 배설물, 동식물의 찌꺼기, 음식물 찌꺼기, 더 이상 사용할 수 없는 옷과 가재도구 등으로 구성되어 있었다. 무엇보다 플라스틱 시대 이전에는 평소에 사용하는 물건을 버리는 경우가 거의 없었으며, 모든 물건을 고쳐서 계속 사용했다. 그러다가 정말 쓸 수 없는 지경이 되면 퇴비로 만들거나 키우는 동물의 사료나 부엌의 땔감으로 사용했다. 그리고 대부분의 폐기물은 자연에서 자연스럽게 분해되는 물질이었다.

그러나 플라스틱 시대 폐기물은 이전과 질적으로 완전히 다르다. 우리나라 환경부의 폐기물 통계[6]에 따르면 생활폐기물 중 음식물 폐기물이 22.9%, 플라스틱류가 19.6%, 종이류가 14.5%, 캔 및 금속류가 4.6%, 유리병 및 폐유리가 4.0%, 가구와 목재류가 3.6%를 차지하고 기타 폐기물이 30.8%다. 대부분의 폐기물이 가정에서 퇴비, 사료 또는 땔감으로 재활용할 수 없다는 것을 알 수 있다. 그리고 플라스틱, 폐유리와 같이 자연에서 잘 분해되지 않는 폐기물도 상당한 비율을 차지한다는 것을 알 수 있다.

플라스틱 시대 이전과 이후 폐기물의 두 번째 차이는 폐기물의 발

---

[6] 환경부의 폐기물 통계로는 매년 발행하는 『전국폐기물 발생 및 처리 현황』과 5년마다 발행하는 『전국폐기물통계조사』가 있다. 여기서는 2021년의 『전국폐기물 발생 및 처리 현황(2020년)』과 2018년의 『제5차 전국폐기물통계조사』 내용을 반영했다.

생량이다. 앞에서 본 것처럼 플라스틱 시대 이전, 좀 더 정확하게 산업혁명 이전에는 가정에서 발생한 폐기물 대부분이 퇴비, 사료 또는 땔감 등으로 재활용되면서 가정 밖으로 배출되는 양이 많지 않았다. 고대부터 근대에 이르기까지 마찬가지였다. 그러나 플라스틱 시대에는 물건을 고쳐 쓰며 완전히 그 기능을 상실할 때까지 사용하던 이전과 달리 대량생산, 대량소비 체제가 정착되면서 폐기물의 양도 급격하게 늘어난다. 플라스틱 시대 사람들은 옛날처럼 마르고 닳도록 물건을 사용하지 않는다. 멀쩡한 제품도 디자인이 구식이라서, 싫증나서, 신제품이 아니라서 버리고 새 제품을 구입한다. 특히 많은 일회용 플라스틱 제품은 한두 번만 사용하고 버린다.

플라스틱 폐기물은 두 가지 문제를 동시에 안고 있다. 매일 발생하는 폐기물의 양이 너무 많다는 것과 그 상당량이 재활용되지도 자연에서 분해되지도 않는다는 것이다. 플라스틱 폐기물의 급속한 증대는 해결하기 어려운 이 두 가지 문제를 더욱 심각하게 만든다.

2. 플라스틱의 생산과 처리

플라스틱은 제2차 세계 대전 종전 후 대량생산되기 시작했다. 글로벌 시장조사통계기관인 슈타티스타(Statista) 2021 통계에 따르면, 1950년에는 150만 톤에 불과하던 세계 플라스틱 생산량이 2020년에는 3억 6,700만 톤으로 약 245배 증가했다. 〈그림 1-5〉와 같이 1990년에 1억 톤을 돌파한 이후에도 플라스틱 생산량은 가파르게 증가하고 있다.

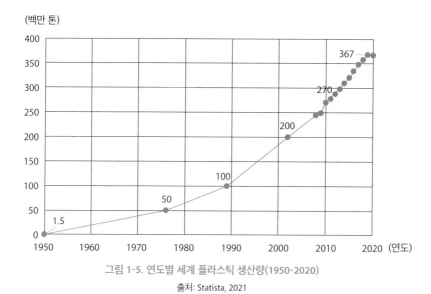

(백만 톤)

그림 1-5. 연도별 세계 플라스틱 생산량(1950-2020)
출처: Statista, 2021

　　2021년 석유화학편람에 따르면 우리나라의 2020년 플라스틱 생산량[7]은 1,443만 톤으로 세계 생산량의 약 3.9%를 차지했다.

　　2020년 유럽의 플라스틱 용도별 수요량은 〈그림 1-6〉과 같다. 포장재로 사용되는 양이 약 40.5%로 다른 용도 사용량보다 월등히 많다. 포장재에 이어 건축용으로 20.4%, 산업·의료 등 기타 용도로 16.7%가 사용된다. 이러한 용도별 수요량은 약간 차이가 있지만 다른 대륙에서도 비슷할 것으로 추정된다.

7　　여기서 플라스틱은 LDPE, EVA, L-LDPE, HDPE, PP, PS/EPS, ABS, PVC를 말한다.

그림 1-6. 2020년 유럽 내 용도별 플라스틱 수요량

출처: Plastics Europe, 2021

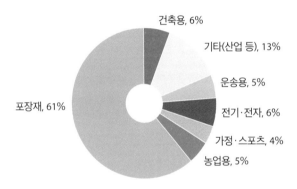

그림 1-7. 2018년 유럽 내 용도별 플라스틱 폐기물 발생량

출처: European Court of Auditors, 2020

또한 2018년 유럽의 용도별 플라스틱 폐기물 발생량은 〈그림 1-7〉과 같다. 플라스틱 포장재 폐기물이 61%로 가장 많으며, 그다음으로 산업·의료 등 기타 용도로 사용된 플라스틱 폐기물이 13%를 차지한다.

용도별 수요량과 폐기물 발생량을 비교하면 포장재용 플라스틱은 수요량 40.5%에 비해 폐기물 발생량이 61%로 그 비율이 20% 포인트 이상 증가했음을 알 수 있다. 이와 같이 포장재 플라스틱 폐기물이 많은 것은 일회용품이 많아 제품 수명이 짧기 때문으로 분석된다. 그리고 농업용 플라스틱도 수요량에 비해 폐기물 발생량 비율이 높은 것으로 조사되었다. 이와 같이 수요량에 비해 폐기물 발생량이 많은 분야에 대해 세계 각국은 보다 많은 관심을 가지고 집중적으로 관리하고 있다.

이렇게 발생한 플라스틱 폐기물은 과연 어떻게 처리되고 있을까? 2018년에 발간된 유엔환경계획(UNEP)의 보고서에 따르면 세계에서 발생한 플라스틱 폐기물의 약 9%만이 재활용되고, 약 12%가 소각되며, 나머지 약 79%는 매립되거나 환경에 부적절하게 덤핑되거나 방치되고 있다. 적절하게 처리되지 못한 플라스틱 폐기물은 잘 썩지 않아 환경에 노출된 이후 500년 이상 잔류하면서 다양한 방법으로 생태계를 훼손한다. 재활용되는 플라스틱 폐기물의 경우에도 약 15%만이 효율적으로 재활용되고, 나머지 약 85%는 품질 낮은 제품으로 재활용되거나 재활용 과정에서 손실되는 것으로 알려져 있다.

2019년 한국환경정책·평가연구원에서 발간한 보고서에 따르면 우리나라에서 배출된 플라스틱 폐기물은 약 58.9%가 재활용되고, 약 41.1%가 소각이나 매립으로 처리되어, 세계 평균보다는 재활용 비율이 높다. 그러나 여기에는 두 가지 고려할 사항이 있다. 첫째, 재활용되는 플라스틱 폐기물 중 보다 바람직한 방법으로 알려진 물질재활용(material recycling) 양은 31.9%에 그치고, 나머지 69.1%는 소각의 일종이라고 할 수 있는 에너지 회수(energy recovery) 방법으로 재활용된다. 에너지 회수는 소각 과정에서 발생하는 폐열을 회수해 스팀이나 전기를 생산하는 데 사용하지만, 물질재활용에 비해 자원순환 측면에서 바람직하지 않음을 고려할 때 아쉬움이 남는 것이 사실이다. 둘째, 재활용 통계에 일부 문제가 있다. 우리나라에서는 배출된 폐기물을 회수·선별해 재활용사업장으로 반입된 폐기물은 재활용으로, 매립장으로 반입된 것은 매립으로, 소각장으로 반입된 것은 소각으로 통계를 잡는다. 그런데 재활용사업장으로 반입된 폐기물 중 실제로 재활용되는 양은 일반적으로 60~70%에 그치고, 나머지 30~40%는 재활용할 수 없는 잔재물이다. 이러한 현실을 고려할 때 우리나라에서 배출되는 플라스틱 폐기물의 실제 재활용 비율은 통계보다 다소 낮은 것으로 추정된다.

2

플라스틱은 인체와 환경에
어떠한 영향을 미칠까?

플라스틱 제품의 일생과 환경

1. 플라스틱 제품의 생애주기

플라스틱이 환경에 어떠한 영향을 미치는지 알기 위해서는 플라스틱 제품의 전 생애주기를 살펴볼 필요가 있다. 생애주기 각 과정에 환경에 영향을 미칠 수 있는 요인이 있기 때문이다.

〈그림 2-1〉과 같이 플라스틱은 유정에서 뽑아낸 원유를 분별 증류를 거쳐 분리한 나프타가 원료다. 따라서 원유에서 나프타를 분리

그림 2-1. 플라스틱 제품의 생애주기

하는 것을 플라스틱 공급사슬 첫 번째 단계라고 할 수 있다. 나프타는 휘발유와 비슷한 기름으로, 원유를 증류할 때 35~220℃의 끓는점 범위에서 유출되는 탄화수소의 혼합물이며 LPG와 등유 유분 사이에서 유출된다. 중질(重質) 가솔린이라고도 한다. 나프타는 주로 석유화학공업의 원료로 쓰이고, 일부는 암모니아를 합성해 비료를 만들거나 도시가스에 사용된다.

나프타는 끓는점이 35~130℃인 경나프타(light naphtha)와 끓는점이 130~220℃인 중나프타(heavy naphtha), 이 두 가지를 모두 함유하는 풀레인지 나프타(full-range naphtha)로 구분해 사용된다. 나프타는 주로 탄소수 5~12개의 혼합물로 구성되어 있는데, 경나프타는 5~6개, 중나프타는 6~12개로 구성된다.

플라스틱 공급사슬 두 번째 단계는 나프타를 분해해 플라스틱 원료가 되는 단량체를 만드는 과정이다. 탄소수 5~12개의 고리로 연결 혼합된 나프타를 가열로에 넣어 800℃ 이상으로 가열하면 탄소 연결 고리가 분해(cracking)되면서 탄소수 1~4개의 경질 탄화수소 혼합물이 생성된다. 원유 및 나프타의 구성성분과 품질에 따라 다르지만, 일반적으로 에틸렌 31%, 프로필렌 16%, C4유분 10%(부타디엔 원료), RPG(raw pyrolysis gasoline. 벤젠, 톨루엔, 자일렌, BTX 등 방향족 제품들의 원료) 14%, 메탄·수소·LPG 등 기타 제품이 29% 정도 생산된다.

분해 과정을 거쳐 생산된 단량체는 플라스틱 공급사슬 세 번째 단계인 중합(polymerization) 과정을 거쳐 중합체, 곧 우리가 플라스틱이라고 부르는 합성수지가 된다. 중합은 앞에서 본 바와 같이 나프타의 분해 과정을 거쳐 탄생한 에틸렌, 프로필렌 같은 탄소가 1~4개인 단량체들이 서로 결합해 거대한 고분자물질을 만드는 반응이다. 2개의 단량체가 연결된 분자를 이량체(dimer), 3개의 단량체가 연결된 분자를 삼량체(trimer)라고 부르며, 수 개에서 수십 개의 단량체가 연결된 분자를 올리고머(oligomer)라고 한다.

중합체의 단량체 개수는 종류마다 상이해 보편적인 정의는 없지만 대략 수백 개에서 수만 개의 단량체가 중합되어 이루어진다. 중합체는 여러 이름으로 불리는데, 가장 기본적인 명명법은 단량체 앞에 고분자임을 나타내는 접두어 'poly'를 붙이는 것이다. 예컨대 단량체 에틸렌(ethylene)을 중합해 만든 중합체를 폴리에틸렌(polyethylene)이라 부르고, 프로필렌(propylene)을 중합해 만든 중합체를 폴리프로필렌(polypropylene)이라 부르는 식이다.

단량체의 중합을 돕기 위해 대부분의 경우 촉매가 사용되는데, 이 촉매의 종류에 따라 중합체의 특성이 달라지기도 한다. 예컨대 에틸렌을 중합해 폴리에틸렌을 만들 때 가장 널리 사용되는 중합 방법은 치글러·나타 촉매 중합 방법이지만 메탈로센(metallocene) 촉매 중합으로 에틸렌을 중합하면 총탄도 뚫을 수 없는 폴리에틸렌을 만들 수 있다. 이는 메탈로센 촉매 중합으로 만들어진 폴리에틸렌이 치글러·나타 촉매 중합으로 만든 폴리에틸렌보다 더욱 높은 분자량을 가질 수 있기 때문이다. 메탈로센 촉매 중합으로 만들어진 폴리에틸렌은 무려 600만~700만 개에 가까운 분자량을 가지고 있다.

중합체가 플라스틱 제품이 되기 위해서는 플라스틱 공급사슬의 네 번째 단계인 성형 과정을 거쳐야 한다. 앞에서 살펴본 바와 같이 플라스틱 성형 방법은 플라스틱의 종류, 성형 목적 등에 따라 달라진다. 열가소성 수지의 경우에는 압출성형, 사출성형, 중공성형, 진공성형, 캘린더성형, 압축성형, 회전성형이 주로 사용되며, 열경화성 수지의 성형에는 압축성형, 이송성형, 사출성형, 적층성형, 주형성형이 주로 사용되고 있다.

플라스틱 성형 시 다양한 특성을 갖게 하고, 일부 특성을 더욱 강화하기 위해 보조재료와 첨가제 등을 사용한다. 이러한 보조재료와 첨가제의 사용은 환경에 영향을 미치는 경우가 많기 때문에 환경 측면에서는 매우 중요한 의미를 지닌다.

플라스틱 제품은 1차 제품과 2차 제품으로 나뉜다. 1차 플라스틱 제품은 원료 상태의 플라스틱 물질을 비발포 성형해 제조한 스트립, 포일, 필름, 시트, 판, 봉, 관, 호스 등 1차 형태의 비발포 제품을 말한다. 1차 플라스틱 제품은 2차 플라스틱 제품의 원료로 사용된다. 2차 플라스틱 제품은 플라스틱 또는 1차 플라스틱 제품을 가공·처리해 만든 소비용 목적의 플라스틱 가공품을 말한다.

플라스틱 제품은 다른 제품과 마찬가지로 유통과 소비 과정을 거쳐 본래 용도를 다한 뒤에는 폐기물로 배출된다. 플라스틱 폐기물은 다른 폐기물과 마찬가지로 분리배출, 회수 및 선별, 재활용, 소각 또는 매립 등의 과정을 거치며 자원으로서 생명을 다하게 된다.

2. 플라스틱의 일생과 환경적 영향

플라스틱의 환경적 영향은 플라스틱 또는 플라스틱 복합체를 구성하는 원료물질, 중합 및 성형 과정에 첨가되는 물질, 플라스틱 제품이 수명을 다하고 폐기물이 되었을 때 소각 등 최종 처리 과정에서 발생하는 물질과 관련된 경우가 많다. 또한 플라스틱 폐기물이 하천과 바다로 흘러 들어가 자연 생태계에 미치는 영향과 미세플라스틱에 의한 영향도 최근 들어 많은 우려를 자아내고 있다.

플라스틱의 종류에 따라 인체와 환경에 미치는 영향이 다르다. 플라스틱을 구성하는 원료물질의 종류가 다르기 때문이다. 일반적으로 폴리에틸렌, 폴리프로필렌 및 폴리에틸렌테레프탈레이트(PET)는 비교적 안전한 플라스틱으로 알려져 있다. 생활용품과 공업용품으로 많이 사용되는 플라스틱 중에서 폴리염화비닐, 페놀수지, 폴리우레탄, 폴리테트라플루오로에틸렌 등은 인체에 영향을 미칠 수 있는 원료물질을 포함하고 있다.

폴리염화비닐의 원료물질인 염화비닐은 과량중독 시 중추신경계를 억제하고 심부정맥, 신경독성, 면역독성, 기형유발, 간독성 등을 유발할 수 있다. 또한 뇌종양, 폐, 혈액, 소화기암의 원인이 되어, 국제암연구소는 1군 발암물질로 분류하고 있다. 페놀수지의 원료물질인 페놀도 부식성이 강한 독성물질이다. 페놀은 피부로도 흡수가 잘 되는 편인데, 체내로 들어오면 신경계와 순환계, 간이나 신장 등 주요 장기를 손상시킬 수 있다.

폴리우레탄의 주된 원료인 톨루엔 다이아이소시아네이트(toluene diisocyanate, TDI)는 여러 가지 질병 등 인체 부작용의 원인으로 작용한다고 보고되고 있다. 피부, 폐, 각막 등에 대한 자극성이 있으며 다행감(euphoria), 운동실조, 정신착란, 민감화(주로 호흡기), 기관지염, 폐기종, 폐인성 심질환이 일어날 수 있다. 불소수지로 알려진 폴리테트라플루오로에틸렌에 대해 국제암연구소는 암을 유발할 수 있는 증거가 부족한 3군으로 규정했지만 원료물질인 테트라플루오로에틸렌은 인체발암가능물질인 2B군으로 분류하고 있다. 플라스틱의 원료물질 외에도 플라스틱 공급사슬 3단계와 4단계라 할 수 있는 중합과 성형 과정에서 사용되는 촉매와 첨가제도 사람의 건강과 환경에 영향을 미칠 수 있다. 첨가제 중에서도 가소제로 사용되는 프탈레이트 계열 물질과 비스페놀A, 브롬화 난연제 등이 사람과 환경에 많은 영향을 미치는 것으로 알려져 있다.

아래에서는 어떠한 종류의 첨가제가 있는지, 어떤 물질이 첨가제로 사용되는지, 첨가제로 사용되는 물질들의 환경 영향은 무엇인지 살펴볼 것이다. 아울러 플라스틱에는 어떠한 오염물질이 흡착되는지, 이 물질들의 환경 영향은 무엇인지, 첨가제와 흡착성 오염물질 중 어떤 물질이 내분비계 장애물질인지, 내분비계 장애물질이 인체와 동물에 어떠한 영향을 미치는지, 미세플라스틱이 어떠한 경로를 거쳐 생성되는지, 미세플라스틱이 생태계에 어떠한 영향을 미치는지 등을 보다 자세하게 살펴볼 것이다.

플라스틱 첨가제의 환경적 영향

플라스틱 첨가제는 플라스틱의 가공을 용이하게 하고 최종제품의 성능을 개선하기 위해 중합이나 성형 과정에서 첨가하는 화학물질이다. 곧 플라스틱 첨가제의 사용 목적은 플라스틱의 품질 개량과 성형품의 가공성 및 물성 향상, 장기적 안정성 유지라고 할 수 있다. 최근 첨가제는 단순히 플라스틱의 일부 성질을 개선하기 위한 보조재료라는 의미에서 벗어나 플라스틱 제품의 최종 성능에 결정적 영향을 미칠 수 있는 특수소재로 인식되고 있다. 플라스틱 업계에서는 고성능 및 고기능 플라스틱 제품 개발을 위해 첨가제의 활용을 매우 중요하게 여기고 있다.

플라스틱 첨가제의 가장 중요한 목적은 플라스틱 물성의 취약성을 개선하는 것이라고 할 수 있다. 예컨대 플라스틱 재료는 금속 소재에 비해 내열성 같은 물성의 취약점 때문에 부분적으로 용도 제한을 받아 왔지만, 열안정제라는 첨가제를 사용해 이런 한계점을 극복했다. 만약 이러한 첨가제 기술이 개발되지 않았다면 플라스틱의 용도는 많은 제약을 받았을 것이다. 지금도 IT, 우주항공 등 신기술 분야에서는 그 용도에 맞는 새로운 소재개발을 위해 많은 노력을 기울이고 있다. 고분자소재 분야에서는 새로운 응용 분야에 대처하기 위해 일차적으로 첨가제를 이용한 물성 개선을 시도하고 있다. 고분자소재 개발에는 고분자 자체에 대한 지식뿐 아니라 첨가제에 대한 지식과 기술도 매우 중요한 역할을 한다.

플라스틱 첨가제는 사용하는 주목적에서 효과가 있어야 하고, 그 외에도 플라스틱과 상용성이 우수하며, 표면에 침출해 외관이나 기능을 저하시키지 않아야 하고, 플라스틱의 가공온도에 견디며, 분해나 휘발되지 않아야 한다. 또한 병용하는 배합제와 반응해 서로 효과를 감소시키지 않아야 하고, 착색되지 않아야 하며, 시간이 경과함에 따라 변색되지 않아야 한다.

아울러 플라스틱에 필요한 물성을 얻기 위해 첨가제를 단독으로 사용하는 경우는 거의 없고 여러 가지 첨가제를 동시에 사용하는 경우가 대부분이므로 첨가제 간 상호 영향을 고려해야 한다.

그런데 플라스틱 제조 과정에서 사용되는 다양한 첨가제는 환경에 심각한 영향을 끼친다. 이들 첨가제에는 인체와 생태계에 심각한 독성과 위해성을 가진 중금속, 잔류성 유기오염물질, 내분비계 장애 물질 등이 포함되어 있기 때문이다.

여기서는 플라스틱 제조 과정에서 널리 사용되고 있는 플라스틱 첨가제의 종류를 살펴보고, 주요 플라스틱 첨가제가 어떤 독성 및 위해성을 가지고 있는지 살펴보려 한다.

1. 사용 목적에 따른 플라스틱 첨가제의 분류

플라스틱 첨가제는 사용되는 화합물의 성격과 사용 목적 등 몇 가지 기준에 따라 분류할 수 있다. 먼저 첨가제에 사용되는 화합물의 성격에 따라 무기화합물과 유기화합물로 구분할 수 있다. 유기화합물은 화학적으로 '탄소(C)를 포함하는 화합물'을 말하며, 유기물 또는 탄소화합물이라고도 한다. 곧 탄소를 기본으로 산소, 질소, 수소, 황, 인 등의 물질이 결합한 화합물이 유기화합물이다. 무기화합물은 유기화합물 이외 화합물을 말하며, '무기(無機, inorganic)'라는 뜻 그대로 생명력이 없고 생물적이지 않은 형태의 화합물이다. 무기화합물에는 탄소와 수소 원자가 결여되어 있다. 첨가제 대부분은 유기화합물이며 플라스틱 분자에 용해된 상태로 존재한다. 이러한 이유로 조건에 따라 첨가제는 과포화 상태가 될 경우 플라스틱 표면으로 삼출(滲出)해 플라스틱 제품의 품질을 저하시키는 원인이 되기도 한다.

또한 플라스틱 첨가제는 사용 목적에 따라 분류할 수도 있다. 첫째는 원하는 형태의 수지가공을 위한 가공첨가제로, 발포제, 핵제, 윤활제 등이 있다. 둘째는 공기, 열, 빛, 미생물에 의한 분해를 최소화하는 안정제로, 산화방지제, 열안정제, 자외선안정제, 생물안정제 등이 있다. 셋째는 최종제품 성형 시 들어가는 성능 첨가제로, 충전제, 보강제, 가소제, 착색제, 내충격제, 난연제, 대전방지제, 가교제, 형광증백제 등이 있다.

이 외에 보다 특수한 성능을 부여하는 열전도성 부여제, 투과성 조절제, 자성 부여제 등이 있다. 첨가제를 선택하고 함량을 결정할 때는 가격과 성능 비교, 고분자와의 상용성 유무, 고분자물성에 미치는 영향, 가공 시 안정성, 화학적 활성 및 독성을 고려해야 한다. 플라스틱 첨가제를 좀 더 자세하게 살펴보면 다음과 같다.

가소제|plasticizer

가소제는 플라스틱에 가장 광범위하게 사용되는 첨가제다. 고분자 간 강한 인력을 약하게 하는 물질로, 플라스틱의 유연성, 팽창성, 가공 용이성을 증가시키기 위해 플라스틱 중합 및 성형 시 첨가한다. 대표적으로 폴리염화비닐의 비닐 제품에 가소제가 첨가되면서 연질PVC 시대가 열렸다. 가소제는 성질상 보통 수지와 혼합해 수지를 가소화하는 외부가소제와 중합 과정에서 수지를 가소화하는 내부가소제로 나눌 수 있다. 내부가소제는 중합체의 2차 분자 간 인력을 완화시켜 고분자의 운동성을 증가시키는 기능을 하기 때문에 플라스틱의 유동성을 증가시킨다.

산화방지제|antioxidant

산화방지제는 플라스틱이 공기와 반응할 때 쉽게 산화반응이 일어나는 것을 방지해 플라스틱의 품질을 보전할 목적으로 사용되는 물질이다. 원료에 따라 크게 페놀계, 아민계, 유황계, 인계로 분류된다.

산화방지제는 일반적으로 독성이 없어야 하며, 가공성형 온도에서 안정성을 지녀야 하고, 활성 및 그 외 수지가공성을 방해하지 않아야 하며, 수지에 대한 융화성이 커야 한다. 또한 다른 첨가제와 화학반응을 일으키지 않아야 하며 분말, 펠릿 등과 혼합성이 좋아야 한다.

난연제|flame retardant

플라스틱을 물리적·화학적으로 개선해 잘 타지 않도록 함으로써 초기 점화를 지연시키거나 점화된 불꽃이 스스로 꺼지도록 하는 자기소화성 첨가제를 난연제라 한다. 플라스틱은 가연성 물질로 열에 매우 취약해 화재 위험성이 그 어떤 물질보다 높다. 특히 전선 피복재, 건물·자동차·선박 내장재 등 일상생활에 널리 사용되는 플라스틱은 화재 위험에 노출되어 있어 난연화 필요성이 더욱 높다.

현재 사용되는 난연제는 성분에 따라 유기계와 무기계로 분류되며, 사용법에 의해 첨가형과 반응형으로 분류된다. 첨가형은 물리적으로 플라스틱에 난연제를 첨가해 난연성을 향상하는 데 비해, 반응형은 플라스틱을 제조할 때 일부에 난연제를 첨가해 화학반응으로 난연성을 향상하는 방법이다. 또한 난연제는 연소 시 독성이 있느냐 없느냐에 따라 독성 혹은 무독성 난연제로 나누어진다.

활제 lubricant

활제는 플라스틱의 가공성을 향상하기 위해 중합체 용융물의 점도를 줄여 주거나, 최종제품의 표면을 매끄럽게 해 플라스틱과 접촉하는 금속 표면을 윤활시켜 유동을 도와주는 물질이다.

활제 사용으로 가공온도가 낮아지고 가공시간이 단축됨에 따라 가공 도중 열화(劣化)가 감소해 제품의 질이 향상된다. 또한 활제는 수지와 가공기기의 접착을 방지하고, 마찰을 줄여 압출물 표면을 거칠게 하는 현상을 감소시킨다. 그리고 뜨거운 금형에서 사출물을 이형시킬 경우 변형을 방지하고 사출기의 생산성도 향상시킨다.

열안정제 heat stabilizer

열안정제는 수지의 가공과 사용 기간 중 수지의 물리적·화학적 성질이 유지되도록 도와주는 물질로, 열효과에 의한 색의 변화, 기계적·전기적 성질의 변화 및 불필요한 표면반응을 방지한다. 플라스틱은 고온에서 열분해하기 쉽다. 특히 PVC는 170℃ 부근부터 열분해에 의해 변색하기 시작하므로, 이러한 단점을 보완하기 위해 열안정제가 사용되고 있다.

열안정제는 형태에 따라 분말, 액상, 반죽(paste), 알갱이(granule) 안정제로 분류되는데, 분말 및 액상 안정제가 많이 사용된다.

자외선안정제ultraviolet stabilizer

자외선안정제는 자외선을 차단하거나 흡수해 플라스틱을 보호할 목적으로 첨가하는 물질이다. 플라스틱은 햇빛 속 3,000~3,400Å[1] 정도의 자외선에 의해 분해되어 변색되거나 잘 부스러진다. 따라서 투명도가 높은 플라스틱을 제외하고는 옥외에서 사용되는 플라스틱의 경우 자외선안정제 사용이 필수적이다.

대전방지제antistatic agent

대전방지제는 플라스틱에 첨가하거나 완성 제품 표면에 처리해 제품 표면에서 발생하는 정전기를 감소시키거나 제거한다. 정전기방지제라고도 한다. 플라스틱은 일반적으로 전기절연체이기 때문에 마찰대

---

1   Å(옹스트롬, Angstrom): 빛의 파장이나 원자 간 거리 등에 이용되는 아주 작은 길이의 단위로, 스웨덴의 천문학자 안데르스 요나스 옹스트룀(Anders Jonas Ångström)의 이름에서 따왔다. 1Å은 10-10m 또는 0.1nm를 나타낸다.

전에 의해 정전기가 발생하며, 방전 혹은 전기전도 등에 의해 플라스틱 표면에 정전기가 잔류하면 먼지 흡착, 감전, 폭발 혹은 화재 등 큰 사고로 이어질 수 있다. 이러한 위험을 방지하기 위해 플라스틱 제품 생산 시 대전방지제를 첨가한다.

발포제 foaming or blowing agent

발포제는 중합체와 배합되어 스스로 열분해 등의 반응을 통해 다량의 기체를 발생시켜 제품 속에 거품을 일으키는 물질로, 팽창제 또는 기포제라고도 한다. 중합체의 발포는 저밀도 제품의 생산을 통한 원료 절감, 전기절연성·단열성·방음성 향상, 텔레비전 및 오디오 등의 음향효과 개선, 충격흡수력 향상 등의 효과가 있다.

충격보강제 impact modifier

충격보강제는 폴리염화비닐같이 충격에 약한 플라스틱의 내충격성을 보강하기 위해 사용되는 첨가제이며, 내충격제라고도 한다.

충전제 filler

충전제는 원가절감 목적으로 대량 첨가하는 증량제(extender filler)와 기계적·열적·전기적 성질이나 가공성을 개선하기 위해 첨가되는 보강제(reinforcing filler)로 대별된다. 충전제는 다른 첨가제에 비해 대량 배합하는 것이 일반적이며, 많을 경우 제품 중량의 40~50%가 사용되기도 한다. 충전제가 중합체에 배합될 때 화학조성이나 형상에 따라 효과가 현저하게 달라진다.

가교제|cross-linking agent

가교제는 단량체의 중합반응을 개시하고 가교반응에 영향을 주는 물질로 촉매, 후경화제, 개시제 등 여러 명칭으로 불린다. 이런 목적으로 쓰이는 물질은 유기과산화물(organic peroxide)과 이에 관련되는 산소를 가지는 화합물이다. 이들은 전형적으로 수지 100에 1~3의 농도로 쓰이며, 최종용도로 쓰이기 바로 전에 수지와 함께 혼합한다.

착색제|colorant

착색제는 플라스틱을 착색하는 데 사용하는 물질을 말하며, 보통 안료 또는 염료의 2차 가공품(분산제, 수지, 안정제 등을 첨가해 사용을 보다 편리하게 한 것)을 지칭하는 경우가 많다. 플라스틱의 원료인 수지는 비교적 무색투명하므로 착색제를 배합해 원하는 색을 낼 수 있다. 착색제로 사용되는 물질은 기본적으로 안료와 염료다.

안료는 물, 용매, 플라스틱에 녹지 않는 착색제를 말하며, 반대로 염료는 녹는 착색제를 말한다. 안료는 염료에 비해 착색력, 분산성, 선명성 등이 부족한 반면 내열성, 내후성, 내약품성이 우수하다. 염료는 안료와 달리 일반적으로 첨가되는 제품에 용해되는 특성이 있기 때문에 투명한 대신 고농도로 사용해야 한다. 그리고 염료는 안료보다 비싸고 열에도 약하기 때문에 염료 그 자체를 플라스틱에 사용하지 못하고 불용성 무기화합물에 침전시켜 불용성으로 만든 다음 사용한다.

무적제antifogging agent

무적제는 폴리에틸렌, 에틸렌비닐아세테이트, 폴리염화비닐 등의 필름으로 식품을 포장하거나 온상피복하는 경우 필름 내면에 물방울이 맺히지 않도록 하는 물질을 말한다. 필름 안쪽에 물방울이 맺힐 경우 식품 보관이나 작물 생육에 나쁜 영향을 미친다. 플라스틱 필름의 표면장력이 증가되면 물과의 친화력이 향상되어 물방울이 맺히지 않고 흐르는데, 이를 위해 무적제를 사용하고 있다.

특히 무적제는 온상필름에 많이 사용하는데, 지속성이 균일하지 않고 지속 기간이 너무 짧다는 소비자들의 불만이 많다. 이는 무적제가 필름 표면에 발생한 물방울을 퍼져 흐르게 하는 동안 같이 소모되기 때문이다. 무적제의 소모량은 필름 재질과의 상호친화성, 온상 주변의 온도와 온상 내부의 수증기 증발량 등과 깊은 관계가 있으므로 무적지속성을 일정하게 유지하기는 매우 어렵다.

핵제nucleating agent

핵제란 중합체의 결정화 속도를 촉진하고 결정 크기를 미세화해 투명성을 향상함으로써 제품생산 소요시간을 단축하는 한편, 기계적 물성을 향상하기 위한 첨가제다. 핵제는 주로 투명성이 필요한 포장용 필름이나 용기에 사용되어 경도·인장강도·탄성률·신장률 및 충격강도 등의 기계적 물성 향상, 흐림도·광택도·투명성 등의 광학적 성질 향상, 기계적 응력의 균일한 분배와 결정화 속도 증가로 인한 제품생산 소요시간 단축 등의 기대효과를 얻을 수 있다.

블로킹 방지제antiblocking agent

표면이 매끄러운 필름이나 시트 등이 제품끼리 서로 달라붙어 잘 떨어지지 않는 현상을 블로킹(blocking)이라고 하는데, 사용하는 데 많이 불편한 것은 물론 제품 불량의 원인이 되기도 한다. 이러한 블로킹 현상을 없애 주는 것이 블로킹 방지제다.

슬립제slip agent

슬립제는 필름이나 시트가 잘 미끄러지도록 하기 위한 첨가제로, 가공 도중이나 직후에 필름 등의 표면으로 스며 나와 도포된다. 이 도포막이 마찰계수를 줄이는 데 필요한 윤활작용을 해 슬립성을 개선해 준다.

2. 주요 플라스틱 첨가제의 독성과 위해성

앞에서 살펴본 첨가제들은 플라스틱이 종이, 유리, 금속, 나무 등 천연 재료를 대체하며 플라스틱 시대를 여는 데 1등 공신 역할을 했다. 화학산업의 발전에 따라 현재 지구상에서 사용하는 플라스틱의 종류도 수천 가지에 이르지만, 플라스틱의 중합과 성형 과정에서 부재료나 첨가제로 사용되는 화학물질의 종류도 무수히 많다. 수백에서 수천 종류의 화학물질이 사용되는 것으로 파악되는데, 특정 플라스틱 제품을 만드는 데 어떤 원료와 화학물질을 사용했는지는 기업의 비밀인 경우가 많다.

우리가 확실히 알 수 있는 것은 이러한 플라스틱 원료와 첨가된 화학물질 중 상당수는 환경에 심각한 악영향을 미친다는 사실이다. 사람과 생태계에 미치는 영향이 큰 것으로 알려진 대표적인 첨가제의 용도와 독성은 다음과 같다.

먼저 주로 가소제로 사용되는 비스페놀A는 1950년대 상용화된 이후 전 세계적으로 대량생산되기 시작했으며 폴리카보네이트, 에폭시수지, 폴리에스터, 폴리설폰, 폴리아크릴레이트 같은 플라스틱의 생산에 사용된다. 전체 비스페놀A 생산량의 60% 이상이 사용되는 폴리카보네이트는 투명하면서도 단단해 물병, 스포츠 장비, CD 및 DVD, IT 제품 외장재 등에 폭넓게 사용된다. 에폭시수지는 식품용 캔 내부, 수도관 등의 코팅제로 많이 사용된다. 인쇄 목적의 종이가 주로 점토를 함유한 비스페놀A로 코팅되어 있기 때문에 식료품점과 식당에서 흔히 사용되는 영수증 용지에도 비스페놀A가 함유되어 있다.

비스페놀A는 폴리카보네이트 제품에서 소량 용출될 수 있으며, 통조림 등의 코팅에 사용된 것은 식품으로 일부 이행되어 그 식품을 섭취하는 경우 비스페놀A에 노출될 수 있다. 또한 비스페놀A는 피부를 통해서도 흡수되며, 심지어 식·음료로 섭취했을 때보다 피부로 흡수했을 때 몸 밖으로 배출되는 데 더 오래 걸리는 것으로 알려져 있다. 따라서 비스페놀A가 포함된 영수증 용지는 가급적 직접 만지지 않는 것이 좋다. 체내로 들어온 비스페놀A는 소변과 대변뿐만 아니라 모유를 통해서도 배출될 수 있으므로 모유수유를 하는 영아도 이에 노출될 수 있다.

비스페놀A는 잘 알려진 내분비계 장애물질로, 많은 연구에서 낮은 수치에 노출된 실험동물이 당뇨병, 유방암, 전립샘암, 정자 수 감소, 생식 문제, 성조숙증, 비만, 신경학적 문제 정도를 심화하는 것으로 밝혀졌다. 초기 발달단계에 노출될 경우 더욱 민감한 것으로 보이며, 일부 연구에서는 태아기의 노출이 이후 신체적·신경학적 어려움과 연계되는 것으로 드러났다. 미국에서 임산부가 노출되는 화학물질의 수를 조사한 2011년 연구에서는 여성의 96%에서 비스페놀A가 발견되었다

대부분의 국가에서 예방 차원에서 비스페놀A를 젖병에서 사용하지 못하도록 하고 있다. 비스페놀A에 대한 규제는 유럽이 가장 강한 편이다. 유럽화학물질청은 2017년 6월 비스페놀A가 인체에 심각한 영향을 미칠 수 있다는 결론을 도출하고 REACH[2]의 고위험성물질목록에 등재했으며, 플라스틱 식품용기 내 비스페놀A의 최대 허용 기준을 기존 0.6mg/kg에서 2018년 9월부터 0.05mg/kg으로 낮추었다. 또한 EU는 2016년 12월 식품 이외 다른 경로를 통한 비스페놀A 인체 흡수 가능성을 낮추기 위해 영수증에 사용되는 감열지의 비스페놀A 함유량을 2020년부터 중량의 0.2%로 제한한다고 발표했다.

우리나라에서도 식품의약품안전처, 환경부, 산업통상자원부 등에서 법적 조항 및 기준을 마련해 관리하고 있다. 식약처에서는 폴리카보네이트 및 에폭시수지 등에 대한 비스페놀A 용출 규격을 0.6mg/

---

2   REACH: Registration, Evaluation, Authorization and Restriction of Chemicals의 약어로 화학물질의 등록, 평가, 허가, 제한에 관한 제도를 뜻한다.

L로 설정해 관리하고 있으며, 2012년 7월부터 비스페놀A를 사용한 젖꼭지와 젖병의 제조·가공·수입·판매를 금지하고 있다. 더 나아가 2019년부터는 사전 안전확보 및 국제기준과의 조화를 위해 젖병뿐만 아니라 영유아용 기구 및 용기·포장재에 대한 비스페놀A 사용을 금지했다. 환경부는 비스페놀A를 등록대상 기존화학물질로 지정하고 있으며, 어린이용품에 대한 위해평가 실시 대상인 환경유해인자로 관리하고 있다. 산업통상자원부도 어린이제품 안전특별법에서 어린이 완구 및 완구재료 중 비스페놀A의 용출 기준을 0.1mg/L 이하로 설정해 운영하고 있다.

프탈레이트는 플라스틱의 가소제로 매우 광범위하게 사용되고 있다. 가소제 외에도 소재와 수지 간 접착제, 플라스틱 소재의 경화제, 윤활제, 향수의 휘발방지제 및 용매 등으로 폭넓게 사용되는 물질이다. 프탈레이트는 값이 저렴하고 효율성이 좋아 어린이 장난감, 가정용 바닥재, 인조가죽, 신발류, 자동차 시트, 전기·전자제품, 목재가공 및 향수의 용매, 전선 및 케이블, 화장품, 식탁보와 샤워커튼, 식품포장재 등으로 매우 폭넓게 사용되어 우리는 어디서나 프탈레이트에 노출되어 있다고 할 수 있다.

프탈레이트는 40여 가지 종류가 있으며 대표적인 내분비계 장애물질로, 일부 프탈레이트는 남녀의 생식능력을 저하시키며, 신생아의 기형을 초래할 위험이 있는 것으로 알려져 있다. 일부 동물실험 결과 간·신장·심장·폐·혈액에 유해할 뿐 아니라, 수컷의 정소 위축, 정자 수 감소, 정자의 유전물질인 DNA 파괴, 임신복합증과 유산 등 생식독성에도 영향을 미치는 것으로 밝혀졌다. 중금속인 카드뮴과 같은 수준의 발암 가능 물질로도 보고되어 있다. 주요 프탈레이트의 독성과 위해성은 〈표 2-1〉과 같다.

이와 같은 독성과 위해성 때문에 많은 국가에서 프탈레이트 사용을 규제하고 있다. 유럽에서는 어린이 장난감과 일반제품으로 나누어 관리하는데, 어린이 장난감 안전규정에 따라 어린이 장난감에 보다 엄격한 기준이 적용된다. 예컨대 어린이 장난감에 포함된 DEHP, DBP 및 BBP 등 세 가지 물질의 총함량이 전체 제품 총중량의 0.1% 이하여야 하고, DINP, DIDP 및 DNOP의 경우도 세 가지 물질의 총함량이 총중량의 0.1% 이하여야 한다. 어린이 장난감이 아닌 제품은 프탈레이트 각각 종류별로 제품 중량의 0.1% 이하가 되도록 해 어린이 제품에 비해 약 3배 완화된 기준을 적용하고 있다. 미국도 아동용품이나 완구에는 8종의 프탈레이트를 제품 중량 대비 0.1% 이상 사용할 수 없으며, 기준치 초과 제품의 제조 및 수입을 금지했다. 우리나라에서는 2005년부터 식품용기에 프탈레이트 사용을 금지하고 있으며, 2007년부터는 플라스틱 완구나 어린이용 제품에 사용을 제한하고 있다.

독성이 강해 인체 및 생태계에 미치는 영향이 큰 첨가제 중 하나는 노닐페놀이다. 노닐페놀은 페놀에 탄소 개수가 9개인 분자사슬이 붙어 있는 화합물로, 무색 또는 옅은 황색을 띠고 페놀 향이 나는 액체다. 플라스틱 식품 포장재 및 폴리염화비닐의 열안정제로 쓰이며 세제, 도료, 살충제, 유화제 및 용해제 제조에도 사용된다.

노닐페놀은 내분비계 장애추정물질로, 여성에게는 성조숙증, 기형아 출산을 유발하고 남성에게는 남성호르몬 분비를 억제해 발기부

표 2-1. 주요 프탈레이트의 독성과 위해성

종류	독성 및 위해성
부틸벤질프탈레이트 (butyl benzyl phthalate, BBP)	• 에스트로겐성 환경호르몬 추정 물질 • 어린이의 기도염증을 유발하며, 태아의 건강과 발육에 영향을 미치는 것으로 추정됨 • 동물실험 결과, 태아의 체중 감소, 기형 및 사망 증가를 초래할 수 있음이 밝혀짐
디에틸헥실프탈레이트 (diethyl hexyl phthalate, DEHP)	• 환경호르몬 추정 물질 • 국제암연구소(IARC)는 인체 발암의심물질인 2B군으로 분류 • 흡입 시 태아 또는 생식능력에 손상을 일으킬 수 있으며, 접촉 시 눈, 피부, 점막에 자극이 일어남
디에틸프탈레이트 (diethyl phthalate, DEP)	• 흡입 시 생식능력 감퇴, 신생아 기형 초래 위험 • 흡입 시 호흡기 자극, 두통, 다발성 신경병증, 통증, 감각이상 및 현기증 유발 • 쥐에 투여 시 고환의 생식세포 수 감소 확인
디부틸프탈레이트 (dibutyl phthalate, DBP)	• 동물실험에서 간·신장·심장·폐·혈액에 유해할 뿐 아니라, 수컷 쥐의 정소 위축, 정자 수 감소 유발, 정자의 유전물질인 DNA 파괴, 임신복합증과 유산 등 생식능력 손상 • 기형아 출산, 생식기 발달 억제 등
디아이소부틸 프탈레이트 (diisobutyl phthalate, DIBP)	• 장기간 투여 시 동물의 체중, 간중량, 성발달 변화가 일어남
디아이소데실 프탈레이트 (diisodecyl phthalate, DIDP)	• 수생식물에 매우 유독한 것으로 알려져 있음 • 가열 시 폭발 위험이 있으며, 열분해 시 자극성, 부식성이 나타나고 독성가스가 발생할 수 있음
디아이소노닐 프탈레이트 (diisononyl phthalate, DINP)	• 동물 만성독성 실험 시 간과 신장독성 및 발암성이 나타남 • 가열 시 폭발 위험이 있으며, 열분해 시 자극성, 부식성이 나타나고 독성가스가 발생할 수 있음
디엔옥틸프탈레이트 (di-n-octyl phthalate, DNOP)	• 지속적인 섭취 시 중추신경계 억제가 일어날 수 있으며, 지속적인 피부 접촉으로 건조, 갈라짐, 발진을 유발할 수 있음 • 장기간 투여 시 동물의 체중, 간중량, 생식변화가 일어남
디메틸프탈레이트 (dimethyl phthalate, DMP)	• 인체 경구노출 시 중추신경계 억제 증상 보고 • 쥐를 이용한 2세대 생식독성실험 결과, 고농도군에서 간 무게의 유의한 증가, 수컷의 부고환, 부신 무게의 유의한 감소, 암컷 수태 기간 대폭 단축, 수컷 테스토스테론 농도 대폭 감소

전이나 무정자증을 유발한다고 알려져 있다. 또한 노닐페놀은 OECD의 유해성 분류에서 갑각류와 어류에 대해 높은 독성을 나타내는 물질로 분류되었다. 노닐페놀의 독성은 사람의 경우 눈과 호흡기계에 자극성이 인정되었고, 실험동물의 눈과 피부에서도 자극성이 확인되었다. 저분해·고농축성의 특성을 가진 노닐페놀은 일단 유입되면 환경과 생태계에 축적되어 오랫동안 영향을 준다.

브롬화 난연제도 환경적 영향이 큰 첨가제다. 브롬화 난연제는 플라스틱, 전기·전자장비, 텔레비전, 건축자재, 인테리어 섬유, 자동차 쿠션, 포장재료, 케이블 및 섬유코팅, 페인트 등 가연성 물질 또는 재료에 첨가해 발화 방지 또는 지연시키는 목적으로 사용한다.

브롬화 난연제 중 폴리브롬화바이페닐(polybrominated biphenyls, PBBs)은 동물에서 만성독성 및 암을 유발시킬 수 있다고 보고되었고, 폴리브롬화다이페닐에테르(polybrominated diphenyl ethers, PBDEs)도 유사한 독성을 지니는 것으로 알려져 있다. 현재 상업용 생산이 금지되어 있는 PBBs는 열이 가해지는 적당한 조건에서 브롬화다이옥신(polybrominated dibenzo-p-dioxins, PBDDs) 및 브롬화퓨란(polybrominated dibenzofuran, PBDFs)을 만들어 내기도 한다.

플라스틱과 환경호르몬

1. 환경호르몬은 무엇인가?

사람의 몸에는 3,000개 정도의 호르몬이 있는 것으로 추정된다. 우리 몸의 여러 내분비기관에서 만들어진 이러한 호르몬은 혈관을 거쳐 신체 여러 기관으로 운반되고, 그곳에서 각 호르몬이 지닌 기능을 발휘해 신체가 항상성을 유지하도록 한다. 특히 물질대사와 생식, 세포 증식에 호르몬이 직접 관계하는 것으로 알려져 있다. 수많은 호르몬 중에서 하나라도 이상이 생기면 신체기능에 장애를 초래하고 질병 우려가 있으며, 심할 경우 사망에까지도 이를 수 있다.

그런데 1996년 3월 미국에서 테오 콜본(Theo Colborn)이 저술한 『도둑맞은 미래(*Our Stolen Future*)』가 출판되면서 내분비계 장애물질이 세계적 관심을 끌게 되었다. 환경호르몬이라고도 불리는 내분비계 장애물질은 우리 몸속의 내분비계에서 분비되는 호르몬이 아니지만 진짜 호르몬처럼 작용해 인체의 호르몬 기능에 여러 가지 악영향을 끼친다.

환경호르몬의 공식 명칭은 내분비계 장애물질이다. 일부 학자들은 내분비계 교란물질이라고도 한다. 1998년 우리나라 환경부에서는 균형을 잃게 하는 교란의 의미보다 해당 물질이 체내에서 장애를 일으킬 수 있다는 측면에 중점을 두고 환경호르몬을 내분비계 장애물질

로 명명하기로 공식 결정했다.[3]

미국환경보호청은 환경호르몬을 "생체의 항상성, 생식, 발생 또는 행동에 관여하는 여러 가지 생체호르몬의 합성, 분비, 체내 수송, 결합, 배설 또는 호르몬 작용 그 자체를 저해하는 성질을 갖는 외인성 물질"로 폭넓게 정의하고 있다. EU는 "정상적인 내분비계 기능을 교란해 생물체, 그 자손 또는 집단의 건강에 악영향을 미치는 외인성 물질 혹은 혼합물"이라고 정의했다.

환경호르몬은 정상적인 호르몬 기능에 영향을 미치는 합성 혹은 자연 상태의 화학물질이라고 할 수 있다. 곧 진짜 호르몬처럼 작용해 생명체의 정상적인 내분비 기능을 방해한다. 이 물질들은 생체 내 호르몬의 합성, 방출, 운반, 수용체와의 결합, 수용체 결합 후 신호전달 등 일련의 과정에 관여해 다양한 형태의 혼란을 일으킴으로써 생태계와 인간에게 악영향을 끼치고 차세대에서는 성장억제와 생식이상 등을 초래하기도 한다.

세계야생생물기금(World Wildlife Fund, WWF)을 비롯한 국제기구와 미국환경보호청을 비롯한 세계 각국 정부는 수십 종에서 수백 종에 이르는 물질을 내분비계 장애물질로 분류해 사용금지 및 취급제한 등으로 관리하고 있다.

내분비계 장애물질의 일부가 플라스틱의 원료 및 첨가제로 사용

---

3 이 책에서는 일반인들에게 보다 익숙한 환경호르몬이라는 용어를 일반적으로 쓰고, 필요한 경우에 한해 내분비계 장애물질이라는 용어를 사용한다. 현재 환경호르몬에 대한 정의는 국가 또는 연구자들마다 다양해, 아직 명확히 통일되지 않은 상태다.

되고, 일부는 플라스틱에 흡착된다. 또한 플라스틱 소각 시 발생하는 물질의 일부도 내분비계 장애물질로 분류되고 있다. 따라서 플라스틱과 내분비계 장애물질은 매우 밀접한 관계에 있다고 할 수 있다. 아래에서는 내분비계 장애물질의 특징과 종류, 건강 영향 등을 살펴보고자 한다.

2. 환경호르몬은 생태계와 인체에 어떤 영향을 미칠까?

사실 수천 종의 화학물질에 둘러싸여 있는 생태계와 인간은 이미 각종 환경호르몬에 포위되었다고 할 수 있다. 그동안 환경호르몬이 생태계와 사람에게 미치는 영향에 관해 많은 연구가 진행되어 왔다. 이러한 환경호르몬이 하나로는 독성을 나타내기에 미약할 수 있지만 다른 물질들과 함께 생체에 노출되었을 때 어떤 영향을 미치는지 평가하는 것이 매우 중요하다. 또한 체내에 만성으로 축적되었을 때 영향을 고려해야 한다. 지금까지 환경호르몬이 생태계에 미치는 영향에 대한 연구와 보고는 파충류, 어류, 조류, 포유류 등에 이르기까지 그 대상이 매우 광범위하다.

1) 생태계에 미치는 영향
환경호르몬 물질들이 야생동물에 영향을 주어 개체 수 감소와 성(性)의 혼란 등을 야기함으로써 야생동물의 생존에 심각한 영향을 끼친다고 알려지고 있다. 야생생물에 대한 내분비계 장애가 관찰되었다는 연구보고는 상당히 많으며, 그 대상이 되는 야생동물도 파충류, 어류, 조류, 포유류 등 광범위하다. 그러나 야생동물의 장애 정도와 오염물질 실제 노출량의 상관관계 등을 확실히 밝힌 연구는 많지 않다. 이는 환경호르몬으로 추정되는 물질과 실제 나타나는 양상 사이 정확한 인과관계를 규명하기 어렵기 때문이다.

생태계에 환경호르몬의 영향이 처음으로 보고된 사례는 미국 플로리다주 아포프카 호수에 살고 있는 악어라고 할 수 있다. 1980년대 플로리다주 보건·회복서비스부의 조사에서 이 호수에 살고 있는 악어의 성기가 정상에 비해 3분의 1 크기로 작아지고 개체 수가 줄어든 것이 확인되었다. 또한 호수에서 발견된 알의 수가 예상보다 매우 적었으며, 발견된 알의 부화율이 18%에 불과했다. 원인을 분석한 결과 호수 인근 화학회사에서 유출된 화학물질과 농약에 호수가 오염된 것으로 확인되었다. 화학물질과 농약에 노출된 악어는 남성호르몬인 테스토스테론을 거의 생산하지 못했고, 여성호르몬인 에스트로겐 수치는 오히려 정상보다 몇 배 높았다.

환경호르몬이 조류에 미치는 영향을 밝힌 대표적인 연구는 1984년에 발표된 갈매기 암컷끼리의 짝짓기와 성비 변화다. 캘리포니아 대학교의 마이클 프라이 박사팀이 수행한 이 연구에서는 수컷 갈매기의 암컷화, 성비율 변동에 따른 수컷 사망률 변화 등을 언급하고 있다. 이러한 현상은 유기염소계 농약이자 환경호르몬인 DDT 등의 축적에 의한 것으로 밝혀졌다. 이 외에 갈매기, 가마우지, 왜가리, 물수리, 펠리컨, 매, 독수리 등에서도 환경호르몬의 영향이 발견되었으며, 관찰된 특징은 오염지역에 서식하는 새들의 생식능력 및 성적 습성 변화, 면역능력 감소, 부리 기형 등으로 나타났다.

이러한 현상은 주로 새가 먹이사슬에 따라 오염물질이 농축된 물고기를 잡아먹은 탓으로 추정되었다. 예컨대 폴리염화바이페닐 (PCBs) 등에 오염된 지역의 물고기를 잡아먹는 갈매기 같은 새들의 면역능력 연구에서 오염되지 않은 지역의 새들에 비해 면역능력이 감소했다는 결과들이 있었다.

생식능력의 변화는 환경호르몬의 대표적인 영향인데, DDT/DDE에 노출된 독수리류에서 알의 부화에 장애가 나타났으며, 다이옥신이나 PCBs에 노출된 제비갈매기의 경우에서도 알의 부화장애가 나타났다. 갈매기의 경우 내분비장애로 인한 '슈퍼노멀(super normal)'이라는 다(多)산란현상을 비롯해, 암컷끼리 둥지를 트는 현상이 관찰되었으며, 미시간호 주변 PCBs나 다이옥신의 고농도 오염지구에 서식하는 갈매기에서는 갑상샘비대와 수컷에서 난관의 발달 등이 관찰되기도 했다. 특히 갈매기는 닭, 메추라기, 기타 다른 새들보다 성호르몬 감수성이 높아 내분비계 장애물질에 더욱 민감하게 반응하는 경향이 있다.

어류에 대한 환경호르몬의 영향으로는 수컷 생식능력의 변화, 수컷의 암컷화 등이 많이 관찰되고 있다. 1980년대 후반 영국 각지에서 암수 구분이 어려운 물고기가 많이 발견되었는데, 조사 결과 합성세제와 유화제의 성분인 비이온성 계면활성제의 분해물인 알킬페놀이 다량 검출되었다. 그 후 무지개송어를 키우는 수조에 이 알킬페놀을 투여한 결과, 수컷의 정소 발달이 방해받는다는 사실이 규명되었으며, 암컷의 간에서만 만들어지는 난황(卵黃)단백질을 수컷이 생산하는 경우도 발견되었다. 이후 알킬페놀은 환경호르몬 의심물질로 분류되었다.

북미지역 오대호에 서식하는 연어의 상당수에서 비정상적인 갑상샘비대가 관찰되었는데, 연어는 먹이사슬의 상위포식자에 해당하므로 오염물질이 농축된 먹이를 섭취했거나 오대호 내 오염물질을 비롯한 복잡한 환경요소로 인해 내분비계 장애가 발생한 것으로 추정되었다. 이 밖에 보스니아 해안의 펄프공장 하류에 서식하는 농어류에서 암수 모두 생식기의 크기가 축소되었다는 조사 등 환경호르몬이 원인으로 의심되는 많은 사례가 조사되고 있다.

일본에서는 1998년 중화학공장 지대를 관통해 도쿄만으로 흐르는 다마강에서 생식기 이상을 보이는 수컷 잉어가 관찰되었다. 정상적인 수컷 잉어의 정소에 비해 이 강에서 표본채집한 잉어는 10마리 중 3마리꼴로 정소의 크기가 매우 작고 색깔도 정상인 흰색이 아닌 다갈색으로 변해 있었다.

포유류에 영향을 주는 물질들은 인간에게도 바로 영향을 미칠 수 있다는 점에서 주목할 필요가 있다. 발트해 연안의 바다표범을 조사한 결과, 폴리염화바이페닐이 바다표범 생식선의 스테로이드 합성에 장애를 일으킬 뿐 아니라 갑상샘기능 저하를 일으킨다는 것이 밝혀졌다. 플로리다 지역에 서식하는 아메리카표범 수컷의 혈액을 채취해 검사한 결과, 여성호르몬인 에스트로겐이 정상에 비해 수배 이상 높게 검출되었으며 발육과 생식기 이상이 관찰되었는데, 그 후 사료가 DDE나 PCBs에 오염되었기 때문이라는 결과가 나왔다. 또한 북극의 백곰이 오염된 물고기나 바다표범을 잡아먹고 생식기에 이상이 생긴

사례도 보고된 바 있다.

이상을 종합해 보면 환경호르몬은 야생동물의 생식과 발달에 심각한 영향을 미칠 수 있으며, 현재까지 수정률 감소, 개체 수 감소, 수컷 생식기의 암컷화, 갑상샘기능 이상, 면역계 이상 등을 일으키는 것으로 나타나고 있다.

2) 인체에 미치는 영향

환경호르몬이 사람에게 미치는 영향 및 그러한 영향을 나타낼 수 있는 양에 대해서는 정확히 밝혀진 것이 없으며 그 여부에 대해서도 아직까지 논란이 많다. 하지만 환경호르몬의 영향으로 의심되는 사례는 많이 연구 및 보고되고 있다.

성호르몬과 관계된 분야에서 가장 많은 의심 사례가 보고되었다. 먼저 환경호르몬 때문에 정자 수가 감소해 남성 요인의 불임 가능성이 높아졌다는 보고가 있다. 덴마크에서는 1992년에 과거 약 50년 동안(1938~1990) 남자들의 정자 수가 반감되었다는 보고가 있었으며, 2000년 코펜하겐과 올보르에서 18~20세 남성 708명의 표본을 추출해 조사한 결과, 조사 대상자의 21%는 정액 1mL당 정자 수가 2,000만 마리 이하였으며, 43%는 생식력에 장애가 올 수 있는 4,000만 마리 이하였다. 연구자들은 내분비계 장애물질의 하나인 에스트로겐성 화학물질이 주요 원인일 수 있다고 추정했다.

부부가 1년간 정상적인 성생활을 했는데도 임신이 되지 않으면 불임으로 진단된다. 불임은 이미 전 세계적으로 증가하고 있다. 세계보건기구에 따르면 전 세계 가임연령대 부부 중 약 12%가 불임 문제를 겪고 있다.

2017년 미국 마운트시나이 대학교 의과대학과 이스라엘 예루살렘 히브리 대학교 공동 연구팀은 서구 남성의 정자 수가 지난 40년간 절반 넘게 감소했고, 이런 추세가 이어질 경우 인류가 멸종에 이를 수 있다고 발표했다. 이 연구팀에 따르면 지난 40년간 서구에 사는 남성들의 정자 농도가 52.4% 감소했고, 정자 수는 59.3% 줄어든 것으로 나타났다. 남성불임은 매우 다양한 원인이 있지만, 많은 학자가 환경호르몬에 지속적으로 노출될 경우 환경호르몬이 성기능을 방해하거나 정자 형성을 억제할 수 있다고 추정하고 있다. 여성불임의 원인도 대개 내분비계 이상, 나팔관 손상, 자궁근종인데, 환경호르몬과 관련될 수 있다.

정자 수뿐만 아니라 남성불임과 밀접한 상관관계가 있는 것으로 알려진 항문·성기 간 거리(anogenital distance, AGD)도 환경호르몬인 프탈레이트에 의해 영향을 받는 것으로 알려져 있다. 일반적으로 남성의 항문·성기 간 거리는 여성의 2배 정도다. 이 거리는 태아기 엄마의 남성호르몬 분비량에 의해 결정된다. 그런데 프탈레이트에 많이 노출된 산모에게서 태어난 남자아기의 경우 항문과 성기의 거리가 짧아지는 경향이 있는데, 이는 프탈레이트가 남성호르몬인 안드로겐 작용을 방해하기 때문이라는 것이다.

항문과 성기의 거리가 짧아지면 '남성성'이 줄어들 가능성이 있다. 또한 항문·성기 간 거리가 짧은 남아는 긴 남아에 비해 남성불임이 될 가능성이 7배 높다는 연구결과도 있다. 2011년 미국 로체스터 대학교 메디컬센터의 샤나 스원 박사가 뉴욕의 남자 대학생 126명을 대상으로 정자의 수, 질, 모양, 운동성을 검사하고 항문·성기 간 거리를 측정한 결과, 항문·성기 간 거리가 평균치인 52mm에 못 미치는 남성은 항문·성기 간 거리가 정상인 남성에 비해 정자 수가 적고, 정자의 질과 운동성이 떨어지는 준불임증일 가능성이 7배 높은 것으로 나타났다. 환경호르몬이 진짜 호르몬의 분비에 이상을 일으켜 항문·성기 간 거리는 물론 성기 길이도 과거보다 짧아지고 있다. 임신 중 소변에서 환경호르몬인 프탈레이트가 많이 검출된 여성이 낳은 아이의 음경 길이와 항문·성기 간 거리가 상대적으로 짧은 경우가 훨씬 많다고 한다. 이는 환경호르몬인 프탈레이트가 남성호르몬인 테스토스테론의 분비를 감소시킨 결과로 추정된다.

환경호르몬은 남성의 생식기능에만 영향을 주는 것이 아니다. 플라스틱에서 나오는 환경호르몬이 여성의 난임을 유발한다는 사실이 국내 연구진에 의해 밝혀졌다. 2018년 동아대학교병원 한명석 교수는 대표적인 환경호르몬인 비스페놀A와 자궁내막증 발병 간 구체적인 연관관계를 규명했다. 자궁내막증은 가임기 여성에게 생기는 질환 중 하나로, 난소 등의 염증, 생리통과 골반통, 배란장애 등 난임을 유발하고, 심할 경우 불임이나 난소암의 원인이 되기도 한다. 이 연구에서 비스페놀A가 여성호르몬인 에스트로겐과 비슷한 작용을 해 자궁내막증 발병을 유도한다는 것이 확인되었다.

환경호르몬은 남녀 모두에게 문제가 되는 비만의 위험을 증가시킬 수 있다는 연구결과들이 발표되고 있다. 2002년 영국 스털링 대학교 배일리-해밀턴 교수는 비스페놀A 같은 환경호르몬이 비만을 유발할 수 있다는 가설을 제기했다. 곧 환경호르몬이 지방세포의 수와 크기를 늘리거나 식욕을 증진시켜 지방축적을 촉진하거나 신체의 칼로리 소모능력을 낮춘다는 것이다.

성인과 아동에서 오줌의 비스페놀A 농도가 증가할수록 비만 및 복부비만 위험이 높은 것으로 나타난 연구가 있었다. 또한 2008년 미국의 연구에서도 환경호르몬인 프탈레이트 농도가 높을수록 20~59세 남성에서 복부둘레 및 체질량지수가 증가했으며, 프탈레이트 종류 중 하나인 모노에틸프탈레이트는 사춘기 여성 및 20~59세 여성에서 체질량지수와 유의미한 연관성을 보였다.

환경호르몬은 당뇨병과도 관계가 있는 것으로 밝혀지고 있다. 환경호르몬이 당뇨병 위험을 높인다는 가설은 환경호르몬인 다이옥신이 함유된 제초제에 노출된 베트남 참전 군인들에게서 20년 후 당뇨병 발생 위험이 1.5배 증가했다는 연구결과를 통해 입증되었다. 환경호르몬은 성인에게 많이 발생하는 제2형 당뇨병[4]의 원인물질로 추정되고 있다. 곧 다이옥신, 폴리염화바이페닐과 같은 환경호르몬이 혈액 중 인슐린을 낮추는 호르몬의 작용을 방해함으로써 '인슐린 저항증'을 유발해 제2형 당뇨병의 원인이 된다는 것이다.

2006년 미국 당뇨병 학회지에 발표된 연구결과에 따르면 국민건강영양조사의 일부로 시행한 각종 환경오염물질의 혈중농도 측정에서 당뇨병 환자가 당뇨병이 없는 사람들에 비해 각종 환경오염물질의

---

4   인슐린이 분비되기는 하지만 양이 충분하지 않거나 우리 몸이 분비되는 인슐린을 효과적으로 활용하지 못해 발생하는 당뇨병.

혈중농도가 훨씬 높다는 것이 발견되었다. 이후 시간이 지나면서 더 많은 증거가 나왔다. 2011년 미국 독성연구소와 국립보건원은 이 문제에 대한 전문가회의를 소집해 환경오염물질들이 당뇨·비만의 원인이 된다고 인정했다. 이와 함께 폴리염화바이페닐, 유기염소제 농약 등을 포함한 19가지 잔류성 유기오염물질 농도에 따라 5분위수로 나누어 제2형 당뇨병과의 연관성을 살펴본 코호트 연구에서는 잔류성 유기오염물질에 대한 노출 농도가 증가할수록 당뇨병 발병 위험이 최대 8.8배 높아지는 것으로 나타났다.

환경호르몬이 비만과 제2형 당뇨병의 위험인자로 지목된 결과를 근거로 자연스럽게 심혈관질환 위험도 증가시킬 것으로 추정할 수 있다. 최근 비만, 당뇨병과 독립적으로 환경호르몬과 심혈관질환의 직접적인 연관성을 밝히기 위한 연구가 이뤄지고 있는데, 2008년 발표된 연구결과에 따르면 다이옥신 농도가 증가할수록 허혈성 심질환뿐만 아니라 모든 심혈관질환에 의한 사망위험이 증가한 것으로 나타났다. 아울러 건강한 남성 및 여성을 10년간 추적관찰한 결과에서도 비스페놀A 농도가 증가하면 관상동맥질환 위험이 1.13배 상승한 것으로 나타났다.

환경호르몬은 신체적 질병뿐만 아니라 사회성과 공격성 등 사람의 행동양식에도 영향을 미치는 것으로 알려져 있다. 서울대학교 의과대학 환경보건센터 홍윤철 센터장과 임연희 교수 연구팀이 2008~2011년 사이 304명의 임신부를 모집해 이들에게서 태어난 아동을 4년 뒤 추적관찰한 결과, 환경호르몬 중 하나인 비스페놀A에 대한 노출이 여아의 사회성 등에 악영향을 줄 수 있다는 사실이 밝혀졌다.

엄마의 임신 중 비스페놀A 노출량이 2배가 되면 여아의 사회적 의사소통 장애는 58.4% 증가하는 것으로 나타났다. 연구 대상 아동들은 모두 의학적으로 자폐진단을 받지는 않았으나, 정상인 범주 내에서 비스페놀A 노출에 따라 사회성 발달이 지연되는 경향이 나타났다. 일부 아동 중에는 자폐진단 바로 직전 단계인 경우도 있었다. 다만, 남아에게서는 이러한 경향이 나타나지 않았다. 연구팀은 비스페놀A가 체내에서 에스트로겐 같은 여성호르몬이 수행해야 할 일을 막거나 교란시켜 태아의 발달에 영향을 준 것으로 추정하고 있다.

대표적인 환경호르몬인 프탈레이트가 아동의 주의력결핍과잉행동장애증후군(ADHD)과 두뇌 발달에도 악영향을 미치는 것으로 밝혀지고 있다. 주의력결핍과잉행동장애증후군은 주의가 산만하고 과잉행동을 보이며, 충동성과 학습장애를 보이는 정신적 증후군으로 아동기에 주로 생긴다.

2014년 서울대학교병원 소아정신과 김붕년 교수 연구팀이 발표한 연구결과에 따르면 주의력결핍과잉행동장애증후군 아동 180명(비교군)과 일반아동 438명(대조군)의 소변에 포함되어 있는 프탈레이트 농도를 비교분석한 결과, 프탈레이트의 대사물질이 모두 비교군에서 더 높게 검출되었다. 그리고 프탈레이트의 일종인 디엔부틸프탈레이트의 검출 농도가 높게 나타날수록 아이들의 행동장애 수치도 높아지는 것으로 조사되었다.

최근에는 환경호르몬이 단순히 한 사람의 생애에 걸쳐서만 영향을 미치는 것이 아니라, 세대를 넘어 다음 세대까지 영향을 미친다는 사실이 밝혀지고 있다. 환경호르몬이 세대 간에 걸쳐 영향을 미친다는 것은 먼저 동물실험을 통해 확인되었다. 대표적인 사례가 환경호르몬이 5대까지 대물림된다는 2012년 미국 버지니아 주립대학교 의과대학 연구팀의 논문이다. 이 연구팀은 교미 전과 임신기간에 암컷 생쥐에 환경호르몬인 비스페놀A가 함유된 사료를 제공했는데, 이 생쥐가 낳은 새끼는 정상 생쥐보다 사회적 행동이 굼떴다. 5대째 새끼까지도 정상 생쥐보다 비정상적이었는데, 이들 생쥐에선 사회적 교감, 안정감, 애착, 친밀감과 관련된 물질이 정상 생쥐보다 적은 것으로 드러났다.

2014년 미국 텍사스오스틴 대학교와 워싱턴 주립대학교의 공동 연구팀이 발표한 내용에서도 환경호르몬에 노출된 쥐에서 스트레스성 호르몬인 코티코스테론 수치가 높았는데, 증손녀 쥐에서도 그 수치가 높게 확인되었고, 스트레스에도 취약한 행동을 보였다. 2018년 미국내분비학회 학술대회에서 발표된 내용에서도 대표적인 환경호르몬인 디에틸헥실프탈레이트(DEHP)에 노출된 수컷 생쥐는 남성호르몬인 테스토스테론과 정자 수가 현저히 적었으며, 이런 영향은 손자 세대까지도 전달된다는 것이 확인되었다.

이러한 동물실험 결과를 그대로 사람에게 적용하기는 힘들다는 것을 많은 연구자가 인정하고 있다. 더욱이 사람을 대상으로 한 환경호르몬의 대물림 영향을 연구하기는 매우 힘들다. 무엇보다 사람을 일부러 환경호르몬에 노출시키는 것은 비윤리적이기 때문이다. 몇 대에 걸쳐 장기적인 추적 관찰이 필요하다는 것도 환경호르몬이 인간에게 미치는 영향을 밝히기 힘든 이유다.

그러나 사람의 경우에도 임산부가 환경호르몬에 노출될 경우 그 영향이 자식에게까지 미치는 사례는 일부 조사되었다. 대표적인 사례가 1945년부터 1971년까지 전 세계 수백만 명의 여성이 유산 방지를 위해 복용한 여성호르몬제 디에틸스틸베스트롤(diethylstilbestrol, DES)이다. 이를 복용한 임산부의 자녀들에서 생식능력 문제가 발견되면서 환경호르몬에 의한 인체 영향이 문제시되었다. 이 약을 복용한 임산부에게는 영향이 나타나지 않았으나 이들의 2세에서 생식능력이 감소되었고, 딸의 경우 자궁기형, 불임, 면역기능 이상이 증가하는 사례가 발생한 것이다.

현재 과학자들은 엄마가 임신 중 또는 모유수유 기간에 DEHP 등 환경호르몬에 노출된 경우 딸의 사춘기가 빠르고 나중에 생식능력이 떨어질 우려가 있다고 판단한다. 특히 임신부가 주의해야 할 환경호르몬은 비스페놀A다. 엄마의 배 속에 있을 때 비스페놀A에 노출된 태아는 출생 후 호르몬 교란과 뇌기능 저하를 경험할 가능성이 많다. ADHD 등 문제행동을 보이기도 한다. 태아기에 노출된 비스페놀A가 천식 등 알레르기 질환이나 비만을 유발한다는 연구결과도 있다.

모유가 환경호르몬 노출 통로가 될 수 있다는 점도 주의할 필요가 있다. 환경호르몬을 비롯한 유해물질이 먹이사슬 최정점에 있는 인간에게 가장 많이 농축되어 있다고 할 수 있다. 이를 생물농축(biological concentration)이라고 한다. 생물농축이론에 따르면 모유는 생물농축 정점에 있다. 모유 성분을 조사해 보면 비록 미량이지만 페인트와 시너, 드라이클리닝액, 목재 방부제, 화장실 탈취제, 화장품 첨가제, 살균제, 난연제 등 각종 화학물질이 들어 있다.

환경호르몬이 포함된 이러한 화학물질들이 고스란히 아이에게 전달될 수 있다는 점에서 모유수유는 매우 중요하다. 2012년 서울대학교를 비롯한 5개 국내 대학 연구팀이 대학병원에서 분만한 산모를 대상으로 모유의 성분을 분석했다. 그 결과, 모유에서 환경호르몬 물질의 일종인 프탈레이트와 잔류성 유기오염물질이 발견되었다. 특히 모유를 먹은 62명의 신생아 중 약 8%인 5명은 하루 섭취 제한량을 초과하는 프탈레이트를 섭취하는 것으로 밝혀졌다. 따라서 산모들은 프탈레이트 같은 환경호르몬 물질에 노출되지 않도록 세심한 주의를 기울일 필요가 있다.

3) 환경호르몬과 어린이

영·유아와 어린이는 단위체중당 먹고, 마시고, 숨 쉬는 대사량이 성인보다 50% 이상 많기 때문에 환경호르몬 등 화학물질에 노출될 가능성이 매우 높다. 그런데 신경·호흡·생식기관 발달이 불완전해 화학물질의 대사와 배설작용이 미성숙하고, 이로 인해 적은 양의 환경호르몬에 노출되어도 심각한 손상을 입어 발달 과정상 문제가 발생할 가능성이 훨씬 높다고 할 수 있다.

출생 후 1년 이내 영아는 구강기로, 수유 이외 목적으로도 빨기를 하며 장난감, 손가락, 치발기 같은 물건을 입으로 가져가는 행동을 하게 된다. 이러한 과정을 통해 구강과 피부 접촉에 의해 환경호르몬에 노출된다. 1세부터 3세까지 유아는 음식을 먹던 손으로 물건을 만지고 다시 음식을 먹는 경우가 많고, 바닥을 기어 다니기 때문에 훨씬 더 위험하다. 바닥에 가라앉은 먼지에 포함된 환경호르몬이 호흡 또는 섭취를 통해 몸 안으로 들어오기도 한다.

어린이의 경우 서구화된 식습관과 일회용용기 사용, 인스턴트 식품 섭취 등으로 환경호르몬에 노출될 가능성이 성인에 비해 높다. 2012년부터 2년 동안 전국 만 6세에서 18세 사이 어린이와 청소년 1,820명을 대상으로 환경부 산하 국립환경과학원이 체내 유해물질 농도와 환경 노출 등을 조사한 결과, 어린이의 몸속에 축적된 환경호르몬 농도가 성인보다 높은 수준이라는 조사결과가 나왔다. 대표적인 환경호르몬인 비스페놀A가 성인보다 1.6배 정도 검출되었으며, 프탈레이트는 1.5배 정도 검출되었다.

그리고 영·유아와 어린이는 환경호르몬 분해능력이 떨어진다. 일단 체내에 흡수된 환경호르몬은 혈액을 따라 온몸으로 이동한다. 체내에서 환경호르몬은 대사 과정을 거쳐 소변이나 대변을 통해 몸 밖으로 빠져나간다. 영·유아와 어린이는 이런 대사능력이 성인보다 떨어지므로 환경호르몬이 몸 안에 더 오래 남는다.

영·유아와 어린이가 받은 환경호르몬의 나쁜 영향은 평생 지속될 수 있다. 특히 영·유아는 적은 양의 환경호르몬 노출에도 성장, 지능 발달, 면역력 등에 심각한 영향을 받을 수 있다. 어린이 또한 마찬가지다. 남아의 경우 정자 수와 질 저하, 기형 정자 증가, 생식기 기형, 성장 지체, 각종 질병 등이 유발될 수 있다. 여아의 경우 유방 및 난소의 암과 질병, 자궁내막증과 섬유종, 유방의 섬유세포질환 등이 생길 수 있다.

환경호르몬은 어린이와 청소년의 아토피, 주의력결핍과잉행동장애증후군, 성조숙증을 유발하기도 한다. 아토피는 심한 가려움증이 동반되고 자주 재발하는 것이 특징이다. 아토피의 원인은 유전적인 경우가 많지만 최근에는 환경호르몬을 비롯한 환경적 요인이 강조되고 있다. 각종 환경호르몬이 몸에 쌓이면 아토피가 발생하거나 증상이 악화된다는 것이다.

어린이가 비스페놀A, 프탈레이트 등 환경호르몬에 노출되면 가려움증 등 아토피 피부염 증상이 악화될 수 있다는 연구결과가 국내에서 나왔다. 먼저 2014년 한림대학교 의과대학 김혜원 교수팀은 아토피, 건선 등의 피부질환이 환경호르몬과 연관 있다는 연구결과를 발표했다. 연구팀은 아토피와 건선 질환자의 피부와 정상인의 피부를 비교분석한 결과 아토피 질환자의 피부에서 환경호르몬 수용체인 아릴하이드로카본리셉터(AhR) 관련 유전체 발현이 증가했음을 발견했다. AhR은 알레르기나 자가면역질환과 관련 있는 세포의 수용체로, 환경호르몬인 다이옥신과의 결합력이 강한 것으로 알려져 있다. 성균관대학교 의과대학 정해관 교수팀도 2009년 5월부터 2010년 4월까지 서울의 어린이집에 다니는 남아 18명의 소변 시료를 분석해 환경호르몬 검출량과 아토피 유병률의 연관성을 확인했다.

한편, 단국대학교 임명호 교수팀의 2016년 조사결과에 따르면 해외 유명 학술지에 ADHD의 발병 및 악화와 관련 있다고 기술된 13개 유해물질 중 10가지가 환경호르몬으로 분류되는 물질이었으며, PCBs, 프탈레이트, 비스페놀A 등이 대표적이다.

성조숙증은 일반적으로 여자아이 8세 미만, 남자아이 9세 미만에 사춘기 현상이 발생하는 경우를 말한다. 국민건강보험공단이 건강보험 자료를 활용해 2013년부터 2017년까지 성조숙증 환자를 분석한 결과에 따르면, 성조숙증으로 진료받은 인원이 5년간 42.3% 증가했다. 특히 여아의 성조숙증이 급격한 증가 추세를 보이며, 여아가 남아보다 9배 이상 많은 것으로 조사되었다. 성조숙증은 원인 질환에 의해 발생하는 경우가 있고, 원인 질환 없이 발생하는 경우가 있다. 특정 식품, 특히 콩류 식물에 여성호르몬과 유사한 식물성 에스트로겐이 많이 함유되어 있어 원인 물질로 의심받고 있지만 아직 명확히 밝혀지지 않았다. 또 여러 가지 환경호르몬이 성조숙증의 원인 물질로 의심받고 있다. 그러나 역시 아직 확실한 인과관계는 규명되지 않았다.

3. 환경호르몬은 생체에서 어떻게 작용할까?

호르몬이 체내에서 작용하기 위해서는 5단계를 거친다(표 2-2).
　환경호르몬이 체내에서 어떠한 과정을 거쳐 정상호르몬의 작용에 장애를 일으키는지 또는 정상호르몬 작용과 비교할 때 어느 정도 강도로 작용하는지 등에 대해서는 아직도 알려지지 않은 부분이 많

표 2-2. 호르몬의 단계별 작용

단계	작용
1단계	내분비선에서 호르몬 합성
2단계	내분비선에 저장된 호르몬 방출
3단계	방출된 호르몬이 혈액으로 수송되어 표적세포에 도달하거나 간, 신장에서 분해
4단계	표적세포에 도달한 호르몬이 세포에 있는 수용체(receptor)를 인식해 결합·활성화
5단계	DNA에 작용해 새로운 단백질을 합성하거나 세포분열의 조정을 지시하는 신호가 발생

다. 그러나 〈표 2-2〉의 5단계 가운데 하나 또는 그 이상에 작용해 정상호르몬의 활동을 방해한다. 환경호르몬이 생체 내 호르몬의 합성, 방출, 운반, 수용체와의 결합, 수용체 결합 후 신호전달 등 일련의 과정에 관여해 다양한 형태의 혼란을 일으킴으로써 생태계와 인간에게 악영향을 유발하고 차세대에선 성장억제와 생식이상 등을 초래하는 것이다. 지금까지 알려진 환경호르몬의 작용 기전에는 호르몬 모방(mimics), 호르몬 봉쇄(blocking), 호르몬 촉발(triggering) 등이 있다.

호르몬 모방이란 환경호르몬이 호르몬 수용체와 결합해 마치 생체 내 정상호르몬과 유사하게 작용하는 것을 말한다. 호르몬 모방 물질은 합성에스트로겐인 디에틸스틸베스트롤, 산업용 화학물질인 노닐페놀과 비스페놀A가 대표적이다. 이러한 환경호르몬은 수용체와 결합해 정상호르몬보다 강하거나 약한 신호를 전달함으로써 내분비계 교란작용을 유발할 수 있다. 에스트로겐 모방물질이 수컷의 체내로 침투하면 호르몬 유사작용을 통해 암컷화 현상 유발, 암(cancer)과 같은 비정상적인 생장, 불필요하거나 해로운 물질의 합성 등이 나타날 수 있다.

호르몬 봉쇄는 환경호르몬 자체가 호르몬의 작용을 하지는 않지만, 호르몬 수용체 결합 부위를 봉쇄함으로써 정상호르몬이 수용체에 접근하는 것을 막아 내분비계가 기능을 발휘하지 못하도록 하는 것이다. 대표적인 예는 DDE(DDT의 대사물질)로, 정소의 안드로겐 호르몬 기능을 봉쇄하는 것으로 보고된 바 있다.

호르몬 촉발작용은 환경호르몬이 수용체와 반응함으로써 정상호르몬 작용에서는 나타나지 않는 엉뚱하고 해로운 대사작용을 생체 내에 유발하는 것이다. 이러한 영향으로는 암과 같은 비정상적인 생장, 대사작용 이상, 불필요하거나 해로운 물질의 합성 등을 들 수 있다. 이러한 영향을 미치는 물질로는 다이옥신 또는 다이옥신 유사물질 등이 있다. 다이옥신은 그 자신이 마치 신종 호르몬처럼 작용해 아릴하이드로카본(AhR) 수용체와의 결합으로 암이나 기형 등 완전히 새로운 일련의 세포반응을 일으킨다.

환경호르몬이 호르몬 수용체와 결합하지 않더라도 정상호르몬의 생성, 저장, 배출, 분비 등을 증가 또는 감소시켜 정상적인 내분비 기능을 방해하거나 신호전달 과정을 교란하고, 그 외 호르몬과 결합하는 수용체의 고유 기능을 변화시켜 호르몬과의 결합을 불가능하게 하기도 한다. 예를 들어 베타헥사클로로사이클로헥산(β-hexachlorocyclohexane, β-HCH) 같은 화학물질은 호르몬 수용체와 결합하지 않지만, 신호전달체계를 교란시켜 불필요한 생체물질의 생산을 유도함으로써 암 등을 유발할 수 있다고 알려져 있다.

화학물질의 위해성은 물질이 가지고 있는 독성뿐만 아니라 얼마나 많이 들어 있으며, 얼마나 많이 노출되느냐에 따라 결정된다. 약 500년 전 독물학의 원칙을 확립해 '독물학의 아버지'로 불리는 필리푸스 파라셀수스는 "모든 것은 독이며 독이 없는 것은 존재하지 않는다. 용량만이 독이 없는 것을 정한다."라고 해 양의 중요성을 강조했다. 일반적으로 유해화학물질은 양이 늘수록 독성도 함께 커진다.

환경호르몬의 특징 중 하나는 양과 독성의 크기가 일치하지 않으며, 매우 낮은 농도에서도 작용할 수 있다는 것이다. 이는 매우 낮게 노출된 환경호르몬도 정상호르몬이 작용하는 것을 방해할 수 있다는 뜻이다. 정상호르몬이 자신의 역할을 마치면 곧장 분해되는 것과 달리 환경호르몬은 체내에서 금방 분해되거나 배출되지 않고 오래 머물면서 지속적으로 생체에 피해를 줄 수 있다는 것도 특징이다. 또한 낮은 농도의 환경호르몬이라도 오랜 기간 쌓이면 생체에 악영향을 미칠 수 있다.

4. 환경호르몬의 종류

환경호르몬은 앞에서 본 바와 같이 생태계와 인체에 장애를 초래한다고 의심되는 물질로, 극미량으로도 영향을 미치는 것으로 추정된다. 그러나 아직 그 작용에 대해 명확하게·밝혀지지 않아 나라별로 규제 물질 종류가 다르다. 전 세계적으로 일치된 환경호르몬의 목록은 없지만 동물실험 등의 결과와 지금까지 피해 사례를 근거로 국제기구와 각국 정부는 환경호르몬 후보물질을 선정해 왔다. 이 목록에 포함된 물질도 대부분 내분비계 장애 유발이 우려될 뿐 내분비계 장애를 유발한다고 명확하게 증명되지는 않았다. 민간 단체인 세계야생동물기금(WWF)은 67종의 물질을 내분비계 장애물질로 분류하고 있다. 일본 후생노동성은 160여 종의 물질을 내분비계 장애물질로 선정했고, EU는 2018년 7월 총 45종의 물질 목록을 발표했다. 우리나라에서는 내분비계 장애물질 목록을 별도로 작성해 관리하지 않지만, WWF의 67개 목록 중 약 50개의 물질을 「농약관리법」 및 「유해화학물질관리법」 등 관련 법에 따라 사용금지 또는 취급제한 등으로 규제하고 있다.

환경호르몬으로 의심받는 물질 중 많은 것이 플라스틱과 관계있다. 과불화화합물같이 플라스틱의 원료가 직접 환경호르몬으로 의심받는 경우도 있으며, 브롬화 난연제, 비스페놀A, 프탈레이트계 화합물, 트리부틸주석(TBTs)같이 플라스틱의 가소제, 난연제 및 부착방지제로 사용되는 첨가제도 환경호르몬으로 간주되고 있다. 플라스틱의 흡착물질인 폴리염화바이페닐도 환경호르몬으로 알려져 있으며, 플라스틱 소각 과정에서 발생하는 다이옥신도 대표적인 환경호르몬으로 꼽힌다. 이와 같이 주요 플라스틱의 전 생애 과정에서 환경호르몬으로 의심받는 물질이 사용되고 또 방출되고 있다. 플라스틱과 관련된 물질 중 내분비계 장애를 초래하는 것으로 밝혀진 주요 물질을 살펴보면 다음과 같다.

다이옥신dioxin

인류가 만든 최악의 물질로서, '죽음의 재'로 알려진 다이옥신은 지금까지 알려진 독성물질 가운데 가장 독성이 강한 종류에 속한다. 원래 자연계에 존재하던 물질은 아니며 특정한 목적을 가지고 인위적으로 만들어 낸 물질도 아니다. 다이옥신은 상온에서 무색의 결정성고체이며, 물에 잘 녹지 않고 열화학적으로 안전해, 자연계에서 한번 생성되면 잘 분해되지 않고 안정적으로 존재한다.

지방에 잘 녹기 때문에 생물체 안에 들어온 다이옥신은 소변으로 잘 배설되지 않고 생물체의 지방조직에 축적된다. 체내에 들어간 다이옥신은 발암성, 최기성, 유독성을 가지고 수십 년이 지난 뒤, 즉 1대 또는 2대 후에 비로소 독성이 나타나게 되며, 증상이 한번 나타나면 회복하기 힘든 피해를 초래한다.

　다이옥신이 맨 처음 발견된 것은 1957년인데, 특히 문제가 된 것은 미군이 베트남전에 사용했던 고엽제에 이 물질이 포함되어 있다는 사실이 알려지면서부터다. 고엽제에 노출된 참전병사들의 신체에 이상이 나타나 그 원인을 조사한 결과 다이옥신 성분에 의한 피해라는 것이 알려지면서 본격적으로 문제가 되기 시작했다. 다이옥신의 발생원은 매우 다양하다. 주로 PVC 등 유기염소계 화합물이 포함된 쓰레기를 연소할 때도 생성되고, 화학공장, 특히 제초제공장 등에서 다량 배출된다. 그 외에도 석탄연료 시설, 금속 제련소, 디젤 트럭, 쓰레기 소각장 등에서 발생한다. 최근에는 브롬화 난연제의 불순물로 포함되어 있는 폴리브롬화다이페닐에테르 같은 물질 소각 시에도 다량 방출되는 것으로 밝혀졌다.

폴리염화바이페닐PCBs

PCBs는 우리 주변에 널리 퍼져 있고 먹이사슬을 통해 체내에 축적되어 인체 위해성이 우려되는 대표적인 환경호르몬이다. PCBs는 구조에 따라 성장기 초기에 신경전달물질의 변화 같은 신경 내분비계 장애를 유발해 신경계 독성을 일으키는 특성이 있다. PCBs는 화학구조 특성에 따라 방향성탄화수소수용체(AhR)와 반응하는 공면(coplanar) PCBs와 방향성탄화수소수용체와 친화성이 없는 비공면(non-coplanar) PCBs로 분류하는데, 공면 PCBs는 다이옥신과 구조가 유사해 다이옥신과 유사한 독성을 가진 것으로 분류되는 반면, 비공면 PCBs는 뚜렷한 작용 기전이나 심각한 독성이 발견되지 않았으나, 신경독성의 경우 비공면 PCBs가 공면 PCBs보다 훨씬 더 높은 것으로 알려져 있다.

미국 미시간주와 노스캐롤라이나주의 연구에서는 PCBs에 오염된 생선을 섭취한 산모의 경우 그 자녀들의 행동장애가 높은 것으로 나타났다. PCBs 노출과 주의력결핍과잉행동장애증후군 유병률의 상관성은 이미 많은 연구에서 보고되고 있으며, 동물실험을 통해서도 유의성이 검증되고 있다. 최근 실시된 역학조사에 따르면 임신기간에 높은 농도의 PCBs에 노출된 산모의 자녀들에게서 자폐증 발병률이 유의하게 높았다. 또한 뇌의 PCBs 총량이 높을수록 파킨슨병 관련 증상이 증가하는 것으로 알려져 있다.

브롬화 난연제 brominated flame retardant, BFR

브롬화 난연제의 주성분인 폴리브롬화다이페닐에테르(polybrominated diphenyl ether, PBDEs)는 전자제품, 플라스틱 제품, 건축자재 등 우리 생활과 밀접한 분야에서 난연제로 널리 쓰이는 환경호르몬이다. PBDEs는 제품의 외부에 도포되어 가연성을 줄여 주는 역할을 하기 때문에 시간이 지날수록 표면에서 분리되어 환경에 노출된다. TV 같은 가전제품이나 카펫 같은 실내용품은 PBDEs의 실내 공기오염을 증가시키는 주요 오염원이다.

PBDEs는 잠복 고환, 성호르몬 감소, 정자활동 감소, 갑상샘호르몬 변화 등 내분비계 장애를 일으킬 뿐만 아니라 최근 들어 신경독성 유발에 대한 보고가 증가하고 있다. 동물실험 등을 통해 PBDEs는 신경전달물질 합성의 변화, 행동발달장애뿐만 아니라 인식장애, 기억장애 등 지적 발달에도 영향을 주는 것으로 알려져 있다. 또한 임신 중 PBDEs 노출은 자녀의 자폐증 증가 원인으로도 지목되고 있다. PBDEs는 지용성인 동시에 환경 중 잔류성이 높아 먹이사슬을 통한 인체 내 축적으로 인체의 혈액, 모유 등에서 지난 20~30년간 꾸준히 그 농도가 증가하고 있다. PBDEs는 수년 안에 DDT나 PCBs를 추월하는 주요 환경오염물질이 될 것으로 예상된다.

비스페놀A bisphenol A

비스페놀A는 폴리카보네이트(PC), 폴리아릴설폰(PASF), 에폭시수지 같은 플라스틱 제조 시 가소제로 사용된다. 폴리카보네이트와 폴리아릴설폰은 열에도 강하고 투명하게 만들 수 있기 때문에 CD의 재료나 용기로 사용되며 유아용 젖병 등에도 사용되었다. 에폭시수지는 음료 캔 등의 코팅제와 치과에서 사용하는 수지를 만들 때 사용된다. 앞서 언급했듯이 플라스틱 외에 감열지로 만들어진 영수증의 현색제에도 비스페놀A가 들어 있다. 특히 영수증 속 비스페놀A는 피부를 통해 침투할 수 있어 주의가 요구된다. 플라스틱에 함유된 비스페놀A는 강력한 세제를 사용하거나 산성 또는 고온의 액체에 접촉했을 때 방출될 수 있다. 또한 음료 캔의 손상된 부분에서도 비스페놀A가 용해될 수 있다. 이렇게 해서 나온 비스페놀A가 인체에 흡수되면 에스트로겐(여성호르몬)처럼 작용하기 때문에 호르몬 수용체에 혼란을 준다.

프탈레이트계 화합물

가소제로 사용되는 프탈레이트도 대표적인 환경호르몬이다. 프탈레이트는 주로 유연하고 탄력 있는 폴리염화비닐(PVC) 같은 플라스틱을 생산하는 데 사용되지만, 공기청정기, 섬유유연제는 물론 샴푸, 샤워젤, 화장품 등 개인위생 제품에도 사용된다. 또한 가구, 장판, 매트리스, 벽지에도 프탈레이트가 함유되어 있다. 프탈레이트 화합물의 독성과 유해성이 알려지면서 일부 용도로는 사용이 제한되었지만 여전히 광범위하게 사용되고 있다.

프탈레이트계 화합물 중 환경호르몬으로 의심되는 물질은 10여 종이다. 이 가운데 디부틸프탈레이트(DBP)와 디에틸헥실프탈레이트(DEHP)가 독성이 큰 것으로 알려져 있다. 디부틸프탈레이트와 디에틸헥실프탈레이트는 동물실험 결과 간·신장·심장·폐·혈액에 유해할 뿐 아니라, 수컷 쥐의 정소 위축, 정자 수 감소 유발, 정자의 유전물질인 DNA 파괴, 임신복합증과 유산 등 생식독성에도 영향을 미치는 것으로 밝혀졌다. 중금속인 카드뮴과 같은 수준의 발암 가능 물질로 보고되어 있으며 남녀 생식능력을 저하시키는 것으로 알려져 있다.

트리부틸주석Tributyltin, TBT

트리부틸주석은 PVC 플라스틱 및 페인트의 첨가제로 선박, 항구구조물에 사용되는 물질이다. 부착방지제로 사용되는 트리부틸주석은 페인트에 화학적으로 결합되어 있다가 수화[5]에 의해 서서히 용출되면서 부착 생물들이 선박에 달라붙는 것을 억제하는 역할을 한다. 페인트

5 　수화: 용질분자나 이온이 용매분자와 상호작용해 용액 속에서 안정화되는 것을 용매화(solvation)라고 하는데, 특히 용매가 물인 경우 다른 경우와 구별해 수화(hydration)라고 한다.

에서 분리되어 나오는 트리부틸주석은 부착 생물뿐만 아니라 확산을 통해 근처 다른 생물들에도 악영향을 미쳐 생태계에 인위적인 변화를 초래한다.

임포섹스(imposex)란 복족류의 암컷에 수컷의 생식기인 페니스(penis)가 생겨나는 현상을 말한다. 임포섹스는 1969년 영국 플리머스에 서식하는 고둥의 일종인 누셀라라필러스(Nucella lapillus) 암컷에서 처음 발견되었다. 항구와 같이 선박활동이 활발한 지역에서 임포섹스가 증가하며, 이곳에서 거리가 멀어질수록 발생률이 감소한다는 사실이 밝혀진 이후 많은 학자에 의해 선박운행이 많은 곳에서 임포섹스의 발현이 높은 것으로 조사되었다. 선박의 부착방지용 페인트에 의해 오염된 지역에서 불임 상태의 암컷이 많이 관찰되었고, 트리부틸주석을 부착방지제로 사용하는 것이 규제된 후 개체군의 장애가 회복되는 것으로 나타나 독성이 입증되었다

캘리포니아 대학교 연구진의 조사 결과, 트리부틸주석에 노출된 쥐에서 지방조직이 축적되도록 영향을 주어 비만을 유발할 수 있으며, 이 영향은 세대를 이어 전달되는 것으로 나타났다. 트리부틸주석은 흡입, 섭취 또는 피부 접촉 시 뇌 및 감각기능 장애를 일으키고 극한 상황에서는 사망할 수 있으며 눈, 피부 자극, 두통, 현기증, 정신신경계 장애, 마비, 국소감각 마비 등 중추신경계 장애를 초래하는 것으로 알려져 있다. 또한 트리부틸주석과 트리페닐주석 등은 환경호르몬으로, 동물에서 면역체계 또는 생식기 장애를 초래한다.

과불화화합물 perfluorinated compound, PFC

과불화화합물은 자연환경에서는 발생하지 않는 합성수지로, 불소 수지를 생산하는 데 필수적인 물질이다. 대표적으로 과불화옥탄산(PFOA)과 과불화옥탄술폰산(PFOS)이 있다. 과불화화합물은 아웃도어 제품과 종이컵, 프라이팬 등 생활용품에 주로 사용된다. 특히 물이나 먼지가 묻지 않도록 하는 기능성 제품이 많은 아웃도어산업에서 많이 사용하는 물질로 알려져 있다. 과불화화합물은 다양한 산업의 제조 및 유통 과정에서 자연으로 배출된다. 의류품에 사용된 과불화화합물은 제품을 사용할 때와 폐기하는 과정에서 유출되기도 한다. 과불화화합물의 일부는 분해 속도가 매우 느려 한번 배출되면 주변 환경에 오랜 시간 잔류한다. 배출된 과불화화합물은 공기와 물을 통해 이동하며 환경을 오염시킨다. 또한 그 이동 가능 범위가 매우 넓어, 사람의 발길이 닿지 않는 고산 청정지대뿐 아니라 돌고래, 북극곰의 간, 인간의 혈액과 모유에서도 검출된 바 있다.

과불화화합물의 일종인 과불화옥탄산은 암을 유발하며 면역계 장기인 흉선 및 비장의 정상적인 작용을 억제해 면역계 기능 교란을 초래한다. 또한 지용성이라 태반을 쉽게 통과해 기형을 유발할 수 있고, 뇌에 쉽게 축적되어 갑상샘호르몬 같은 신경계 호르몬의 변화를 일으킨다. 뇌의 발달이 왕성한 태아나 영·유아기의 갑상샘호르몬 변화는 정상적인 두뇌 발달에 심각한 영향을 미쳐 기억력 감퇴, 학습장애 같은 신경독성을 나타낼 수 있다. 두뇌 발달에 필수적인 갑상샘호르몬의 장애 유발은 과불화화합물이 신경독성 물질임을 증명하는 주요 근거다.

해양생태계에 미치는 영향

1. 해양생태계의 플라스틱 오염 현황

해양생태계와 해양오염에 대한 연구보고서들은 매년 1,000만 톤 이 상의 플라스틱 폐기물이 바다로 유출되는 것으로 추정하고 있다.[6] 2016년 세계경제포럼(World Economic Forum)에서 발표된 보고서 「새 로운 플라스틱 경제(The New Plastics Economy: Rethinking the future of plastics)」에서는 1분마다 쓰레기 트럭 한 대분의 플라스틱 쓰레기가 바 다에 버려진다고 추정하면서, 이 상태가 지속된다면 2030년에는 1분 마다 트럭 두 대분이, 2050년까지는 1분마다 트럭 네 대분이 바다에 버려질 것으로 추정했다.

　이 보고서에 따르면 2016년 현재 1억 5,000만 톤의 플라스틱 쓰 레기가 바다에 있는 것으로 추정되는데, 이는 바다에 서식하는 전체 물고기 무게의 5분의 1에 해당한다. 바다에 버려진 플라스틱 폐기물 과 물고기의 비율은 2025년이 되면 1:3이 되고, 2050년이 되면 1:1이

---

[6]　해양에 유출되는 플라스틱 폐기물의 양에 대한 추정은 보고서별로 많은 차이가 있다. 2020년에 발간된 PEW자신재단 보고서에는 2016년 현재 1,100만 톤이, 2020년 발간된 유럽회계감사원 (European Court of Auditors) 보고서에서는 480~1,270만 톤이, 2020년 발간된 듀크 니컬러스 연 구소(Duke Nicholas Institute) 보고서에서는 1,200~2,400만 톤이 매년 해양으로 배출된다고 추 정하고 있다.

된다고 하니 충격이 아닐 수 없다.

유엔에서 환경 문제를 전담하는 유엔환경계획(United Nations Environment Programme, UNEP)에 따르면 해양쓰레기 중 약 80%는 육지에서 발생하고 나머지 20%는 선박에서 버려진 것이다. 그린피스 등 환경단체들은 2016년 현재 해양에 약 5조 개 이상의 플라스틱 조각이 돌아다닌다고 추정한다. 해안, 무인도, 대양, 심해, 극지방 등 지구 전체에서 플라스틱 폐기물과 미세플라스틱이 발견되고 있다.

해양의 플라스틱 폐기물에는 포장재, 비닐봉투, 상자, 컵, 라이터, 병뚜껑, 풍선, 페트병 같은 소비제품과 산업 관련 부품, 어업과 관련된 제품 등 거의 모든 종류의 플라스틱이 포함되어 있다. 플라스틱은 종류에 따라 다양한 밀도로 제조되기 때문에 물보다 밀도가 작은 플라스틱은 표면에 부유하고, 물보다 밀도가 큰 플라스틱은 가라앉는다.

부유성 해양 플라스틱 중에는 주로 비닐봉투와 음료수 포장재 등으로 사용되는 폴리에틸렌, 요거트 용기와 병마개 등으로 사용되는 폴리프로필렌 등이 우세하다. 밀도가 큰 플라스틱으로는 폴리스티렌, 폴리아마이드, 아크릴수지 등이 있는데, 바닷속에 가라앉아 미생물이 부착하는 싱크(sink)로도 작용할 수 있다(표 2-3).

일반적으로 해양 플라스틱 폐기물은 일반 플라스틱과 미세플라스틱으로 분류되고, 어디에 있느냐에 따라 일반 플라스틱은 해안가 플라스틱, 부유 플라스틱, 침적 플라스틱으로 분류되며, 미세플라스틱은 해안가 미세플라스틱, 해수 미세플라스틱으로 분류된다.

표 2-3. 해양 플라스틱의 종류

플라스틱 종류	제품 예시	비중	비고
폴리프로필렌	어망, 로프, 병마개, 기어, 끈 (부유성 플라스틱의 80~90%)	0.90-0.92	부유
폴리에틸렌	비닐봉투, 용기 (부유성 플라스틱의 5~15%)	0.91-0.95	
발포성 폴리스티렌	스티로폼 박스, 부유물, 컵 등	0.02-0.64	
폴리스티렌	식기류, 각종 용기	1.04-1.09	침적
폴리염화비닐	각종 필름 및 포장재, 배수관	1.16-1.30	
폴리에틸렌테레프탈레이트	페트병, 포장재, 의료기기	1.34-1.39	
폴리우레탄	쿠션제, 흡음제, 합성피혁	1.20	
폴리아마이드(나일론)	낚시 그물, 로프	1.13-1.15	
메타크릴수지	조명기구, 광학기구, 창틀 재료	1.17-1.20	
폴리테트라플루오로에틸렌	테플론, 절연 플라스틱	2.2	
폴리에스터	섬유, 보트	>1.35	
레이온	섬유, 위생제품	1.50	
아크릴	섬유	1.18	

2. 미세플라스틱 생성 경로

최근 해양환경과 관련해 미세플라스틱이 중요한 문제로 부각되고 있다. 일반 플라스틱이 풍화와 분해 과정을 거쳐 만들어진 미세플라스틱은 플라스틱 성형 과정에서 추가된 각종 첨가제를 함유할 뿐만 아니라 바닷물에서 소수성 물질인 PCBs, DDE 및 노닐페놀 등 흡착성 오염물질을 흡수하는 등 각종 오염물질의 중간 매개체 역할을 한다. 또한 해양생태계 내 생물들의 먹이사슬에 따라 하위단계부터 상위단계까지 오염물질이 축척되는 데 중요한 역할을 한다.

해양환경운동가 찰스 무어와 태평양 거대 쓰레기 지대

국제적인 해양환경운동가 찰스 무어 선장은 미국 하와이와 캘리포니아주 사이에 있는 북태평양 해상의 중간 지역에서 세계 최초로 일명 북태평양 쓰레기 섬으로 불리는 '태평양 거대 쓰레기 지대(Great Pacific Garbage Patch, GPGP)'를 발견하고 세상에 알린 것으로 유명하다. 그는 1997년 여름 하와이에서 로스앤젤레스까지 해양관측선 알기타호를 타고 북태평양 아열대 환류 지역을 지나다 우연히 지구상에서 가장 큰 쓰레기장을 발견했다. 이 장면을 그는 "그곳은 마치 플라스틱 죽(plastic soup) 같았다. 여기저기 만두(부표, 그물 뭉치, 부자, 궤짝 같은 대형 잔해)가 들어 있고 그 위에 플라스틱 부스러기로 가볍게 양념을 친 죽 말이다."라고 표현했다. 가장 깨끗해야 할 태평양 한 가운데서 플라스틱이 둥둥 떠다니는 것을 보고 바다에 대한 사랑과 열정으로 가득 찼던 그는 이후 플라스틱 해양오염의 실상을 파헤치고 세상에 알리는 작업에 일생을 바치기로 결심했다.

그 후 그는 4~5년 단위로 '태평양 거대 쓰레기 지대'를 방문해 그곳의 쓰레기와 플랑크톤의 변화 추세와 오염 현황을 조사·연구하고 그 결과를 강연회, 언론기고문, 인터뷰, 책 등을 통해 세상에 알렸다. 그에 따르면 이 쓰레기 지대에는 플라스틱과 플랑크톤이 6:1의 비율로 존재해, 마치 플랑크톤과 플라스틱이 섞여 있는 죽과 같았다. 그의 이야기를 소재로 한 기사로 『LA 타임스(LA Times)』는 2007년 퓰리처상을 수상했다. 『뉴욕 타임스(New York Times)』는 찰스 무어 선장을 "쓰레기 지대를 직접 조사함으로써 중요한 과학적 연구를 추진한 첫 번째 인물"이자 "영웅"이라고 찬사를 보냈으며, 존 코스터 미국 해안경비대장은 그의 책을 21세기판 『침묵의 봄』이라고 평했다.

찰스 무어 선장이 발견한 '태평양 거대 쓰레기 지대'는 미국, 동북아시아

플라스틱 시대

와 동남아시아에서 발생한 플라스틱 쓰레기가 북태평양을 시계 방향으로 회전하는 거대한 해류를 타고 모여 형성되었다. 이 쓰레기 섬은 2011년경에는 대한민국 면적의 절반 정도였지만 2010년대 후반에 이루어진 연구에서는 한반도 면적의 약 7배인 155만km²에 이르는 것으로 조사되었다. 섬을 이루고 있는 플라스틱 쓰레기는 약 1조 8,000만 개, 8만 톤에 이를 것으로 추정된다.

대양의 쓰레기 지대가 북태평양에만 있는 것은 아니다. 해류가 순환하는 곳을 환류(gyre)라고 하는데, 해류를 따라 떠다니던 쓰레기는 환류를 만나 한 곳에 모인다. 세계적으로 주요한 5개의 환류가 있는데, 북태평양 환류, 북대서양 환류, 인도양 환류, 남태평양 환류, 남대서양 환류다. 북반구의 북태평양 환류와 북대서양 환류는 시계 방향으로 순환하고, 남반구에 있는 인도양 환류와 남태평양 환류, 남대서양 환류는 시계 반대 방향으로 순환한다. 바다로 배출되는 플라스틱 쓰레기가 많아지면서 환류 주변에 모이는 쓰레기도 점점 많아지고 쓰레기 섬의 규모도 더욱 커질 것으로 예상된다.

미세플라스틱이라는 용어와 크기에 대해서는 기관과 학자들마다 정의가 다르다.[7] 일반적으로 미세플라스틱은 특정 종류의 플라스틱이 아니라 크기가 5mm 미만인 모든 종류의 플라스틱 조각을 의미한다. 그러면 미세플라스틱은 어떻게 구분되고 생성될까?

미세플라스틱은 1차 미세플라스틱과 2차 미세플라스틱으로 구분된다. 1차 미세플라스틱은 의도적으로 제조된 작은 플라스틱 조각이다. 1차 미세플라스틱은 플라스틱 원료 물질인 크기 2~5mm의 레진펠릿(resin pellet), 세안제와 치약에 들어 있는 스크럽제(마이크로비즈로 불림), 공업용 연마제 등이 있다. 치약과 각질제거용 세안제에 포함된 마이크로비즈는 주로 물로 씻어내는 제품의 세정기능을 높이기 위해 첨가되며, 한 제품에 많게는 280만 개의 마이크로비즈 입자가 들어 있다. 보통 하수처리시설에서 걸러지지 않고 강·하천·바다로 유입된다. 이런 제품을 단 한 번만 사용해도 약 10만 개의 마이크로비즈가 하수도로 씻겨 내려간다.

2차 미세플라스틱은 더 큰 플라스틱이 사용되는 과정에서 부서지거나 환경에 유입된 플라스틱 폐기물이 풍화 과정, 광분해 및 산화분

---

7   국제해양환경보전과학전문가그룹(Joint Group of Experts on the Scientific Aspects of Marine Environmental Protection, GESAMP)의 분류에 따르면 미세플라스틱의 크기는 0.1μm-0.1cm 다. 유럽의 해양전략기본지침(Marine Strategy Framework Directive, MSFD)에서는 미세플라스틱을 1μm-0.5cm 크기로 정의하고, 미국 국립해양기상청(National Oceanic and Atmospheric Administration, NOAA)에서도 5mm 미만으로 정하고 있다. 우리나라는 미세플라스틱에 대한 규정이 없지만, 2017년 「화장품 안전기준 등에 관한 규정」에서 5mm 이하 고체플라스틱의 원료 사용을 금지했다. 그 외 과학자들도 다양하게 미세플라스틱의 정의와 크기를 정하고 있다.

해 등 각종 분해 과정을 거쳐 미세하게 작아진 플라스틱을 의미한다. 일반적으로 해양환경에 존재하는 플라스틱은 낮은 주변 온도 등으로 인해 육지에 있는 플라스틱보다 분해 속도가 느린 것으로 알려져 있다.

3. 플라스틱이 생태계에 미치는 영향

1) 물리적 영향

해양 플라스틱은 바다에 살고 있는 생물에 큰 위협이 되고 있다. 생물에 대한 해양 플라스틱의 물리적 영향은 크게 플라스틱 얽힘과 섭취다. 얽힘으로 인한 영향은 어업활동 중 버려지거나 태풍 등으로 유실된 폐그물 또는 폐통발에 해양생물이 걸리거나 갇혀 죽는 것을 말한다. 이러한 폐어구는 어류뿐 아니라 바다에서 살아가는 모든 생명체를 위협하고 있다. 그물에서 빠져나오려고 허우적대는 거북이나, 그물에 목이 끼인 물개, 날개와 발이 어망과 뒤엉킨 바닷새 등이 대표적인 예다. 이런 현상을 '바다의 지뢰' 또는 '유령어업(ghost fishing)'이라고 부른다.

바다로 들어온 플라스틱이 강한 자외선과 파도에 마모되고 쪼개지면서 점점 작은 플라스틱 입자가 된다. 입자가 작아지면서 얽힘의 피해는 줄어들지만, 이것을 삼키는 생물종이 고래, 바다거북, 조류 등 대형 해양생물에서 작은 무척추동물과 동물플랑크톤까지 대폭 확장될 수 있다. 이러한 플라스틱을 섭취할 경우 질식, 기아 및 식욕감퇴, 소화불량, 내부장기 손상 등과 같은 영향이 나타날 수 있다.

UNEP의 해양쓰레기 보고서에 따르면, 해양생물 267종이 인간이 버린 쓰레기로 피해를 입고 있다. 또 과학자들은 플라스틱의 악영향을 받는 해양생물이 약 700종에 이를 것으로 추정한다. 바닷새 10마리 중 9마리, 바다거북 3마리 중 1마리, 고래와 돌고래의 50%는 플라스틱을 먹는 것으로 집계됐다. 국제 환경보호단체 그린피스는 해마다 바닷새 100만 마리와 바다거북 10만 마리가 플라스틱 조각을 먹고 죽는 것으로 추정한다.

바다거북의 경우 플라스틱을 한번 삼키면 토해낼 수 없는 소화기관 구조여서 특히 피해가 크다. 스페인 남부 바다에서 잡힌 향유고래 배 속에서 나온 플라스틱 쓰레기양은 29kg에 달했다. 비닐봉지·밧줄·그물 등이 고래의 위장과 창자를 가득 채우고 있었다. 미국 일간지 『LA 타임스』 보도에 따르면, 2008년 미국 서부 연안에서 잡힌 물고기 중 35%의 배 속에서 플라스틱 조각이 검출되었다.

2) 화학적 영향

미세플라스틱은 플라스틱 제조 당시 사용되는 원료·부원료, 촉매와 첨가제뿐만 아니라 폐기물로 환경에 유입된 이후 다양한 화학물질을 흡수 또는 흡착하기 때문에 많은 화학물질을 포함하고 있다. 이렇게 플라스틱에 포함되어 있는 화학물질들은 온도, 습도, 햇볕, 산소 등 일정 조건이 갖추어지면 환경으로 방출되기 때문에 자연생태계와 인체에 화학적으로 영향을 미친다.

플라스틱은 화학물질 덩어리라고 할 수 있다. 먼저 플라스틱 제조에 사용되는 대부분의 원료와 부원료가 화학물질이다. 원료로 사용되

크리스 조던과 알바트로스

2019년 초 새끼에게 플라스틱을 먹이는 어미새를 보고 많은 사람이 충격에 빠졌다. 바다에서 구한 플라스틱을 먹이로 알고 새끼에게 먹인 알바트로스는 가장 높이, 멀리, 빨리, 오래 나는 새로 유명하다. 주로 북태평양에 서식하는 알바트로스는 한번 짝을 지으면 거의 평생 함께 지낸다고 한다. 번식할 수 있는 나이는 열여섯 살 정도로 1년 혹은 2년에 한 번만 알을 딱 하나 낳으며, 알이 부화하는 데 9개월이나 걸린다고 한다. 수백 킬로미터를 날아가서 먹이로 배를 가득 채우고 돌아와 새끼에게 먹인다. 그러나 안타깝게도 어미새가 바다에서 사냥한 먹잇감 속에 플라스틱 쓰레기가 가득하기 때문에 플라스틱 쓰레기로 배를 가득 채운 새끼는 영양실조로 죽어 간다. 이러한 영향으로 알바트로스는 현재 멸종 위기에 놓여 있다.

새끼에게 플라스틱 먹이를 먹이는 알바트로스와 조각난 플라스틱과 페트병 뚜껑으로 내장이 가득 찬 채 죽어 간 알바트로스의 사진 등으로 플라스틱 폐기물의 폐해를 처절하게 고발한 크리스 조던은 미국에서 10년간 변호사 생활을 하다 그만두고 사진작가가 되어 산업쓰레기와 플라스틱 폐기물의 심각성을 세상에 알리는 일을 하고 있다.

조던은 한 생물학자에게서 플라스틱 쓰레기를 먹고 죽은 새들의 이야기를 듣고, 2009년 북태평양의 작은 섬 미드웨이를 처음 방문한 뒤 8년간 여덟 차례나 오가면서 참혹한 현장을 카메라에 담았다. 이렇게 카메라에 담은 사진들을 묶어서 만든 1시간 37분짜리 다큐멘터리 영화가 2018년에 발표된 〈알바트로스(Albatross)〉다. 〈알바트로스〉는 큰 사회적 반향을 불러일으켰으며, 런던 세계보건영화제에서 대상을 받았다.

크리스 조던이 8년 동안 미드웨이섬을 오가며 가장 힘들었던 점은 바로 인간이 아는 것을 알바트로스가 모른다는 사실이었다고 한다. "알바트로스는 플라스틱이 무엇인지 알 수 없다. 알바트로스는 수백만 년 동안 그들의 조상이 그래 왔던 것처럼 바다가 제공하는 것들을 믿고 먹을 뿐이다."(조던, 2019, 41쪽)

플라스틱 시대

는 화학물질의 일부는 생태계에 영향을 주는 오염물질로 분류되고 있다. 예를 들어 폴리염화비닐(PVC), 폴리스티렌(PS), 폴리카보네이트(PC) 제조 시 사용되는 단량체는 발암물질, 돌연변이성 물질 또는 내분비계 장애물질로 분류되는데, 제조 과정에서 반응하지 않은 단량체가 일부 플라스틱에 잔존한다. 플라스틱의 중합을 촉진하기 위해 사용되는 납 등의 중금속, 유기 주석 등의 유기금속계 촉매, 가열단계에서 반응 부산물로 생성된 다환방향족탄화수소(PAHs) 등이 플라스틱에 일부 잔존하기도 한다.

또한 플라스틱 제품은 제조 과정에서 성형의 용이성과 기능성을 높이기 위해 다양한 첨가제를 사용한다. 각종 가소제, 난연제, 열안정제, 자외선안정제, 색소 등의 첨가제 중 일부는 잘 알려진 독성물질 목록에 포함되어 있다. 대표적인 것이 폴리염화비닐에 가소제로 첨가되는 프탈레이트 계열 물질과 다양한 플라스틱에 난연제로 쓰이는 브롬화 난연제, 가소제로 쓰이는 폴리염화바이페닐과 비스페놀A, 열안정제로 쓰이는 노닐페놀 등이다. 프탈레이트는 폴리염화비닐의 무게 대비 50% 수준까지 쓰이기도 한다. 전 세계 플라스틱 첨가제 생산량 중 부피 대비 73%가 폴리염화비닐에, 10%가 폴리에틸렌과 폴리프로필렌에, 5%가 폴리스티렌에 사용되는 것으로 알려져 있다.

문제는 플라스틱의 원료와 부원료, 촉매, 첨가제로 사용된 화학물질들이 일정한 조건에서 환경으로 용출될 수 있다는 것이다. 이렇게 용출된 화학물질들을 해양생물이 섭취하면 먹이사슬에 따라 상위단계로 이동할 수 있다.

아울러 미세플라스틱은 해양 등 환경에 잔류하는 화학물질을 흡수할 수 있으며 먹이사슬을 통해 상위단계로 전달될 수 있다. 사용 후 폐기물로 배출된 플라스틱은 소수성을 갖는 잔류성 유기오염물질과 중금속 등을 흡착하는 특성이 있다. 특히 크기가 작아진 미세플라스틱은 비표면적이 커져 주변 해수 중에 존재하는 오염물질을 보다 많이 흡착한다. 일부 연구결과는 미세플라스틱의 PCBs 농도가 주변 물에 포함된 PCBs에 비해 약 100만 배 이상 높은 농도를 나타낸다고 보고했다. 또한 오래된 플라스틱이 새 플라스틱보다 오염물질을 더 많이 흡착할 수 있다.

그래서 하천과 바닷물 속 플라스틱은 '화학물질의 칵테일'이라고도 불린다. 화학물질의 칵테일이란 두 가지 의미를 가진다. 첫째는 바닷물 속 플라스틱이 많은 종류의 화학물질을 함유하고 있다는 것이다. 둘째는 플라스틱에 함유된 많은 화학물질에 노출될 경우 화학물질 사이에 상호작용이 일어나 그 위해도가 변하는 이른바 '칵테일 효과'가 일어날 수 있다는 것이다. 특히 독성의 상승작용이 일어나 개별 화학물질들의 독성을 단순히 합산하는 것보다 더 큰 문제를 일으킬 수도 있다.

PCBs, DDT 및 노닐페놀 같은 POPs(persistent organic pollutants) 물질은 생물축적, 소수성, 반휘발성 등의 특징으로 인해 환경에 장기간 남아 있으며, 쉽게 이동할 수 있는 독성물질이다. POPs 물질의 가장 중요한 특징 중 하나는 생물축적이 가능하다는 점으로, 먹이사슬을 통해 상위단계로 전달되면서 그 농도가 점점 증가한다. 이는 영양단계 안에서 오염물질이 전달되어 점차 축적되기 때문에 환경에서 적은 농도가 검출되더라도 그것이 잠재적 오염원으로 작용할 수 있음을 시사한다. 하위단계 해양생물이 POPs 물질이 흡착된 미세플라스틱을 섭취하면 상위단계로 갈수록 고농도로 축적된다. 이로 인해 생식질환 또는 사망을 초래하거나 질병 위험을 증가시키고 호르몬 이상에 영향을 주며, 인간에게까지 영향을 미칠 수 있다.

플라스틱의 생애주기와 화학물질

1. 플라스틱에 함유된 화학물질은 잘 관리되고 있을까?

앞에서 살펴본 것처럼 플라스틱은 화학물질 덩어리다. 플라스틱의 원료가 되는 단량체도 화학물질이고, 부원료와 촉매 대부분도 화학물질이다. 플라스틱의 기능을 향상하고 성형을 쉽게 하기 위해 사용되는 첨가물 대부분도 화학물질이다. 바다 등 환경에서 소수성과 반휘발성 등의 특성을 가지고 플라스틱에 흡착 또는 흡수되는 대부분의 물질도 화학물질이다. 이와 관련해 가장 우려스러운 점은 이들 화학물질의 일부가 독성물질이고 오염물질이어서 야생 동식물과 인체에 심각한 영향을 미칠 수 있다는 것이다.

그런데 이러한 문제에 대해 심각하게 생각하지 않는 사람도 많은 듯하다. '이 세상에 사용되는 모든 화학물질이 유해성 심사[8]와 위해성 평가[9]를 거쳤을 것이고, 문제가 되는 화학물질은 제조 및 사용이 금지되었을 것이다. 일부 화학물질이 문제가 있을 수 있겠지만, 국민의 건강을 책임지는 국가가 그러한 화학물질에 대해서는 안전기준을 만들었을 것이다'라고 생각하는 것 같다. 과연 플라스틱과 관련된 화학물질은 안전하게 관리되고 있을까? 여기에 대한 저자의 대답은 "반은 맞고, 반은 틀리다"이다. 이렇게밖에 대답할 수 없는 이유는 화학물질 관리제도의 주요 내용을 살펴보면서 설명할 것이다.

2021년 환경부 백서에 따르면 전 세계적으로 유통되는 화학물질의 수는 20만여 종에 이르며, 매년 3,000종의 새로운 화학물질이 개발되어 상품화되고, 향후에도 화학산업의 지속적인 성장이 예상된다. 우리나라에서는 4만 4,000종 이상의 화학물질이 유통되고, 매년 2,000여 종이 새로이 국내 시장에 진입되는 등 화학물질 사용이 꾸준히 증가하고 있다. 4만 4,000여 종의 화학물질 중 유해성 정보가 확인된 것은 약 15%에 불과하다고 한다.

이러한 화학물질의 유통·사용량 증가에 따른 사람의 건강과 환경 위해성을 예방하고 저감하기 위해 세계 각국은 화학물질에 대한 관리를 강화하고 있다. EU는 2007년에 "정보 없이는 시장에 출시할 수 없다(No Data, No Market)"를 원칙으로 신화학물질관리제도인 REACH를 도입해 시행하고 있다. 이 제도는 EU 내에서 연간 1톤 이상 제조

8 유해성 심사는 화학물질이 독성 등 사람의 건강이나 환경에 좋지 않은 영향을 미치는 고유한 성질을 가지고 있는지 여부를 「화학물질의 등록 및 평가 등에 관한 법률」 규정에 따라 심사하는 것을 말한다.

9 위해성 평가는 유해성 심사결과를 기초로 유해성이 있는 화학물질이 노출되는 경우 사람의 건강이나 환경에 피해를 줄 수 있는 정도를 「화학물질의 등록 및 평가 등에 관한 법률」 규정에 따라 평가하는 것을 말한다.

또는 수입되는 모든 화학물질은 등록하고 위해성 평가와 허가를 받도록 하고 있다. 일본은 2010년 4월 화학물질 신고 및 심사 등에 관한 법률을 개정했으며, 중국도 2010년 신화학물질관리제도를 시행하는 등 국제적으로 화학물질 관리가 날로 강화되는 추세다.

우리나라는 유럽의 REACH와 유사한 「화학물질의 등록 및 평가 등에 관한 법률」(화학물질등록평가법)을 2013년 제정해 2015년부터 시행하고 있다. 2018년 3월에는 생활화학제품에 대한 관리를 강화하고 살생물제에 대한 사전승인제 도입을 주요 내용으로 하는 「생활화학제품 및 살생물제의 안전관리에 관한 법률」(화학제품안전법)을 제정해 2019년 1월부터 시행하고 있다. 아래에서는 「화학물질등록평가법」과 「화학제품안전법」을 중심으로 우리나라의 화학물질과 화학제품에 대한 관리체계 전반을 살펴볼 것이다. 그리고 관리체계상 어떤 한계와 문제점이 있는지도 함께 살펴보고자 한다.

2. 화학물질과 화학제품 관리

1) 화학물질 관리

우리나라의 화학물질 관리는 독물과 극물을 포함한 제품관리, 유해한 물질을 포함한 제품에 대한 관리 등 독성 및 위해성이 큰 물질을 중심으로 이루어져 왔다. 1996년 OECD에 가입하면서 국제사회와의 공조, 국제 화학물질 논의에 대한 대응이 필요해져 「유해화학물질관리법」을 개정해 유해화학물질에 대한 관리를 강화했으나 관리 범위는 유해성이 충분히 입증된 유해화학물질에 한정되었다고 볼 수 있다. 2000년에 들어서면서 '정보 없이는 시장에 출시할 수 없다'는 원칙에 근거해 화학물질을 사용하는 기업의 안전성 입증책임을 강화하는 방향으로 국제사회의 움직임이 강화되었다. 유럽의 REACH 도입, 미국의「유해화학물질관리법」개정, 일본의 화학물질 심사 및 제조 등에 관한 규제 강화 등이 그 예다. 국내에서는 2011년에 가습기 살균제 사고가 발생해 수천 명이 폐손상 등의 피해를 입었으며, 특히 가습기를 많이 사용한 임산부와 영아를 중심으로 수십 명이 사망해 큰 충격을 안겨 주었다. 이에 국내에서도 유럽의 REACH를 모델로 삼아 화학물질에 대한 안전관리를 대폭 강화하는「화학물질의 등록 및 평가 등에 관한 법률」(화학물질등록평가법)을 2013년에 제정해 2015년부터 시행하게 되었다.

현재 우리나라의 화학물질에 대한 관리는 각 개별법과「화학물질등록평가법」으로 이원화되어 있다. 화학물질 중 방사성물질, 의약품 및 의약외품, 마약류, 화장품과 화장품에 사용하는 원료, 농약과 그 원료, 비료, 식품·식품첨가물과 기구 및 용기·포장, 사료, 화약류, 군수품, 건강기능식품, 의료기기, 위생용품 등은「약사법」,「화장품법」,「식품위생법」,「농약관리법」,「위생용품 관리법」등 개별 법률에 의해 관리되고 있다. 개별 법률에 의해 관리되지 않는 화학물질은「화학물질등록평가법」에 의해 관리된다. 아래에서는「화학물질등록평가법」을 중심으로 우리나라 화학물질 관리제도를 살펴보고자 한다.

「화학물질등록평가법」은 미지의 화학물질이 가질 수 있는 위해성으로부터 국민의 건강 및 환경을 보호할 목적으로 제정되었다. 이러한 목적을 달성하기 위해 법에서는 화학물질의 등록 및 신고, 유해성 심사, 위해성 평가, 중점관리물질 지정, 허가물질·제한물질·금지물질 지정 및 관리, 화학물질 배출 및 이동 신고제도,[10] 화학물질 성상 등에 관한 정보 제공[11] 등을 규정하고 있다.

화학물질의 등록 및 신고제도는 유통 및 사용되고 있는 화학물질의 현황을 정확히 파악함으로써 화학물질을 안전하게 관리하고 관리정책을 보다 선진화하는 데 목적이 있다. 「화학물질등록평가법」상 연간 100kg 이상 신규 화학물질 또는 연간 1톤 이상 기존 화학물질을 제조·수입하려는 자는 제조 또는 수입하기 전 환경부에 등록해야 한다. 다만, 기존 화학물질의 경우 기업의 경쟁력 하락을 방지하기 위해 단계적 등록유예기간[12]이 부여되어 있다. 비록 제조·수입 규모가 등록 대상이 아니더라도 사람의 건강 또는 환경에 심각한 피해를 입힐 우려가 크다고 인정되는 경우에는 등록하도록 되어 있다. 그리고 연간 100kg 미만 신규 화학물질을 제조·수입하려는 자는 제조 또는 수입하기 전 환경부에 등록할 필요는 없지만 신고해야 한다.

2021년 11월 현재 약 6,175종이 환경부에 등록되어 있는바, 우리

---

10 화학물질 배출 및 이동 신고제도: PRTR(Pollutant Release and Transfer Register)이라고 하며, 사업자가 지정화학물질을 배출·이동할 때 그 양을 파악해 국가에 신고하도록 하는 제도다.

11 화학물질 성상 등에 관한 정보 제공: SDS(Safety Data Sheet)라고 하며, 사업자가 지정화학물질 등을 국내 다른 사업자에게 양도·제공할 때 지정화학물질 등의 특성 및 취급에 관한 정보를 사전에 제공하는 제도다.

12 기존 화학물질에 대한 등록유예기간: 환경부는 2018년 「화학물질등록평가법」을 개정해 2024년까지는 1,000톤 미만에 대해, 2027년까지는 100톤 미만에 대해, 2030년까지는 10톤 미만에 대해 등록유예기간을 부여했다.

나라에서 유통되는 화학물질의 수가 4만 4,000여 종에 이르는 것을 고려할 때 등록된 화학물질의 수는 매우 적다고 할 수 있다. 2018년에 「화학물질등록평가법」 개정으로 기존 화학물질에 대한 등록유예기간이 부여되어 등록 물질의 수가 빠르게 증가할 것 같지는 않다.

등록된 화학물질에 대해 환경부는 유해성 심사를 해야 한다. 유해성이란 화학물질의 독성 등 사람의 건강이나 환경에 좋지 않은 영향을 미치는 화학물질 고유의 성질을 말한다. 유해성 심사를 마친 경우에는 해당 화학물질의 명칭, 유해성, 유독물질에 해당하는지 여부 등을 고시해야 한다. 유해성이 있는 화학물질에 대해서는 유독물질로 지정해 고시하는데, 2021년 12월 현재 1,082개 화학물질이 유독물질로 지정되어 있다. 「화학물질등록평가법」이 시행되기 전인 2014년까지 723개 화학물질이 지정되었으며, 그 후 359개가 지정되었다.

위해성 평가는 제조 또는 수입되는 양이 연간 10톤 이상인 화학물질 및 유해성 심사 결과 위해성 평가가 필요하다고 인정하는 화학물질에 대해 실시한다. 위해성이란 유해성이 있는 화학물질이 노출되는 경우 사람의 건강이나 환경에 피해를 줄 수 있는 정도를 말한다.

환경부는 유해성 심사 및 위해성 평가 결과 등을 고려해 허가물질, 제한물질, 금지물질을 지정한다. 허가물질이란 위해성이 있다고 우려되는 화학물질로, 환경부의 허가를 받아야 제조·수입·사용할 수 있도록 고시하는 물질을 말한다. 제한물질이란 특정 용도로 사용되는 경우 위해성이 크다고 인정되는 화학물질로, 그 용도로 제조, 수입, 판매, 보관·저장, 운반 또는 사용을 금지하고 있다. 제한물질의 지정은 화학물질을 용도에 따라 규제하는 방식이다. 이에 반해 금지물질이란

플라스틱 시대

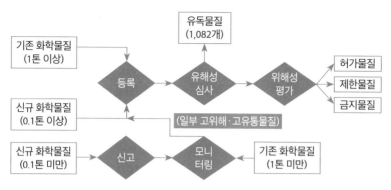

그림 2-2. 화학물질 등록 및 평가 체계도

위해성이 크다고 인정되는 화학물질로, 모든 용도로 제조, 수입, 판매, 보관·저장, 운반 또는 사용이 금지되는 물질이다. 제한물질과 금지물질의 차이는 특정 용도로만 금지하느냐, 모든 용도로 금지하느냐에 있다.

위에서 설명한 화학물질 등록 및 평가제도를 도식화하면 〈그림 2-2〉와 같다.

2) 화학물질이 함유된 제품 관리

우리나라의 화학물질이 함유된 제품 관리는 2010년대 중반까지 매우 취약했다. 농약, 화장품, 의약품과 의약외품, 수처리제, 식품첨가물, 건강기능식품, 위생용품 등 화학물질이 함유된 제품 중 일부만이 개별 법령에 의해 관리되었다. 개별 법령에서 관리 대상으로 지정되지 않은 품목이나 구분이 모호한 품목은 사실상 관리 사각지대에 놓여 있었다.

　2011년 가습기 살균제 사건도 살균제와 같은 화학제품이 어느 개별 법령에서도 관리되지 않아 발생했다고 할 수 있다. 가습기 살균제 사고를 계기로 화학물질 함유 제품의 안전에 대한 국민불안이 확산되면서 생활화학제품에 대한 관리가 대폭 강화되었다. 2015년에는 개별 법령에서 관리되지 않던 생활화학제품에 대한 관리를 「화학물질등록평가법」으로 일원화했으며, 2018년에는 「화학물질등록평가법」에서 생활화학제품 관련 조항을 분리해 「생활화학제품 및 살생물제의 안전관리에 관한 법률」(화학제품안전법)을 별도로 제정했다.

　따라서 현재 화학물질이 함유된 제품 관리는 개별법과 「화학제품안전법」으로 이원화되어 있다. 앞서 언급했듯이 화학물질이 함유된 제품 중 건강기능식품, 군수품, 농약·천연식물보호제 및 농약 활용 기자재, 수처리제, 사료, 선박 처리물질, 식품·식품첨가물과 기구 및 용기·포장, 의약품과 의약외품, 동물용 의약품과 의약외품, 위생용품, 의료기기, 화장품 등은 「건강기능식품에 관한 법률」, 「농약관리법」, 「먹는물관리법」, 「사료관리법」, 「식품위생법」, 「약사법」, 「위생용품 관리법」, 「의료기기법」, 「화장품법」 등 개별 법률에 의해 관리되고 있다. 개별 법률에 의해 관리되지 않는 화학물질이 함유된 제품은 「화학제품안전법」에 의해 관리된다.

　생활화학제품과 살생물제의 안전관리를 목적으로 제정된 「화학제품안전법」은 안전확인대상 생활화학제품 지정, 생활화학제품에 대한 실태조사와 위해성 평가, 안전확인대상 생활화학제품의 안전기준 마련, 표시·광고 제한 등을 주요 내용으로 하며, 생활화학제품 및 살생물제의 관리원칙을 다음과 같이 규정하고 있다.

첫째, 생활화학제품 및 살생물제와 사람, 동물의 건강과 환경에 대한 피해 사이에 과학적 상관성이 명확히 증명되지 않은 경우에도 그 생활화학제품 및 살생물제가 사람, 동물의 건강과 환경에 해로운 영향을 미치지 않도록 사전에 배려해 안전하게 관리되어야 한다.

둘째, 어린이, 임산부 등 생활화학제품 또는 살생물제로부터 발생하는 화학물질 등의 노출에 취약한 계층을 우선적으로 배려해 관리되어야 한다.

셋째, 오용과 남용으로 인한 피해를 예방하기 위해 생활화학제품 및 살생물제의 안전에 관한 정보가 신속·정확하게 제공되어야 한다.

환경부는 생활화학제품의 용도, 유해성 등에 대한 실태조사와 위해성 평가 결과, 위해성이 있다고 인정되는 경우에는 해당 생활화학제품을 안전확인대상 생활화학제품으로 지정한다.

현재 안전확인대상 생활화학제품의 분류와 품목은 〈표 2-4〉와 같다. 환경부는 안전확인대상 생활화학제품에 대해 종류별로 위해성 등에 관한 안전기준을 정해 고시할 수 있다. 또한 「화학제품안전법」에서는 안전확인대상 생활화학제품을 포장 또는 광고 시 '무독성, 환경·자연친화적, 무해성, 인체·동물친화적' 등의 문구와 이와 유사한 표현을 사용하지 못하도록 하고 있다.

이상에서 설명한 생활화학제품에 대한 관리 체계도는 〈그림 2-3〉과 같다.

표 2-4. 안전확인대상 생활화학제품의 분류와 품목

분류	품목	
세정 제품	1. 세정제 2. 제거제	
세탁 제품	1. 세탁세제 2. 표백제 3. 섬유유연제	
코팅 제품	1. 광택코팅제 2. 특수목적코팅제 3. 녹 방지제	4. 윤활제 5. 다림질보조제
접착·접합 제품	1. 접착제 2. 접합제	
방향·탈취 제품	1. 방향제 2. 탈취제	
염색·도색 제품	1. 물체 염색제 2. 물체 도색제	
자동차 전용 제품	1. 자동차용 워셔액 2. 자동차용 부동액	
인쇄 및 문서 관련 제품	1. 인쇄용 잉크·토너 2. 인주 3. 수정액 및 수정테이프	
미용 제품	1. 미용 접착제 2. 문신용 염료	
살균 제품	1. 살균제 2. 살조제 3. 가습기용 항균·소독제제	4. 감염병 예방용 살균·소독제제
구제 제품	1. 기피제 2. 보건용 살충제 3. 보건용 기피제	4. 감염병 예방용 살충제 5. 감염병 예방용 살서제
보존·보존처리 제품	1. 목재용 보존제 2. 필터형 보존처리제품	
기타	1. 초 2. 습기 제거제 3. 인공 눈 스프레이	4. 공연용 포그액 5. 가습기용 생활화학제품

플라스틱 시대

그림 2-3. 생활화학제품 안전관리 체계도

3. 플라스틱의 생애주기와 화학물질

화학물질을 개별 법령으로 관리하는 것처럼, 플라스틱과 플라스틱 제품의 경우에도 용도에 따라 관리 법률이 달라진다. 예컨대 식품을 담거나 포장하는 용기 및 포장재로 쓰일 경우에는 「식품위생법」에서 정한 안전기준 등을 준수해야 하고, 의료기기로 사용되는 플라스틱 제품은 「의료기기법」 기준을 따라야 하며, 플라스틱이 위생용품으로 사용된다면 「위생용품 관리법」에서 정한 기준 등을 준수해야 한다. 개별 법률에서 정한 특정용도로 사용되는 것이 아니라 일반적인 용도로 사용되는 플라스틱과 플라스틱 제품의 경우에는 「화학물질등록평가법」과 「화학제품안전법」에서 정한 기준 등을 준수해야 한다.

위에서 본 것처럼 플라스틱의 생애주기 동안 관련된 화학물질들은 꽤 촘촘히 관리되기 때문에 일반시민들이 화학물질의 위험에서 안전하게 보호되는 것처럼 보인다. 분명히 각종 화학물질과 화학물질이 함유된 제품에 대한 규제와 관리는 예전보다 진일보한 것이 사실이다. 그러나 플라스틱과 관련된 화학물질의 본래 특성, 현대 산업구조의 태생적 한계와 기업의 영리추구 등 여러 가지 요인이 맞물리면서 플라스틱과 관련된 화학물질 안전관리에 많은 과제를 안고 있다.

첫 번째는 플라스틱은 현대 산업사회에서 사용할 수밖에 없는 필수물질이라는 것이다. 플라스틱이 반드시 사용해야 하는 물질이라면 어느 정도 부작용이 있더라도 플라스틱의 장점을 살리고 가치를 더해 주는 방향으로 사용할 수밖에 없다. 원료, 부원료, 촉매, 첨가제 및 흡착물질까지 모두 화학물질로 구성되어 있는 플라스틱이 필수적인 생활용품과 산업용 재료로 사용되는 현실에서 화학물질 관리는 그만큼 어려워질 수밖에 없다.

우리 주변에 있는 물건의 70% 이상이 플라스틱이다. 목재, 금속, 유리, 도자기 등을 거의 완벽하게 대체하는 플라스틱을 사용하지 않기란 아마 거의 불가능할 것이다. 이것은 화학물질도 마찬가지다. 현대 산업사회는 화학물질의 개발 및 발전과 함께해 왔다. 농약, 의약품, 화장품, 비료, 각종 살충제와 살균제, 위생용품, 시멘트 등의 분야에서는 전통적으로 화학물질이 많이 사용된다. 20세기 후반부터는 첨단과학기술 및 제품에서도 필수적인 자리를 차지하게 되었고, 21세기에도 그 추세에는 변함이 없다. 화학의 중요성은 나노과학과 기술, 정보기술, 생명과학기술, 인지과학 등의 분야로 더욱 확대되고 있다.

또한 플라스틱과 화학물질은 서로 융합해 현대 산업사회를 이끌어 가고 있다. 예컨대 현대 IT 기술의 핵심으로 간주되는 고속정보처리와 통신, 대용량 정보기록과 저장, 디스플레이 등은 특수섬유, 플라스틱 및 고무제품 등의 플라스틱과 신기능성 화학물질을 함께 사용해서 만든다. 따라서 현대 산업사회에서 필수적인 플라스틱과 화학물질을 사용하되 그 영향과 피해를 최소화할 방안을 검토해야 할 것이다.

두 번째는 유통되는 플라스틱과 화학물질의 수가 너무 많기 때문에 효율적으로 관리하기가 매우 어렵다는 것이다. 전 세계적으로 유통되는 화학물질의 수가 20만여 종에 이르고, 우리나라에서 현재 사용되는 플라스틱이 4만 종이 넘으며, 매년 2,000여 종의 새로운 화학물질이 국내 시장에 들어오고 있다고 한다. 이러한 모든 화학물질에 대해 유해성 심사와 위해성 평가를 하기는 매우 어렵다.

환경부에 따르면 시장에 유통되는 화학물질 중 약 15%에 대해서만 유해성 정보가 확인되었다고 한다. 이는 곧 약 85%의 화학물질은 유해성 정보가 확인되지 않았다는 의미다. 또한 어떤 화학물질이 시장에 새로 진입하는지 파악하는 것도 쉽지 않다. 빠르게 성장하는 시장의 추세를 행정이 따라잡기는 역부족이다. 경제적인 이유와 인력 부족으로 플라스틱과 화학물질 관리 행정은 유해성과 위해성이 큰 것으로 입증되거나 그 가능성이 큰 물질과 제품들에 집중할 수밖에 없다.

현재 「화학물질등록평가법」에 따른 등록 대상 화학물질은 연간 100kg 이상의 신규 화학물질 또는 연간 1톤 이상의 기존 화학물질이다. 연간 100kg 미만의 신규 화학물질과 연간 1톤 미만의 기존 화학물질은 등록 대상이 아니다. 「화학제품안전법」에서 정한 안전확인대상 생활화학제품도 위해성이 크다고 인정되는 39개 품목만 지정되어 있다. 39개 품목 외에도 화학물질을 사용하는 제품은 상당히 많다. 곧 등록 대상이 아닌 화학물질과 안전확인대상 생활화학제품이 아닌 제품 중에서도 유해성 있는 화학물질이 사용될 가능성은 얼마든지 있다. 화학물질에 대한 규제가 가져올 환경적 편익과 그 규제가 산업계에 초래할 피해를 함께 고려해야 하는 행정의 틈을 이용해 유해화학물질이 시장에 파고들 가능성은 얼마든지 있는 것이다.

세 번째는 플라스틱에 사용되거나 흡착되는 화학물질 관리가 상당부분 화학물질을 개발하고 사용하는 업체에 의존하고 있다는 것이다. 기본적으로 화학물질은 기업체에 의해 개발되고 사용된다. 따라서 화학물질을 제조하거나 수입하는 업체가 등록신청을 하지 않으면 정부 당국은 그 화학물질의 존재 여부를 알 수 없다.

또한 등록 신청을 하더라도 「부정경쟁 방지 및 영업비밀보호에 관한 법률」에 따라 영업비밀에 해당하는 경우에는 관련 정보를 공개하지 않을 수 있다. 곧 화학물질의 성분 등에 대한 자료보호를 요청하더라도 관련 자료를 공개할 수 없도록 되어 있어 자료보호 범위가 매우 넓은 편이다. 사실상 등록 기업 외에는 등록된 화학물질에 대한 세부정보를 알 수 없는 것이다. 유럽 REACH의 경우에도 등록된 정보를 보호하지만, 보호되는 정보를 자세하게 정해 기업비밀 인정 범위를 한정하고 있다. REACH는 혼합물질의 구성에 관한 상세한 정보, 물질·혼합물의 정확한 용도, 기능 등의 정보, 제조 또는 출시한 물질·혼합물의 정확한 양, 제조자, 수입자와 그 유통업자 또는 하위 사용자의 관계를 기업비밀로 하고 있다.

따라서 화학물질의 제조 등에 관한 등록과 신고 등을 기업체에 의존하고, 유럽의 REACH에 비해 기업비밀 범위가 너무 폭넓게 인정되는 현재 시스템에서는 화학물질을 제조하거나 수입하는 업체가 화학물질 등록 신청, 유해성에 관한 정보 제공 등을 소홀히 하거나 악의를 가지고 하지 않을 경우 화학물질 관리에 큰 구멍이 생길 수 있다.

네 번째는 일부 화학물질의 경우 매우 적은 양으로도 사람의 건강이나 야생생물 등 생태계에 큰 영향을 미칠 수 있다는 것이다. 일반적으로 유해화학물질의 독성은 사용하는 양이 많아질수록 커지지만, 환경호르몬 같은 일부 화학물질은 매우 낮은 농도에서도 작용해 사람의 건강이나 생태계에 큰 피해를 입힐 수 있다. 또한 일부 화학물질은 생물축적 특성이 있어 먹이사슬을 통해 상위단계로 전달되면서 농도가 증가해 피해를 유발한다. 따라서 제조되거나 사용되는 양이 적어 등록 대상이 아닌 화학물질이라고 하더라도 사람의 건강과 생태계에 영향을 미칠 가능성은 얼마든지 있다.

이와 같이 플라스틱의 전 생애주기에 걸쳐 사용되는 화학물질의 안전한 관리에는 어려움과 한계가 있을 수밖에 없음을 설명했다. 비록 정부가 화학물질의 안전관리를 위해 어느 정도 노력하고 있지만, 플라스틱과 화학물질의 본래 특성과 용도, 관리 역량의 한계, 경제적 비용, 산업에 미치는 영향, 일부 기업의 지나친 정보보호 등이 혼합되어 작용함으로써 완벽한 관리에는 미치지 못하는 실정이다.

3

플라스틱 문제 해결을 위한
제도와 정책에는 무엇이 있을까?

플라스틱 관리를 위한 정책수단

우리나라의 「자원순환기본법」에서는 자원순환사회로의 전환을 촉진하기 위해 국가 및 지방자치단체와 사업자, 국민 등 사회 모든 구성원이 따라야 할 자원순환 원칙을 정하고 있다.

이 원칙에는 폐기물 발생을 최대한 억제할 것, 폐기물 발생이 예상될 경우에는 폐기물의 순환이용 및 처분의 용이성과 유해성(有害性)을 고려할 것, 최대한 재사용[1]할 것, 재사용이 곤란한 폐기물은 최대한 재생이용[2]할 것, 재사용·재생이용이 곤란한 폐기물은 최대한 에너지 회수를 할 것, 순환이용이 불가능한 것은 사람의 건강과 환경에 미치는 영향이 최소화되도록 적정하게 처분할 것 등이 포함되어 있다. 플라스틱과 플라스틱 제품을 생산하고 유통·소비하며, 발생한 플라스틱 폐기물을 관리하는 데도 이 원칙을 그대로 적용한다.

우리나라의 「폐기물관리법」에 따르면 폐기물의 재사용, 재생이용 및 에너지 회수 모두 재활용 범위에 포함된다. 플라스틱 제품 생산 시 고려해야 하는 순환이용 용이성과 유해성도 폐기물 발생억제 및 재활용과 관련되어 있다.

---

1   우리나라 폐기물 관련 법령에서 '재사용'은 재활용가능자원을 그대로 또는 고쳐서 다시 쓰거나 생산활동에 다시 사용할 수 있도록 하는 것을 말한다.
2   우리나라 폐기물 관련 법령에서 '재생이용'은 재활용가능자원의 전부 또는 일부를 원료물질로 다시 사용하거나 다시 사용할 수 있도록 하는 것을 말한다.

결국 플라스틱과 관련된 모든 정책은 플라스틱 폐기물의 발생을 최대한 억제하고, 어쩔 수 없이 발생한 폐기물은 최대한 재활용하는 데 목적이 있다. 따라서 플라스틱과 관련된 대부분의 정책 수단도 플라스틱 폐기물 발생을 억제하고 최대한 재활용하는 것을 목적으로 한다.

그렇다면 이러한 목적을 달성하기 위해 어떤 정책수단이 사용되고 있을까? 다른 분야 환경행정과 마찬가지로 플라스틱 분야에서도 직접규제와 경제적 유인제도가 함께 사용되고 있다. 직접규제는 플라스틱 및 플라스틱 제품생산과 유통, 소비, 플라스틱 폐기물 배출과 선별, 재활용과 관련해 생산자, 재활용사업자, 국가와 지방자치단체, 국민들에게 플라스틱 폐기물의 발생을 억제하고 재활용을 활성화하기 위해 해야 될 행위와 해서는 안 될 행위를 구체적으로 명시해 지시하는 것을 말한다. 직접규제의 대표적인 예로는 일회용 포장재 사용금지, 과대포장 금지, 특정재질 플라스틱 사용금지, 특정 화학물질 첨가제 사용금지, 재활용 용이성 자체 평가 및 평가결과 표시제도 등이 있다.

간접규제라고도 불리는 경제적 유인제도는 플라스틱 제조, 유통, 소비, 배출, 회수, 재활용 등 각 단계에서 경제적 활동 주체들에게 경제적 유인을 제공함으로써 플라스틱 폐기물 발생을 억제하고 재활용을 촉진하는 것을 말한다. 각종 보증금제도, 생산자책임재활용제도, 각종 부담금과 세금 등이 대표적인 간접규제 수단이다.

이론적으로는 위와 같이 직접규제와 경제적 유인제도가 구분되지만, 일부 정책수단은 직접규제와 경제적 유인제도가 같이 사용되는 경우도 있다. 예컨대 우리나라에서 시행되고 있는 포장재의 재질·

구조개선제도는 직접규제와 간접규제가 혼합되어 있다. 「자원재활용법」에 따라 포장재를 생산 또는 수입하는 사업자는 포장재의 재질과 구조의 재활용 용이성을 반드시 평가받도록 해 직접규제의 성격을 띤다. 재활용 용이성에 대한 평가 결과, 포장재가 재활용이 어려운 재질과 구조에 해당할 경우 재활용이 용이하거나 보통일 때보다 분담금을 많이 내도록 하는 것은 경제적 유인제도의 성격을 띠는 것이다.

〈그림 3-1〉과 〈그림 3-2〉는 플라스틱 폐기물 발생을 억제하고 재활용을 촉진하기 위해 우리나라를 비롯해 세계 각국에서 시행하는 주요 직접규제와 간접규제를 보여 준다.

플라스틱을 관리하기 위한 제도가 이와 같이 다양하지만 세계 각국은 경제적·사회적·환경적 여건에 따라 자국에 적합하다고 판단되

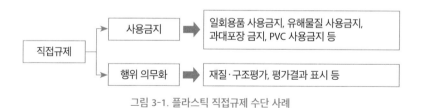

그림 3-1. 플라스틱 직접규제 수단 사례

그림 3-2. 플라스틱 간접규제 수단 사례

는 제도를 선택해 도입하고 있으며, 같은 제도를 도입하더라도 세부 내용은 국가별로 많은 차이를 보이는 경우가 있다. 그 이유는 다음과 같은 영향 때문이다.

첫째, 인구 밀도와 국토 넓이가 제도 선택에 많은 영향을 미친다. 국토가 넓고 인구 밀도가 낮을수록 단위 면적당 플라스틱 폐기물 발생량이 적고 매립장을 확보하기가 상대적으로 쉬워 전체적으로 플라스틱 관리 규제 강도가 낮아지는 경향이 있다.

둘째, 폐기물 회수와 처리를 위한 역사적 경험과 사회적 기반도 제도 채택에 중요한 영향을 미친다. 대부분의 나라가 고유한 폐기물 회수와 처리 역사를 지니는데, 플라스틱 관리 제도를 새로 도입하는 경우에도 완전히 바꾸기보다 가급적 기존 제도를 일부 수정하거나 보완하는 방향으로 추진하는 것이 일반적이다. 이것은 기존 제도를 흔들지 않음으로써 새로 도입되는 제도의 수용성을 높이고 새로운 제도 도입에 따른 마찰과 부작용을 최소화하기 위해서다. 또한 폐기물 회수와 재활용을 위한 사회적 기반과 시스템이 잘 갖춰져 있으면 플라스틱 관리 제도 도입도 그만큼 용이하다.

셋째, 시민들과 기업의 환경의식도 많은 영향을 미친다. 사회구성원의 환경의식이 높을수록 새로운 제도 도입에 대한 저항이 적을 뿐만 아니라 당초 목표했던 소기의 목적을 달성할 가능성이 높아진다.

넷째, 각 국가가 처한 경제적·사회적 여건도 새로운 제도 수용성에 영향을 미친다. 예컨대 아프리카의 많은 국가와 인도의 많은 지역에서 비닐봉투 유통과 사용을 금지하고 있는데, 여기에는 환경적 이유와 함께 사회적 이유도 있다. 아프리카의 경우 비닐봉투가 버려지면서 하수구 등이 막혀 오수가 제대로 배수되지 않아 홍수 때 범람하고, 말라리아 등 수인성 질병이 창궐하는 원인이 됨에 따라 아예 비닐봉투 사용을 금지하는 것이다. 인도의 경우 비닐봉투를 삼켜 매년 수십 마리씩 사망하는 소를 보호하는 것도 비닐봉투 사용금지의 주요한 이유다.

플라스틱 제품의 생산, 유통, 소비, 폐기 등에서 발생하는 다양한 문제를 해결하기 위해서는 플라스틱 폐기물 발생을 억제하고 재활용을 촉진해야 한다. 세계 각국과 우리나라가 시행하는 플라스틱 관리 정책의 목적도 플라스틱 폐기물 발생을 최소화하고 재활용을 최대화해 궁극적으로는 플라스틱으로 인한 문제를 최소화하는 데 있다. 위에서 살펴본 바와 같이 세계 각국 정부는 자국의 경제적·사회적·환경적 여건을 고려해 플라스틱 폐기물 발생을 억제하고 재활용을 촉진하기 위한 다양한 정책을 도입·시행하고 있는바, 다음에서는 이러한 정책수단들을 보다 자세히 살펴보고자 한다.

생산자책임재활용제도

1. 생산자책임재활용제도 개요

1) 제도 도입 배경과 목적
생산자책임재활용제도(Extended Producer's Responsibility, EPR)가 도입

되기 전에는 가정에서 발생하는 폐기물 처리 책임이 주로 지방자치단체와 소비자에게 있었다. 가정에서 발생하는 폐기물 중 재사용 가능한 것과 고철같이 경제적 가치가 있는 것은 고물상 등에 넘기고, 경제적 가치가 없는 일반폐기물은 지방자치단체가 수거해 소각 또는 매립하는 것이 일반적이었다. 이때 소비자는 지방자치단체에서 정하는 바에 따라 폐기물 수거와 처리에 소요되는 비용 일부를 충당하기 위해 폐기물 처리 수수료를 납부했다.

이와 같이 소비자가 폐기물 처리에 따른 부담을 지도록 한 것은 폐기물 배출자가 폐기물 처리비용을 부담해야 한다는 배출자부담원칙 또는 원인자부담원칙을 기본 바탕으로 한다. 지방자치단체는 생활환경을 책임지는 공공기관이므로 생활폐기물 처리는 지방자치단체의 기본임무 중 하나다. 지방자치단체의 조례 등에서 정하는 바에 따라 소비자가 폐기물 처리비용 일부를 부담하지만 현실적으로 폐기물 수거와 처리에 소요되는 비용을 충당하기에는 턱없이 모자라 지방자치단체가 소요비용 대부분을 부담하게 되었다.

이러한 상황에서 1980년대 후반부터 유럽을 중심으로 생산자책임재활용제도 도입 필요성에 대한 논의가 일어났다. 폐기물로 인해 막대한 사회적 비용이 발생하고 폐기물 처리비용이 지속적으로 증가하는 상황에서 폐기물 처리에 대한 책임을 지방자치단체와 소비자만 질 것이 아니라 제품 생산자도 함께 지는 것이 원인자부담원칙에 보다 부합한다는 것이다. 이는 제품 생산자가 제품을 판매함으로써 경제적 이득을 취하는 수익자이기 때문에 제품 폐기물에 대해서도 어느 정도 책임을 지는 것이 사회정의 측면에서도 바람직하다는 취지다.

대표적인 경제적 유인제도인 EPR제도는 크게 두 가지 목적을 가지고 있다.

첫 번째 목적은 EPR 대상 제품 폐기물 처리비용 부담의 전부 또는 일부를 소비자와 지방자치단체에서 생산자로 전환하는 것이다. 생산자가 재활용 및 처리비용의 일정 부분을 부담하게 함으로써 오염원인자부담원칙에 충실하게 되고, 지방자치단체는 여기서 절약한 재원을 폐기물을 효과적으로 처리하기 위한 기반 구축에 사용할 수 있게 된 것이다.

두 번째 목적은 제품 생산자들에게 제품의 설계, 제조, 유통·소비 및 폐기 전 과정에 걸쳐 환경친화적 경제활동을 유도함으로써 폐기물 발생을 줄이고 회수와 재활용을 촉진하는 데 있다. 제품 생산자에게 회수와 재활용 책임을 지도록 한 것은 제품 생산자가 제품 폐기물을 재활용하는 가장 적임자이기 때문이라고 할 수 있다.

제품 생산자는 제품 설계를 담당하기 때문에 제품이 폐기물이 되었을 때 재활용이 용이하도록 친환경적으로 설계할 수 있으며, 재활용 용이성을 좌우하는 제품의 재질과 구조를 선택할 위치에 있다. 따라서 EPR제도는 생산자에게 재활용 책임을 부여함으로써 전체적으로 자원순환의 효율성을 기하도록 한다. EPR제도를 시행하는 국가에서는 대부분 생산자에게 그 제품 폐기물의 일정 비율 이상을 회수해 재활용하도록 하는 방법으로 제도를 설계하고 있다.

2) 제도의 확산과 운영

EPR제도는 1990년대 초 포장폐기물을 대상으로 일부 유럽 국가에서 실시된 이후 세계적으로 확산되어 포장재 등의 재활용을 위한 대표적인 경제적 인센티브제도로 자리 잡았다. 대상 품목은 국가별로 매우 다양한데, 주로 전기·전자제품, 자동차, 타이어, 배터리, 농업용 필름, 오일, 의료폐기물, 포장재 등이다. 플라스틱 포장재는 EPR제도를 시행하는 대부분의 국가에서 대상 제품에 포함되어 있다. 다만, 그 범위는 국가별로 조금씩 다르다. 독일, 네덜란드, 핀란드, 이탈리아, 노르웨이, 포르투갈, 스페인 등은 가정에서 발생하는 모든 종류의 플라스틱 포장재가 EPR 대상이지만, 오스트리아와 영국 일부 지역은 단단한 플라스틱 포장재만 EPR 대상이다. 곧 플라스틱 봉투 등 유연한 플라스틱은 EPR 대상이 아니라 별도로 관리되는 것이다.

EPR제도 적용 범위를 비롯해 세부 내용은 국가별로 많은 차이가 있다. 특히 지방자치단체와 재활용의무생산자[3]의 책임 범위, 생산자책임기구[4]의 역할 등에서 많은 차이가 있다. 일부 국가는 재활용의무생산자들에게 포장폐기물 회수와 재활용에 대한 책임을 더 많이 요구하는 반면, 일부 국가는 상대적으로 적은 책임과 역할을 요구한다.

자기 제품 회수와 재활용에 대한 책임이 있지만, 재활용의무생산자들이 자기 제품만 구분해서 회수하고 재활용하기란 사실상 불가능

---

3   재활용의무생산자: EPR제도하에서 회수 및 재활용 의무가 있는 제품과 포장재 제조업자 및 수입업자를 말한다.
4   생산자책임기구(Producer Responsibility Organization, PRO): 재활용의무생산자의 재활용의무를 공동으로 이행하기 위해 설립된 조직으로, 대상 폐기물 회수, 재활용, 잔재물의 안전한 처리, 제도 홍보 등의 업무를 담당한다.

하다. 따라서 재활용의무생산자들이 동종 제품을 생산하는 사업자들과 공동으로 회수 및 재활용 의무를 달성하기 위해 설립된 조직이 생산자책임기구다. 독일과 벨기에는 생산자책임기구가 포장폐기물의 수거, 분리, 재활용 및 재생, 수거함 설치장소 임차비용, 제도 홍보비용, 행정비용 등 포장폐기물 관리에 소요되는 모든 비용을 부담하도록 해 재활용의무생산자의 책임 범위가 가장 넓다. 반면 프랑스와 영국은 포장폐기물 수거 및 재활용 소요비용 일부만 생산자책임기구가 부담하고 있다. 일본은 포장폐기물 수거와 선별을 지방자치단체가 담당하고, 생산자책임기구는 선별된 포장폐기물 재활용만 담당해 다른 나라들에 비해 생산자책임기구의 부담이 적은 편이다.

EPR제도를 시행하는 대부분의 국가에서 대상 제품 폐기물 재활용률이 많이 높아진 것으로 나타나고 있다. 20년 이상의 경험을 통해 EPR제도가 대상 제품 폐기물의 재활용에 큰 효과가 있음을 알게 되면서 아시아, 아프리카, 남아메리카 등에서도 이 제도를 도입하는 국가가 늘어나고 있다. 또한 EPR제도를 이미 시행하는 많은 국가에서도 EPR 대상 품목 확대, 재활용의무생산자의 책임 범위 확대 등으로 EPR제도를 더욱 강화하는 추세다.

2. 우리나라의 생산자책임재활용제도

1) 제도의 발전

우리나라에서 폐기물 발생량을 줄이고 재활용을 촉진하기 위한 경제적 유인책으로 도입된 최초의 제도는 폐기물 예치금제도(deposit-refund system)라고 할 수 있다. 「자원재활용법」에 근거를 두고 1992년 시행된 이 제도는 회수·재활용이 가능한 제품·용기 중 법령에 의해 지정된 제품·용기가 폐기물이 되는 경우 그 회수·처리비용 일부를 해당 제품·용기 제조 또는 수입업자가 매년 예치하게 하는 제도를 말한다. 이후 적정하게 회수·처리한 경우에는 회수·처리 실적에 따라 예치비용 전부 또는 일부를 반환해 줌으로써 폐기물 발생량을 줄이는한편, 재활용을 장려하고 폐기물로 인한 환경오염을 방지하는 것이목적이었다.

예치 대상 품목에는 종이팩·금속캔·유리병·페트병 같은 포장재, 수은·산화은전지, 폐타이어, 윤활유, 텔레비전·세탁기·냉장고·에어컨디셔너 같은 가전제품 등이 포함되어 있었다. 그러나 이 제도는 예치금의 요율이 실제 처리비용에 비해 매우 낮고, 재활용 목표를 생산자가 스스로 설정하게 하는 등의 한계가 있었다.

이러한 폐기물예치금제도의 문제점을 해결하기 위해 정부는 「자원재활용법」을 2002년 2월 전면 개정해 2003년 1월부터 생산자책임재활용제도를 시행했다. 이 제도하에서 제품 생산자나 포장재를 이용한 제품 생산자는 제품이나 포장재 폐기물에 대해 일정량의 재활용의무를 지고, 이를 이행하지 않을 경우 재활용 소요비용 이상의 재활용부과금을 납부하도록 했다. 2003년 시행될 당시 생산자책임재활용제도 대상 품목에는 종이팩, 유리병, 금속캔, 합성수지 등 4대 포장재와 8개의 제품이 포함되었다.

이후 생산자책임재활용제도는 재활용운영체계 개선, 대상 품목

플라스틱 시대

표 3-1. EPR 대상 품목의 변화

포함 연도	포장재군	제품
2003	4개 (종이팩, 유리병, 금속캔, 합성수지)	8개 (윤활유, 타이어, 전지류, 텔레비전, 냉장고, 세탁기, 에어컨, 개인용 컴퓨터)
2004	4개 (합성수지 필름류 포함)	9개 (형광등 신규 편입)
2005	4개	11개 (오디오, 이동전화단말기 신규 편입)
2006	4개	14개 (프린터, 복사기, 팩시밀리 신규 편입)
2007	4개 (화장품 유리병 포함)	14개
2008	4개	4개 (전지류, 타이어, 윤활유, 형광등) *전기·전자제품은 환경성보장제로 관리
2010	4개 (합성수지 필름류 확대: 일회용 봉투)	4개
2011	4개 (합성수지 포장재 확대: 윤활유 포장재)	5개 (수산물 양식용 부자 신규 편입)
2013	4개 (합성수지 재질 포장재 모두 포함)	5개
2016	4개	7개 (곤포사일리지용 필름, 합성수지 재질 김발장 신규 편입)
2020	4개	8개 (필름류제품 신규 편입)

확대 등을 위해 수차례 개정되었다. 2008년 「전기·전자제품 및 자동차의 자원순환에 관한 법률」이 시행되면서 우리나라의 생산자책임재

활용제도는 이원화되었다. 「자원재활용법」에서 함께 관리하던 전기·전자제품이 「전기·전자제품 및 자동차의 자원순환에 관한 법률」에서 시행하는 생산자책임재활용제도인 환경성보장제로 이관되었고, 합성수지를 포함한 4대 포장재와 전기·전자제품을 제외한 4개 제품은 여전히 「자원재활용법」에 의한 생산자책임재활용제도 대상 품목으로 남게 되었다.

또한 생산자책임재활용제도 대상이 되는 플라스틱 포장재의 범위도 단계적으로 확대되었다. 2004년에는 합성수지 필름류가 포함되었고, 2010년에는 그동안 제외되었던 일회용 봉투가 추가되었으며, 2013년에는 모든 종류의 합성수지 재질 포장재가 포함되었다. 대상 품목의 변화는 〈표 3-1〉과 같다.

2) 제도의 운영

EPR제도는 크게 재활용의무율 고시 → 재활용의무 이행 → 재활용실적 검증 → 재활용부과금 납부 단계로 이루어져 있으며, 재활용 실적에 대한 최종 점검 후 재활용 실적이 의무량에 미달하면, 미달성량에 대해 부과금을 부과하는 형태로 운영된다(그림 3-3).

재활용의무율은 재활용의무생산자의 출고·수입량에 적용되어 재활용의무량을 산정하는 근거 비율로, 의무 이행 전년도에 환경부장관이 고시하도록 되어 있다. 연도별 재활용의무율은 장기 재활용 목표율, 대상 제품과 포장재 출고량, 재활용가능자원 분리수거량, 재활용 실적 및 재활용 여건 등을 종합적으로 고려해 결정된다. 생산자의 연도별 재활용의무량은 다음과 같이 산정된다.

재활용의무량 = 당해 연도(의무 이행 연도) 제품·포장재 출고량(수입량)

×

재활용의무율

플라스틱 포장재의 경우 무색 페트병, 유색 페트병, 복합재질 페트병, 발포합성수지, 단일재질 폴리스티렌페이퍼(PSP), 단일·복합재질 폴리비닐클로라이드(PVC), 단일재질 용기류·트레이, 복합재질 및 필름·시트류, 윤활유 용기, 일회용 비닐장갑 등 10개 품목으로 나누어 의무율을 고시하고 있다. 환경부가 고시하는 재활용의무율은 재활용의무생산자에게 매우 중요한 의미를 지닌다. 1년 동안 노력해 재활용

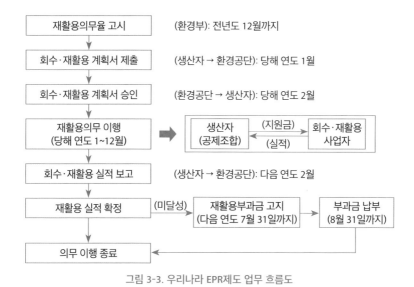

그림 3-3. 우리나라 EPR제도 업무 흐름도

의무율을 달성하면 추가 재활용부과금을 납부하지 않고 의무가 종료되지만, 재활용의무율을 달성하지 못하면 최대 30%의 가산금을 추가한 재활용부과금을 납부해야 하기 때문이다. 환경부에서 고시한 플라스틱 포장재의 2020년부터 2022년까지의 재활용의무율은 〈표 3-2〉와 같다.

의무 이행 전년도 12월에 재활용의무율이 고시되면 재활용의무생산자들은 각자 출고량에 이 재활용의무율을 곱해 산정되는 재활용의무량을 달성해야 한다. 앞서 언급했듯이 법적으로는 재활용의무생산자들이 자기 제품 회수와 재활용 책임이 있지만 실제로 자기 제품만 회수해 재활용하기는 매우 어렵다. 따라서 우리나라도 다른 나라와 마찬가지로 비슷한 제품을 생산하고 수입하는 사업자들이 모여 하

표 3-2. 우리나라의 재활용의무율(플라스틱 포장재)

구분		2020년도 의무율	2021년도 의무율	2022년도 의무율
페트병	단일 무색	80.0%	77.4%	80.0%
	단일 유색	80.2%	83.0%	85.1%
	복합재질	80.3%	82.8%	85.1%
발포합성수지		80.7%	80.7%	84.4%
단일재질 PSP		50.2%	51.1%	52.3%
단일·복합재질 PVC		30.0%	38.5%	38.5%
기타 합성수지	단일재질 용기류·트레이	80.8%	85.2%	86.3%
	복합재질 및 필름·시트류	75.9%	82.8%	85.9%
윤활유 용기		79.0%	80.5%	80.5%
일회용 비닐장갑		-	82.8%	85.9%

플라스틱 시대

나의 조합(생산자책임기구)을 구성하고, 이 조합이 재활용의무를 수행하도록 하고 있다. 우리나라에서는 유리병, 종이팩, 금속캔 및 합성수지 포장재 등 4대 포장재를 생산·수입하는 재활용의무생산자들이 「한국포장재재활용사업공제조합」을 구성해 재활용의무를 수행하고 있다. 재활용의무생산자들은 포장재별로 정해지는 분담금 단가에 출고량 또는 수입량을 곱한 분담금을 공제조합에 납부하고, 공제조합은 이 분담금으로 회원사들을 대신해 재활용의무를 수행하게 된다. 공제조합에 가입하지 않은 재활용의무생산자들은 개별적으로 재활용의무를 수행해야 한다.

의무 이행 전년도 12월에 재활용의무율이 고시되면 공제조합과 재활용의무생산자들은 의무 이행 연도 1월까지 한국환경공단에 회수 및 재활용의무 이행계획서를 제출하고, 공단은 이를 검토해 2월까지 승인한다. 공제조합과 재활용의무생산자들은 이 계획서에 따라 재활용의무를 이행하게 된다.

우리나라에서 4대 포장재에 대한 유일한 생산자책임기구인 공제조합은 회원기업 관리와 분담금 징수, 한국순환자원유통지원센터를 통한 회수·선별업체 및 재활용사업자 지원, 재활용의무율 및 포장재 재활용에 관한 의견 제시, EPR제도의 정착과 인식 제고를 위한 홍보사업, 재활용 실적 관리, 재활용부과금 납부 등의 업무를 추진하고 있다. 공제조합을 지원하기 위해 설립된 한국순환자원유통지원센터는 공제조합에서 받은 지원금을 회수·선별업체와 재활용업체에 지원하고, 전산화된 자원순환지원시스템을 통해 회수·선별업체와 재활용업체 간 유통량을 실시간으로 파악하며, 포장폐기물의 불법 처리 방지

역할도 하고 있다.

한국환경공단도 회수·선별업체와 재활용업체의 회수 및 재활용 실적을 파악하는 데 중요한 역할을 하고 있다. 분기별 정기 조사와 수시 조사를 통해 각 업체의 회수 및 재활용 실적을 파악하고 이를 재활용 실적 확정 자료로 활용하고 있다. 공단의 회수 및 재활용 실적 조사 시 EPR 대상이 아닌 비대상 폐기물과 먼지·흙·물 등 이물질을 제외한 재활용의무대상 품목만 정확한 회수량과 재활용량을 파악해 실적으로 인정하고 있다.

연도별 재활용 실적은 공제조합 및 재활용의무생산자들의 회수·재활용 실적 보고와 공단의 조사내용을 종합해 확정한다. 품목별로 재활용 실적이 재활용의무량을 초과하면 재활용의무 이행이 종료되고, 재활용의무량에 미달하면 재활용부과금을 납부해야 한다. 재활용 부과금은 재활용 기준 비용에 최대 30%의 가산금을 더한다.

우리나라에서 EPR제도는 플라스틱 포장재를 비롯한 대상 제품과 포장재의 재활용에 크게 기여한 것으로 평가된다. 플라스틱 포장재 전체의 2020년 재활용률은 87.4%로 EPR제도 도입 첫해인 2003년 재활용률 71.7%에 비해 15.7% 증가했다. 2003년 EPR제도를 도입한 이후 EPR 대상 플라스틱 포장재 범위의 계속적인 확대와 재활용률 증가로 플라스틱 포장재의 재활용량은 더욱 늘어 2003년 약 17만 톤에서 2020년에는 약 86만 톤으로 증가했다. 이와 같이 2003년에 도입된 EPR제도는 우리나라 플라스틱 포장재의 재활용률 증가뿐만 아니라 재활용량 증가에도 순기능적인 역할을 했다.

빈용기보증금제도

1. 빈용기보증금제도 개요

빈용기보증금제도는 사용된 용기의 회수 및 재사용·재활용을 촉진하기 위해 출고 가격과 별도의 금액(빈용기보증금)을 제품 가격에 포함시켜 판매한 뒤 용기를 반환하는 자에게 보증금을 돌려주는 제도로, 역시 경제적 유인제도라고 할 수 있다. 우리나라에서는 현재 소주병과 맥주병에 시행하고 있다. 빈 소주병과 맥주병을 소매점 등으로 가져가면 각각 100원과 130원을 돌려받는데(2021년 기준), 이것이 빈용기보증금이다.

당초 빈용기보증금제도는 유리병 같은 재사용용기를 중심으로 자연스럽게 도입되었다. 예컨대 유리병을 사용하는 업체가 신제품 유리병을 사용하기보다 상대적으로 가격이 싼 재사용 유리병을 확보하기 위해 고물상이나 소매상에 약간의 보증금을 지급한 것이 보증금제도의 시작이라고 할 수 있다. 이러한 보증금제도는 제조업체가 비용절감이라는 자체적 필요에 의해 보증금을 지급했기 때문에 처음에는 법령 규정 없이 임의로 도입되었다. 그러나 이러한 보증금제도가 자원절약과 재사용 활성화에 기여하고, 시행 지역이 넓어지면서 지역적으로 또는 국가적으로 표준화 필요성이 제기되자, 법에 근거를 두고 시행하는 국가가 많아졌다.

빈용기보증금제도 대상 제품은 두 가지로 구분된다.

첫째는 회수 후 재사용 목적 용기로, 유리병이 대표적이다. 회수 후 재사용되기 위해서는 회수되는 양이 역회수 시스템을 구축할 정도로 많아야 하고, 회수되는 용기가 어느 정도 표준화되어야 한다. 예컨대 우리나라 맥주병은 디자인이 표준화되어 여러 회사가 동일 용기를 사용할 경우 빈용기보증금 대상이 되지만, 표준화되어 있지 않고 어느 한 회사만 사용하는 병의 경우 대부분 빈용기보증금 대상이 아니다. 우리나라에서는 맥주병과 소주병만 빈용기보증금제도가 시행되고 있지만, 외국에서는 일부 페트병과 플라스틱 박스도 최소 수십 번 재사용할 수 있도록 제작해 빈용기보증금제도 대상으로 하고 있다. 예컨대 독일에서는 페트병 중 일부를 유리처럼 단단하게 만드는데, 이러한 재사용 페트병은 25회 정도 재사용된다고 한다.

둘째는 회수 후 재활용 목적 용기다. 여기에 속하는 용기는 재사용 대상이 아닌 일회용 유리병, 일반 페트병, 일반 플라스틱 용기, 캔, 종이팩 등이며, 국가별로 차이가 있다. 재사용되지 않는 용기에 대해서도 빈용기보증금제도를 시행하는 것은 일회용용기 회수를 촉진해 환경오염을 방지하고 재활용을 확대하려는 목적이다. 우리나라에서 2020년 5월 「자원재활용법」을 개정해 2022년 12월부터 시행할 예정인 일회용 컵에 대한 빈용기보증금제도도 회수 및 재활용 촉진을 위한 보증금제도의 한 예라고 할 수 있다. 이상에서 설명한 재사용용기보증금과 재활용용기보증금을 비교하면 〈표 3-3〉과 같다.

표 3-3. 용기보증금제도 비교

구분	재사용용기보증금	재활용용기보증금 (일회용용기보증금)
보증금의 목적	재사용과 자원절약을 위한 회수 촉진	용기 투기를 방지하고 재활용을 위한 회수 촉진
회수의 목적	재사용	재활용, 투기 방지
제조사 입장	비용절감에 기여	판매가격을 높이는 규제
보증금의 형태	임의보증금, 법정보증금, 의무보증금 등	의무보증금(법정보증금)
보증 금액	• 업계 자율결정 또는 법령 규정 • 독일의 예(2021): 맥주병 0.08 유로, 재사용페트병 0.15유로	• 대부분 법령으로 규정 • 독일의 예(2021): 모든 일회용 용기(병, 페트병 등) 최소 0.25유로
대상 용기	재사용 유리병·페트병· 플라스틱 박스 등	일회용 유리병·페트병· 캔·종이컵 등

2. 선진국의 빈용기보증금제도 사례

우리나라에서는 플라스틱 용기에 대한 빈용기보증금제도가 시행되지 않지만, 유럽이나 북미에서는 활발하게 시행되고 있다. 2020년 현재 유럽 최소 10개국, 미국 최소 10개 주와 캐나다 13개 주에서 플라스틱 용기 등의 회수와 재활용 촉진을 위해 이 제도를 시행하고 있다.

저자가 2018년 독일의 빈용기보증금제도를 조사하기 위해 독일에 갔을 때, 공항에서 생수를 다 마시고 빈 생수병을 쓰레기통에 버리기를 기다리면서 저자 뒤를 따라다니던 독일인이 생각난다. 만약 저자가 버린 생수병을 그 사람이 주워 소매점으로 갔다면 그는 0.25유로에 해당하는 바우처를 받았을 것이다. 그때 저자가 생수 한 병을 0.48유로에 구입했으니 구입 가격에 50% 이상의 보증금이 포함되어 있었다. 이처럼 독일에서는 일회용 페트병 하나에 300원 정도의 보증금이 포함되어 있기 때문에 거리나 쓰레기통에 빈 페트병이 버려질 일이 없는 것이다.

독일은 재사용용기(유리병 및 페트병)뿐만 아니라 재활용 목적으로 일회용용기에도 보증금제도가 운영되고 있다. 맥주병과 재사용 페트병에 대해 시행되는 재사용용기 보증금제도는 업계 자율로 운영되는 반면에, 일회용용기 보증금제도는 법률에 의해 의무보증금제도로 운영되고 있다. 독일에서 의무보증금제도 대상이 되는 일회용용기에는 재사용 대상 용기가 아닌 일반 맥주병, 페트병, 15% 이하 알코올 농도의 주류병, 일반 음료수병과 플라스틱 용기, 캔 등이 모두 포함된다. 다만 넥타(nectar), 우유, 와인병 등은 대상에 포함되지 않는다.

독일의 일회용용기 의무보증금제도는 2005년에 설립된 독일 일회용용기 의무보증금제도 관리기구(Deutsche Pfandsystem GmbH, DPG)에 의해 관리된다. DPG는 보증금 정산(deposit clearing) 시스템 구축 및 관리, 표준화된 DPG 마크 관리, 협의 및 협약 등 관리, 자격 및 증명 관리, 시스템 홍보, 마케팅 등 보증금제도 운영에 필요한 핵심 업무를 담당하고 있다. 일회용용기 의무보증금제도에서 각 이해관계자의 역할과 업무체계는 〈그림 3-4〉와 같다.

〈그림 3-4〉에서 보는 바와 같이 독일의 일회용용기 의무보증금제도 운영에는 많은 이해관계자가 관계되어 있다.

먼저 제조사는 DPG에서 인증한 잉크를 사용한 라벨 생산자를 통해 구입한 DPG 로고를 대상 제품에 부착할 수 있다(그림 3-5). DPG 로고를 사용하기 전에 제품의 종류, 포장재의 무게, 형태, 내용

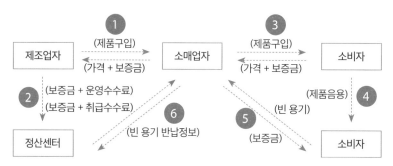

그림 3-4. 독일의 일회용용기 의무보증금 운영체계

그림 3-5. 독일 빈용기보증금제도에 사용되는 DPG 로고와 바코드 예

출처: DPG 홈페이지를 참조해 재작성

물의 중량, 포장재의 중량, 포장재의 색상, 재질 등의 정보를 DPG 마스터데이터베이스에 등록해야 하고, 등록된 정보를 기반으로 고유번호가 발급되면 DPG 로고와 함께 바코드 형태로 제품의 라벨에 표시해야 한다. 독일 소비자들은 DPG 로고를 보고 빈용기보증금 대상인지 아닌지 판단할 수 있다.

이러한 DPG 로고와 바코드가 표시된 제품을 소매점에 공급하는데, 공급가격은 출고가격에 보증금을 더한 금액이 된다. 제품을 도매상이나 소매상에 공급한 후 도매상 등으로부터 받은 보증금 외에 운영수수료를 더한 금액을 DPG가 관리하는 정산센터에 송금한다. 운영수수료는 DPG의 운영비용, 도매상 및 소매상의 취급수수료, 보증금 반환대행기관과 정산대행기관의 운영 및 관리비용 등에 사용된다.

소매상은 제조사 또는 도매 유통업자에게 제품을 구매할 때 보증금이 포함된 금액을 지불한다. 마찬가지로 소비자에게 제품을 판매할 경우에도 보증금이 포함된 금액으로 판매한다. 이 두 가지 영업활동에서는 보증금 지급에 따른 별도의 정산작업이 필요하지 않다. 일회용용기 의무보증금제도에서 소매상의 보다 중요한 역할은 소비자로부터 빈 용기를 돌려받고 보증금을 반환하는 것이다. 빈 용기를 돌려받기 위해서는 회수기를 설치하는 경우 설치공간이 필요하고, 회수기를 설치하지 않더라도 돌려받은 빈 용기를 보관할 장소가 필요하기 때문에 소매상들의 적극적인 협조가 필요하다. 또한 보증금을 반환하는 것도 정산센터에서 보증금을 반환받기 전에 바우처 발급 등으로 보증금을 먼저 지급하는 것이기 때문에 역시 소매상들의 협조가 필요하다.

독일에서는 소매상들의 협조를 구하기 위해 취급수수료를 지급하고 있다. 빈용기보증금제도를 도입하는 대부분의 나라가 마찬가지다. 회수기가 설치된 곳에서는 회수기가 직접 DPG 마스터데이터베이스에 접속해 반환 정보를 저장하고 보증금에 해당하는 바우처를 발급한다. 회수기가 설치되어 있지 않은 소매점에서는 일회용용기 반환에 따른 바우처를 발급하고, 나중에 정산센터에서 해당금액을 돌려받는다.

회수기 제조사 및 관련 부품 제조사도 중요한 이해관계자다. 회수기는 DPG 로고를 인식하고 바코드 정보를 읽어 해당 제품의 특성을 파악한 뒤, 해당하는 보증금을 바우처 형태로 지급할 수 있도록 제조되어야 한다. 또한 회수된 빈 용기의 라벨을 파손하고, 용기 압축작업을 연속적으로 할 수 있어야 한다. 라벨을 파손하는 것은 파손되지 않은 라벨의 불법이용이나 보증금 반환 중복 청구를 막기 위해서다. 회수기에는 DPG 로고 불법이용을 방지하기 위해 DPG에서 인증한 특수한 잉크를 사용하게 된다. 회수기가 이런 기능을 수행할 수 있도록 관련 광학인식센서 제조사와 협약을 통해 회수기를 제조한다.

소비자가 제품을 구매할 때 지급하는 가격에는 빈용기보증금이 포함되어 있다. 독일에서는 유리병, 플라스틱 용기, 캔 등 용기의 재질과 관계없이 3리터 이하 모든 재질의 용기에 0.25유로의 보증금이 포함되어 있다. 그런데 빈용기보증금이 결코 적지 않은 금액이라는 점이 빈용기보증금제도가 독일을 비롯한 유럽에서 성공한 요인으로 분석된다. 그냥 쓰레기통에 버리기에는 너무나 아까운 금액인 것이다.

일반적으로 소매점에서 보증금을 반환할 때는 현금을 지급하는 대신 해당 소매점에서 이용할 수 있는 바우처 형태로 지급한다. 따라서 일회용용기보증금 대상 품목의 반환이 많을수록 해당 소매점의 매출이 증대되는 유인책이 된다.

미국은 최소 10개 주에서 빈용기보증금제도를 운영하고 있다. 미국의 대표적인 보증금제도인 캘리포니아의 제도는 캘리포니아 법률에 의해 1987년부터 의무보증금제도로 시행되었다. 캘리포니아에서는 빈용기보증금을 CRV(California Redemption Value)라고 부른다.

CRV제도의 가장 큰 특징은 제도가 주 정부에 의해 운영된다는 것이다. 주 정부가 제조사로부터 보증금을 납부받아 캘리포니아주 전역에 설치되어 있는 약 2,200개 재활용센터 등을 통해 빈 용기를 반환하는 소비자에게 보증금을 환불한다. 환불되지 않은 미반환보증금은 주 정부에서 제도운영을 위해 사용한다. 또한 주 정부는 비영리 조직으로 회수를 담당하는 재활용센터와 편의시설 내 재활용사업자(Convenience Zone Recycler)에게 월 단위로 운영비(handling fee)를 지급한다. 운영비 지급은 재활용센터 등의 운영 효율성을 증가시켜 빈 용기 반환 촉진에 기여하고 있다.

제조사는 제품의 출고가격에 보증금인 CRV를 더해 판매한 후 보증금을 캘리포니아 주 정부 담당부서인 재활용과에 납부한다. 제조사는 또한 제도 운영 및 관리를 위한 일종의 처리비를 부담해야 한다. CRV제도가 독일 등 유럽의 빈용기보증금제도와 가장 다른 점은 소비자가 빈 용기를 당초 제품을 판매한 소매점으로 가져가는 것이 아니라 재활용센터 또는 편의시설 지역에 있는 재활용사업자에게 가져가 보증금을 환불받는다는 것이다. 이렇게 별도 시설을 사용하는 것은 미국이 유럽에 비해 국토가 넓어 재활용센터를 별도로 설치할 공간을 충분히 확보할 수 있기 때문으로 보인다. 소비자가 보증금을 환불받지 않고 빈 용기를 반납하는 경우에는 간단 수거 프로그램(Dropoff Collection Program)이나 지역사회 서비스 프로그램(Community Service Program)을 이용할 수 있다. 간단 수거 프로그램은 사무실이나 학교 등에 회수시설을 설치해 운영되며, 지역사회 서비스 프로그램은

플라스틱 시대

표 3-4. CRV 대상 제품 및 비대상 제품

구분	대상 제품	비대상 제품
재질	플라스틱, 유리, 알루미늄, 철	
제품	• 맥주 및 맥아음료 • 와인쿨러 • 탄산 과일음료·생수·청량음료 • 비탄산 과일음료·생수·청량음료 • 커피 및 차 음료 • 1,300g 미만 100% 과일주스 • 450g 이하 야채주스	• 우유 • 의료용 음식 • 유아용 분유 • 와인, 스피리츠 • 1,300g 이상 100% 과일주스 • 450g 초과 야채주스 • 음식 및 비음료용기
제품 예		

출처: 캘리포니아 리사이클링 홈페이지 자료를 참조해 재작성

비영리조직이나 자선단체에 의해 운영된다. 이러한 프로그램을 이용해 빈 용기를 반납하는 것은 일종의 기부라고 할 수 있다.

캘리포니아 CRV 대상 제품은 플라스틱, 유리, 알루미늄, 철 등의 재질로 된 모든 일회용용기 제품이다. 대상 제품에는 맥주, 과일음료, 생수, 청량음료, 커피 및 차, 1,300g 미만 과일주스와 450g 이하 야채주스 용기가 포함된다. 다만, 위생 및 재활용 가능성 등의 문제로 일부 일회용용기는 제외된다. 비대상 제품은 우유, 의료용 음식, 분유, 와인, 스피리츠(spirits), 음식 및 비음료용기 등이다. CRV 대상 제품과 비대상 제품을 정리하면 〈표 3-4〉와 같다.

캘리포니아의 보증금은 680g 이하 용기는 5센트, 680g 초과 용기는 10센트로 정해져 있다.

이상에서 살펴본 일회용용기 보증금제도는 용기 회수를 촉진하는 데 큰 효과가 있는 것으로 알려져 있다. 회수를 촉진해 해당 용기가 무단으로 투기되거나 소각되거나 매립되는 경우가 많이 감소하고, 비교적 양호한 상태로 회수되기 때문에 재활용 또한 용이하다.

통계(2019 Deloitte Polska)에 따르면, 빈용기보증금제도를 시행하고 있는 유럽 10개국의 대상 용기 회수율은 평균 91%에 이른다. 미국 캘리포니아주의 CRV 통계도 CRV 대상 제품 회수율이 출고량 대비 약 90% 수준을, 재활용율이 85% 수준을 유지하고 있음을 보여 준다. 캐나다 CM 컨설팅이 2020년 11월 발표한 자료[5]에 따르면, 캐나다에서 빈용기보증금제도를 시행하는 주와 빈용기보증금제도를 실시하지 않고 일반적인 분리수거제도를 시행하는 주의 재활용률을 비교한 결과, 분리수거제도를 실시하는 주의 재활용률은 약 50% 수준에 머무는 반면, 보증금제도를 시행하는 주의 재활용률은 70~80%로 높게 나타났다고 한다. 이러한 점을 고려할 때 우리나라에서도 페트병 등 일부 플라스틱 용기의 회수와 재활용률을 높이기 위해 보증금제도 도입을 검토할 필요가 있다.

---

5   "Who Pays What: An Analysis of Beverage Container Collection & Costs in Canada", CM Consulting, 2020.11.

플라스틱 사용금지와 세금·부담금 부과

1. 사용금지 및 세금·부담금 개요

플라스틱 관리를 위한 정책수단의 목적은 플라스틱 폐기물 발생을 최대한 억제하는 것과 어쩔 수 없이 발생한 폐기물을 최대한 재활용하는 것이라고 앞에서 기술한 바 있다. 이 두 목적 중 사용금지 및 세금·부담금 부과는 플라스틱 폐기물 발생을 억제하기 위한 것이다. 먼저 사용금지는 사람의 건강이나 환경에 미치는 영향이 심각하거나 사용량이 너무 많아 이를 줄이고자 특정 제품 사용을 금지하는 것이다. 일반적으로 특정 제품의 사용금지는 대체 상품이 있는 경우에 취할 수 있다. 현재 세계 많은 나라에서 실시하는 일회용 플라스틱 봉투, 컵, 접시, 면봉, 이쑤시개, 면도기 등 일회용 플라스틱 제품에 대한 사용금지가 대표적인 예다.

플라스틱 또는 플라스틱 제품에 대한 세금이나 부담금 부과는 해당 제품의 생산과 소비 감소를 목적으로 한다. 곧 세금 등의 부과에 따라 플라스틱 제품의 가격이 높아져 생산 감소 또는 소비 감소라는 생산자와 소비자의 행동변화를 기대한다.

플라스틱에 대한 세금이나 부담금 부과가 생산자나 소비자의 행동변화를 이끌기 위해서는 두 가지 전제 조건이 충족되어야 한다. 첫째, 세금이나 부담금 수준이 생산자나 소비자의 플라스틱 제품 생산 및 소비 감소를 이끌 정도로 충분히 높아야 한다. 세금이나 부담금 수준이 낮으면 생산자가 자신의 이익으로 흡수하게 되어 소비 감소를 유도하지 못할 가능성이 높다. 생산자가 자신의 이익으로 내부화하지 않고 가격을 전가하더라도 세금이나 부담금 수준이 낮으면 역시 소비자 등의 행동변화에 이르지 못할 가능성이 높아진다.

둘째, 해당 플라스틱 제품에 대한 대체 제품이 확실하게 존재해야 한다. 대체 제품이 없으면 해당 플라스틱 제품 가격이 조금 높아지더라도 그 제품을 그대로 사용할 것이기 때문이다. 이 두 가지 조건이 모두 충족되어야만 플라스틱 제품에 대한 세금이나 부담금 부과가 생산자와 소비자의 행동변화, 곧 플라스틱 제품 생산과 소비 감소로 이어질 수 있다. 하지만 플라스틱 시대인 현재, 플라스틱 대체품을 찾기가 쉽지 않다. 일부 대체품을 찾더라도 더 불편하고, 더 비싸며, 품질은 더 떨어지는 것이 대부분이다.

앞에서 살펴본 바와 같이 플라스틱은 단량체 생산, 중합체 생산, 성형을 통한 플라스틱 1차 제품 생산, 플라스틱 2차 제품 생산, 유통과 소비, 폐기 단계를 거친다.

플라스틱 제품 생애주기에서 세금 또는 부담금을 부과하는 방법은 상위단계 거래에 부과하는 방법과 하위단계 거래에 부과하는 방법이 있다. 단량체 거래 단계가 플라스틱 가치사슬 최상위단계이고, 플라스틱 2차 제품 거래 단계가 최하위단계다(그림 3-6).

상위단계에서 세금 또는 부담금을 부과하면 대상 생산자와 소비자의 수가 적기 때문에 행정적으로 관리하기 쉬운 이점이 있다. 또한 일반재원 또는 플라스틱으로 인한 오염의 치유재원 확보가 보다 용이하다. 그리고 화학적 재활용을 통해 회수된 재생원료에 세금 또는 부

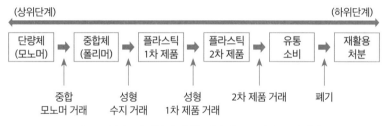

그림 3-6. 플라스틱 제품의 생애주기와 세금(부담금) 부과 대상

담금을 부과하지 않을 경우 플라스틱 재활용 활성화를 유도하는 효과가 있다. 그러나 세금 또는 부담금이 충분히 높지 않을 경우 공급사슬을 통해 하위단계로 가격전가가 되지 않아 최종단계 소비자의 행동변화를 이끌어 내기 어렵다. 또한 용도에 따라 플라스틱 대체재가 존재하지 않을 경우에는 충분히 가격전가가 이루어진다 하더라도 다음 단계 소비자의 행동변화를 기대하기 어렵다. 그리고 상위단계의 세금 또는 부담금 부과로 인해 국내 플라스틱 제품보다 수입 플라스틱 제품의 경쟁력이 높아질 우려가 있어 이에 대한 보완이 필요하다. 보완책으로 관세부과 등을 고려할 수 있으나, 무역분쟁 등의 가능성 때문에 실행하기가 쉽지 않다.

하위단계의 세금 또는 부담금 부과는 소비자에게 플라스틱 제품 구매를 줄이도록 가장 직접적으로 신호를 준다. 비록 하위단계에서 부과되는 세금과 부담금이 상위단계에서 부과하는 것보다 소비자의 제품구매에 더 큰 영향을 주지만, 여전히 플라스틱 제품 소비 감소와 같은 소비자의 행동변화에 이르기 위해서는 세금 및 부담금 부과 수준이 충분히 높아야 한다. 또한 앞서 언급했듯이 플라스틱 최종제품에 대한 대체품이 있어야 소비자의 행동변화를 이끌어 낼 수 있다. 만약 대체품이 없다면 수요의 탄력성이 낮아 최종제품 가격만 세금이나 부담금만큼 높아지게 된다. 이 경우에는 당초 목적인 플라스틱 최종제품의 소비는 줄이지 못하고 정부 재원만 늘리는 결과를 초래한다. 하위단계에서 부과는 규제 대상 생산자의 수가 늘어나기 때문에 규제 저항이 높아지고 부과와 징수에 행정적으로 많은 시간과 노력이 요구된다. 특히 플라스틱 최종제품에 세금 또는 부담금을 부과할 경우에는 부과 대상인 플라스틱 최종제품의 수가 굉장히 많으므로 관리해야 할 생산자의 수와 제품의 수도 폭발적으로 증가해 행정적 관리비용 및 피규제자의 규제 저항이 크게 증가한다. 한편 플라스틱 최종제품에 대한 세금이나 부담금은 국내에서 생산된 제품뿐만 아니라 수입품에 대해서도 동시에 부과할 수 있기 때문에 수입품에 대한 별도의 관세부과 등의 조치는 필요 없다.

상위단계 또는 하위단계에서 플라스틱 원료 또는 제품 전체에 세금이나 부담금을 부과하면 산업에 미치는 영향이 막대하고 시민들의 생활에도 많은 불편을 초래한다. 이런 이유 때문에 많은 국가가 전체 플라스틱 제품을 대상으로 하기보다 환경적으로 영향이 큰 일부 제품에 한정해 세금이나 부담금을 부과하고 있다. 특히 환경적 영향이 크고 사용량이 많은 플라스틱 봉투와 일회용 플라스틱 제품에 대해서는 세계 많은 나라가 세금 또는 부담금 부과, 사용금지 등의 조치를 취하고 있다.

2. 우리나라의 폐기물부담금제도

1) 폐기물부담금제도 개요

폐기물 관리와 플라스틱 관리에서 우리나라가 세계에서 유일하게 도입해 시행하는 제도가 두 가지 있다. 먼저, 쓰레기 종량제를 전국 단위로 실시하는 유일한 국가다. 또 하나는 플라스틱 최종제품 전체에 대해 부담금을 부과하는 유일한 국가다. 우리나라의 폐기물부담금은 유해물질을 함유하고 있거나 재활용이 어렵고 폐기물 관리상 문제를 초래할 가능성이 있는 6개 제품을 대상으로 하는데, 이 중 1개가 플라스틱을 원료로 사용하는 제품이다. 물론 이중부담을 피하기 위해 생산자책임재활용제도의 대상이 되는 플라스틱 제품은 폐기물부담금 대상에서 제외된다. 우리나라의 쓰레기 종량제와 플라스틱에 대한 폐기물부담금제도는 OECD 등 국제기구에서도 매우 높이 평가하며, 외국에서도 많은 관심을 보이고 있다.

우리나라의 폐기물부담금제도는 「자원재활용법」을 근거로 1993년부터 시행되었다. 도입 당시에는 플라스틱 공급사슬 중 상위단계인 플라스틱 제품의 원료인 합성수지에 부과했으나 상위단계인 합성수지에 부과하는 것이 플라스틱 소비감소에 기여하지 못한다는 비판이 제기됨에 따라, 2003년 부과 대상을 합성수지에서 플라스틱 최종제품으로 변경했다. 이때 플라스틱 부담금 부과요율이 건축용 플라스틱 제품은 3.8원/kg, 건축용을 제외한 일반용 플라스틱 제품은 7.6원/kg으로 매우 낮은 수준이었다. 이러한 수준으로는 플라스틱의 소비 감소에 여전히 기여하지 못한다는 비판이 제기되어 2006년에 부과요율을 대폭 인상했다.

「자원재활용법」에서는 폐기물부담금 부과 대상을 ① 유리병·플라스틱 용기를 사용하는 살충제와 금속캔·유리병·플라스틱 용기를 사용하는 유독물 제품, ② 부동액, ③ 껌, ④ 일회용 기저귀, ⑤ 담배, ⑥ 플라스틱을 재료로 사용한 제품 등 6개 제품으로 규정하고 있다.

여기서 플라스틱을 재료로 사용한 제품은 소비자에게 판매하기 위해 시장에 유통되는 최종단계 제품을 말하며, 합성수지 섬유제품은 제외된다. 또한 국내에서 제조한 제품과 수입한 제품을 모두 포함하며, 제품 전체가 플라스틱 재질인 제품뿐만 아니라 일부가 플라스틱 재질인 제품도 포함된다. 그리고 '소비자에게 판매하기 위해 시장에 유통되는 최종단계 제품'에서 최종단계 제품과 중간단계 제품의 구별은 제품의 사용목적을 기준으로 한다. 즉, 최종단계 제품을 제조하기 위해 제조공정에 다시 투입하는 경우는 중간단계 제품에 해당해 폐기물부담금 부과 대상이 아니고, 제품의 유지·보수를 위해 별도로 판매되는 부품은 부과 대상이 된다.

「자원재활용법」에서는 폐기물부담금을 부과하지 않는 경우도 규정하고 있다. 첫째, 생산자책임재활용제도 대상 제품과 포장재. 둘째, 생분해성수지 제품. 셋째, 환경부장관과 회수·재활용에 관한 자발적 협약을 체결하고 이행하는 경우. 넷째, 건축용 플라스틱 제품·재료·용기 중 연간 출고·수입량의 20% 이상을 재활용하는 경우와 일반용 플라스틱 제품·재료·용기 중 연간 출고·수입량의 80% 이상을 재활용하는 경우, 폐기물부담금이 부과되지 않는다.

폐기물부담금의 부과 대상이지만 정책적 이유와 관리상 목적으로 부과 대상에서 제외되는 제품도 있다. 첫째, 수출을 목적으로 제조 또는 수입한 제품. 둘째, 연구용 목적으로 수입한 제품. 셋째, 플라스틱 제품 매출액이 연간 10억 원 미만인 플라스틱 제품 제조업자가 제조하는 플라스틱 제품 또는 연간 플라스틱 사용량이 1만kg 이하인 사업자가 제조한 제품. 넷째, 수입업자가 연간 수입하는 양이 9만 달러 미만인 플라스틱 제품 또는 연간 수입한 제품 속에 포함된 플라스틱양이 3톤 이하인 수입업자가 수입한 제품. 다섯째, 자동차, 건설기계, 선박 및 어선, 항공기, 철도차량과 같이 소유자에게 제품의 취득·보관·사용 및 폐기에 따른 의무가 부과된 제품 등이다.

플라스틱 제품에 대한 폐기물부담금 부과요율은 플라스틱 폐기물의 수거운반비와 처리비를 기준으로 산정되며 그 요율은 다음과 같다. 이 부과요율은 앞에서 설명한 바와 같이 2006년에 제도가 개선되어 2008년부터 시행된 것으로, 이전에 비해 약 20배 인상된 것이다.

- 플라스틱을 재료로 제조된 건축용 플라스틱(수입품 포함): 75원/kg
- 플라스틱을 재료로 제조된 일반용 플라스틱(수입품 포함): 150원/kg

그러나 실제로 업체가 부담하는 폐기물부담금은 위 부과요율보다 높다. 실제 부과요율은 위 기준 부과요율에 매년 부담금산정지수를 곱해 결정되기 때문이다. 부담금산정지수는 인상된 부과요율이 최초로 적용된 2008년을 1로 하고, 그다음 해부터는 매년 전년도 부담금산정지수에 전년도 물가상승률 등을 감안해 환경부장관이 고시하는 가격변동지수를 곱해 산정된다. 예컨대 2022년의 경우 고시된 부담금

20% 올리는 것은 너무 적지 않나요?

2006년 봄 환경부 차관실에서의 일이다. 당시 환경부 자원순환정책과장이던 저자는 플라스틱 제품 등에 부과하는 폐기물부담금 요율이 너무 낮아 실효성이 없으니 원인자 부담 원칙에 의거해 해당 폐기물의 실제 처리비 수준으로 부담금을 올려야 한다고 환경부 차관께 보고했다. 실제 처리비 수준으로 올리면 플라스틱 최종제품의 소비 감소와 환경개선특별회계 재원 확충에도 크게 기여할 것이라고 덧붙이면서.

보고를 경청하던 차관님이 한마디하셨다. "20% 올리는 것은 너무 적지 않나요? 좀 더 올려야 될 것 같은데요." "차관님, 20%가 아니고 20배입니다. 2,000% 올리는 겁니다." "아니, 뭐라고요? 2,000%라고요? 이거 너무한 거 아니에요? 기업체를 어떻게 설득하려고요?" "최대한 설득해 보겠습니다."

그 후 기업체와 관계부처를 설득하는 것은 정말로 쉽지 않은 과제였다. 기업체와 수십 차례 간담회를 거치면서 폐기물부담금 인상 필요성을 설명했고, 정부의 부담금운용심의위원회와 규제개혁위원회 위원들을 개별적으로 찾아 세부 내용과 필요성을 설명했다. 최종적으로 총리실 조정회의까지 거쳐 마침내 20배 인상안을 관철시켰다.

플라스틱 부담금의 목적은 일반적으로 세 가지가 있다. 첫째는 부담금 부과로 인한 플라스틱 제품 가격인상을 통해 플라스틱 제품 생산과 소비 감소를 이루는 것이다. 둘째는 플라스틱으로 인한 사회적 비용을 부담금을 통해 플라스틱 제품 가격에 내재화하는 것이다. 이런 내재화를 통해 오염원인자 부담원칙을 구현할 수 있다. 플라스틱 사용으로 인한 최소한의 사회적 비용이 플라스틱 폐기물 처리비용이라고 할 수 있다. 셋째는 투자재원 확보다. 부담금으로 인한 수입금을 일반재원 또는 플라스틱으로 발생하는 오염 치유비용으로

활용할 수 있는 것이다.

현재 우리나라의 플라스틱 부담금을 냉정하게 평가한다면 첫 번째 목적인 플라스틱 제품 사용 감소는 거의 달성하지 못한 것으로 평가된다. 플라스틱 제품 사용 감소를 달성하기 위해서는 플라스틱 제품에 대한 대체재가 충분해 플라스틱 제품에 대한 수요 탄력성이 높아야 하는데 그렇지 못하기 때문이다. 두 번째와 세 번째 목적은 어느 정도 달성하고 있다고 평가된다. 플라스틱 제품에 대한 폐기물부담금이 매년 700억 원 정도 부과·징수되기 때문이다.

일반적으로 부담금의 가장 중요한 목적은 첫 번째 목적인 생산자와 소비자의 행동변화로 인한 생산과 소비량 감소라고 할 수 있는데, 이를 거의 달성하지 못하고 있다는 점이 아쉽다. 이러한 점에서 대체품이 있거나 재활용이 어려워 환경적 영향이 큰 일부 제품에 대해서는 부담금 추가 인상을 통해 사용 감소를 유도하고, 대체품이 없다고 평가되는 제품에 대해서는 오염원인자 부담원칙에 따라 현행 수준을 유지하는 방향으로 폐기물부담금제도를 개선할 필요가 있을 것이다.

산정지수가 1.2351이므로 일반용 플라스틱 제품에는 kg당 약 185.2원 (150원×1.2351)의 부담금이 부과되고, 건축용 플라스틱 제품에는 kg당 약 92.6원(75원×1.2351)의 부담금이 부과된다. 업체당 부담금 부과액은 제품출고 실적에 해당 연도 부과요율을 곱해 산정된다.

폐기물부담금의 수입액은 환경개선특별회계에 귀속되어 폐기물 재활용을 위한 사업 및 폐기물 처리시설 설치 지원, 폐기물의 효율적 재활용과 폐기물 줄이기를 위한 연구 및 기술개발, 지방자치단체에 대한 폐기물 회수·재활용 및 처리 지원, 재활용 가능자원 구입 및 비축, 재활용 촉진을 위한 사업 지원 등에 사용되고 있다.

2) 플라스틱 폐기물 회수·재활용 자발적 협약

플라스틱 폐기물 회수·재활용 자발적 협약은 플라스틱에 대한 폐기물부담금제도 범위 안에서 운영되는 특이한 제도라고 할 수 있다. 2006년 플라스틱에 대한 폐기물부담금이 대폭 인상되면서 우리나라에서 생산되거나 수입되는 모든 플라스틱 제품은 태어날 때부터 두 개의 제도 중 하나에 속하게 된다. 자동차, 전기·전자제품, 포장재, 복합재질 필름류 등은 생산자책임재활용제도 대상 제품에 속해 제품이 수명을 다하고 폐기물이 될 때는 재활용의무생산자(생산자 또는 수입자)가 법률 규정에 따라 회수와 재활용 책임을 진다. 생산자책임재활용제도에 속하지 않은 플라스틱 제품은 폐기물부담금제도 대상 품목이 되어 제품 생산자 또는 수입자는 플라스틱 사용량에 따라 폐기물부담금을 납부해야 한다.

재활용가능성 측면에서 플라스틱을 구분한다면 생산자책임재활용제도 대상 제품은 재활용 가능성이 높은 제품인 반면에, 폐기물부담금 대상 제품은 재활용이 어려운 제품이다. 법률 규정상 또는 이론적으로는 플라스틱 제품을 재활용하기 쉬운 제품과 어려운 제품으로 구분할 수 있지만, 현실적으로는 그 경계선상의 제품도 많다. 분리수거와 선별 시스템이 잘 갖추어진다면 이제까지 재활용이 어려웠던 제품도 재활용 가능한 제품으로 바뀔 수 있고, 재활용 기술이 발달하면 역시 재활용 가능한 제품이 늘어날 수 있다. 이처럼 경계선상에 있는 제품들을 위해 만들어진 제도가 바로 폐기물부담금제도 범위 안에서 운영되는 플라스틱 폐기물 회수·재활용 자발적 협약제도다.

기본적으로 자발적 협약 대상 제품은 폐기물부담금을 납부해야 하는 폐기물부담금 대상 제품이다. 그런데 폐기물부담금 대상인 특정 종류의 플라스틱 제품을 생산하는 사업자들이 모여 동종 제품의 폐기물을 회수·재활용하겠다고 환경부와 협약을 체결하고 이를 이행할 경우 폐기물부담금을 면제해 주는 제도가 바로 플라스틱 폐기물 회수·재활용 자발적 협약제도다.

이 제도는 2006년 폐기물부담금제도 개편 시 도입되었는데, 정부에서도 지금까지 소각이나 매립으로 처리되던 플라스틱 폐기물을 조금이나마 재활용하기 위해 「자원재활용법」에 이 협약제도를 위한 근거를 마련했다. 이 제도를 수년간 운영해 대상 제품에 대한 재활용 기반이 어느 정도 마련되면 자연스럽게 동 제품을 생산자책임재활용제도의 대상 품목으로 전환하고 있다. 곧 환경부는 자발적 협약제도를 폐기물부담금제도에서 생산자책임재활용제도로 전환하는 중간 제도로 활용하고 있는 것이다.

플라스틱 폐기물 회수·재활용 자발적 협약의 기간은 품목당 1년 단위로 체결한다. 다만 협약을 체결한 자의 요청으로 환경부장관이 필요하다고 판단하는 경우 운영 기간을 1년 단위로 갱신해 연장할 수 있다. 협약을 체결한 생산자는 협약을 성실히 이행하기 위해 다음 사항을 지켜야 한다. 첫째, 생산자는 협약품목의 수거·회수 체계를 갖추거나 이를 구비한 재활용사업자와 계약해 폐기물로 발생되는 협약품목이 수거·회수될 수 있도록 조치해야 한다. 둘째, 생산자는 폐기물로 회수된 협약품목이 원활하게 재활용되어 재활용의무율이 달성될 수 있도록 재활용시설을 설치·운영하거나 이를 구비한 재활용사업자와 계약해야 한다. 셋째, 생산자는 협약품목의 재활용의무율을 이행하지 않은 경우 그 책임을 져야 하며, 미이행에 대한 책임을 재활용사업자에게 전가해서는 안 된다. 넷째, 생산자가 협약의무 이행 단체에 협약 이행 의무를 위임한 경우 재활용사업자와 직접 계약을 체결할 수 없으며, 분담금을 성실히 납부해야 한다.

자발적 협약체결 제품의 재활용의무율은 협약을 체결하고자 하는 자와 환경부의 협의에 의해 결정된다. 재활용의무율에 영향을 미치는 주요 요소는 해당 제품의 연도별 생산량·국내 출고량·시장점유율, 합성수지 투입량, 내구 연수, 재활용 여건변동, 재활용 실적 등이다.

환경부는 협약을 체결한 자가 해당품목의 재활용의무율을 이행하지 않은 경우 재활용의무량 중 재활용되지 않은 폐기물의 재활용비용에 가산금액을 더한 금액을 미이행부과금으로 부과·징수한다. 재활용의무율 미이행률이 높을수록 가산금액 비율도 높아지며, 최대 재활용비용의 30%까지 높일 수 있도록 되어 있다. 협약을 체결한 자가 신규 또는 갱신협약 체결에도 불구하고 재활용의무율 개선 부진 등의 사유로 생산자책임재활용제도로 전환이 불가하다고 판단되는 경우, 자료를 허위로 작성해 협약을 체결한 경우, 생산자의 책무를 미이행한 경우, 회수·재활용 여건 등을 감안해 자발적 협약의 정상적인 운영이 어렵다고 판단되는 경우, 환경부는 협약을 해제할 수 있다.

자발적 협약은 2008년에 8개 품목으로 시작해 매년 10개에서 15개 정도 품목에 대해 운영되고 있다. 2019년까지 협약을 체결해 운영된 품목 중 12개 품목이 생산자책임재활용제도 및 환경성보장제로 전환되어, 이 자발적 협약제도가 플라스틱 제품의 재활용 활성화에 어느 정도 기여한 것으로 평가된다.

3. 일회용 플라스틱 제품 규제

1) 해외의 일회용 플라스틱 제품 규제 동향

일회용 플라스틱 제품 사용규제 개요

유럽의 2020년 플라스틱 분석보고서에 따르면 2018년 현재 플라스틱 폐기물 발생량의 약 61%가 포장용으로 사용된 것이다(European Court of Auditors, 2020). 포장용으로 사용된 플라스틱이 폐기물로 배출될 경우 다른 용도로 사용된 플라스틱보다 환경적 영향이 더 크다. 포장용으로 사용된 플라스틱은 대부분 한 번 쓰고 버려진다. 이렇게 버려진 일회용 플라스틱 제품들은 지구 곳곳에서 지역 생태계를 훼손하고,

바람에 날리고 물을 따라 흘러가 해양생태계를 악화시킨다.

따라서 세계 많은 나라가 자국의 생태계 보호와 전 지구적 환경보호를 위해 일회용 플라스틱에 대한 규제를 강화하고 있다. 다만, 규제 대상 일회용 플라스틱의 종류와 규제 방법은 지역별·국가별로 차이가 있다. 어떤 국가와 지역은 페트병을 포함해 많은 수의 일회용 플라스틱 제품 사용을 규제하는 반면, 어떤 국가와 지역은 비닐봉투만 규제하기도 한다. 규제 방법도 일부 일회용 플라스틱 제품의 판매와 사용을 완전히 금지하는 국가가 있는 반면, 세금이나 부담금과 같은 경제적 유인제도를 활용해 사용을 억제하는 국가도 있다.

여기서 우리는 왜 현대인들이 일회용 플라스틱 제품을 쓰는지 살펴볼 필요가 있다. 우선 일회용 플라스틱 제품은 가볍고 편리하다. 가볍기 때문에 휴대하기 쉬우며, 사용한 뒤 세척할 필요 없이 그냥 버려도 되기 때문에 매우 편리하다. 다른 재질의 제품보다 대체로 가격이 저렴하기 때문에 한 번 쓰고 버려도 아깝지 않다. 많은 일회용 플라스틱 제품은 안전하고 위생적이다. 이런 이유 때문에 일회용 주사기나 면도기, 식품 포장용 랩 등으로 널리 사용되는 것이다.

이와 같이 일회용 플라스틱 제품은 가볍고, 편리하며, 가격이 저렴하고, 위생적이기 때문에 소비자의 선택에 맡긴다면 대체제품을 찾기가 매우 어려울 것이다. 환경의식이 뛰어난 일부 사람들이 대체 상품을 만들거나 구입해 사용하지만 보다 많은 비용을 지불하고 불편을 감수해야 한다. 이런 측면에서 보면 일회용 플라스틱 제품에 대한 규제는 인간과 지구 생태계를 보호하기 위해 사람들에게 어느 정도 불편 감수를 요구한다고 할 수 있다.

일회용 플라스틱 제품 중 가장 많은 나라에서 규제하는 품목은 일명 비닐봉지라 불리는 플라스틱 봉투라고 할 수 있다. 규제 형태는 가장 강력한 판매 및 사용금지, 세금 또는 부담금 같은 경제적 유인제도, 사용금지와 부담금의 혼합, 협약을 통한 자발적 규제 등으로 구분할 수 있다.

사용금지는 플라스틱 봉투의 전면적인 사용금지와 부분적인 금지로 나눌 수 있다. 일부 국가에서 얇은 봉투는 사용을 금지하되 두꺼운 봉투는 사용을 허용하는 것이 부분적인 금지의 예다. 또한 특정 용도, 예컨대 물기가 있는 식료품 포장 등과 같이 특정 용도로만 사용을 허용하는 것도 부분적인 금지의 예다.

플라스틱 봉투에 대한 세금이나 부담금은 부과 대상에 따라 플라스틱 봉투 생산자나 판매자에게 부과하는 경우와 소비자에게 부과하는 경우로 구분된다. 생산자나 판매자에게 부과된 세금이나 부담금이 플라스틱 봉투의 소비 감소로 이어지기 위해서는 부과된 세금이나 부담금이 소비자에게 완전히 전가되어야 한다. 판매자가 제품 판매를 촉진하기 위해 소비자에게 플라스틱 봉투를 무료로 제공하고 봉투에 부과되는 세금이나 부담금을 자기 이익으로 내부화하면 당초 목적으로 했던 플라스틱 봉투 사용 감소는 일어나지 않는다.

플라스틱 봉투에 대한 세금이나 부담금이 사용 감소로 이어지기 위해서는 세금이나 부담금이 부과된 봉투를 소비자가 별도의 돈을 내고 구매하도록 해 봉투를 사지 않는 것이 돈을 절약할 수 있음을 인지하게 할 필요가 있다. 저자가 환경부 자원순환정책과장이던 2007년 일본 NHK와 인터뷰를 한 적이 있다. 당시 NHK에서 궁금해했던 사항은 한국과 일본이 똑같이 백화점이나 대형마트에서 플라스틱 봉투에 대해 경제적 인센티브제도를 시행하고 있는데, 한국과 달리 일본은 왜 효과를 거두지 못하는가 하는 점이었다.

당시 일본은 플라스틱 봉투 회수와 재활용을 위해 백화점이나 대형마트에서 쇼핑 시 제공한 플라스틱 봉투를 다시 가져오면 일정 금액을 환급해 주는 정책을 시행하고 있었는데, 플라스틱 봉투를 가져오는 경우가 너무 적었다. 반면 한국은 제품판매 시 플라스틱 봉투 무상 제공을 금지하고 사용을 원하면 50원을 내고 구입하도록 하는 정책을 시행하고 있었는데, 이는 플라스틱 봉투 사용 억제에 큰 효과가 있었다. 한국에서는 플라스틱 봉투를 50원이라는 돈을 내고 별도로 구입해야 하는 반면, 일본에서는 플라스틱 봉투를 구입하는 것이 아니고 어차피 공짜로 받았기 때문에 굳이 환급하고자 하는 마음이 생기지 않는 것이 양국 정책 결과에 차이가 있었던 가장 큰 이유인 듯했다.

사용금지와 부담금 혼합은 우리나라에서 대규모 점포나 165m² 이상 슈퍼마켓에서는 일회용 봉투와 쇼핑백 사용을 전면 금지하고 일반소매점이나 제과점에서는 무상제공을 금지해 별도로 판매하도록 하는 것이 좋은 예가 될 것이다. 공공기관과 민간업체의 협약을 통한 플라스틱 봉투 사용의 자제는 유럽을 비롯한 선진국에서 주로 시행되고 있다.

일회용 플라스틱 봉투 외에도 플라스틱 일회용 식기류(포크, 나이프, 숟가락, 젓가락 등), 면봉, 접시류, 빨대, 풍선막대, 페트병 등의 일회용 플라스틱 제품에 대해 국가별·지역별로 다양한 규제수단이 시행되고 있다. 플라스틱으로 인한 사람의 건강과 생태계 피해가 보고되고, 사람들의 환경인식이 증진되면서 규제 범위가 넓어지고 강도가 더욱 강해지는 추세다.

유럽의 규제 동향

유럽의 플라스틱 포장폐기물 관리는 1994년 유럽연합이 제정한「포장 및 포장폐기물에 관한 지침」과 관련 규정에 의해 이루어진다. 최근 일회용 플라스틱으로 인한 환경 피해가 심각해지고, 특히 해양생태계에 미치는 심각한 영향이 보고되면서 일회용 플라스틱 규제가 대폭 강화되었다.

먼저 2015년 4월「플라스틱 봉투 사용 감소에 관한 지침」을 채택했다. 이 지침에서는 회원국들에 경량 플라스틱 포장봉투 소비감축을 위한 감축목표 설정, 경제적 수단 도입, 시장 출시 제한 등 대책을 마련해 이행할 것을 요구했다. 또한 2019년 말까지 경량 플라스틱 봉투 연간 사용량을 1인당 90개 수준으로 감축하고 2025년 말까지는 1인당 40개 수준으로 감축할 것을 요구했다. 2018년 말까지 소매점에서 플라스틱 봉투 무상제공 금지도 요구했다. 다만 과일, 채소 등을 담기 위해 사용하는 15마이크론 이하 초경량봉투는 금지 대상에서 제외했다. 아울러 일회용 플라스틱 봉투 사용을 줄이기 위해 EU 집행위원회에 생분해성 및 썩는 플라스틱 포장봉투 사용 확대를 위한 대책 마련을 요구했다.

2019년 6월에는「특정 플라스틱 제품의 환경영향 감소에 관한 지침」을 채택했다. 이 지침에서는 2022년 이후 일회용 플라스틱 제품 사용금지를 규정하고 있다. 플라스틱 면봉, 플라스틱 식기류(포크,

나이프, 숟가락, 젓가락), 접시류, 빨대, 풍선막대, 음료 휘젓개(beverage stirrers), 패스트푸드 또는 즉석음식용 등의 발포 플라스틱 음식용기, 발포 플라스틱 음료용기, 발포 플라스틱 음료컵 등이 2022년 이후 사용금지 대상 제품에 포함되었다.

또한 패스트푸드 또는 즉석음식용 등의 발포 플라스틱 음식용기, 즉석음식 포장용 상자와 포장지, 3리터 이하 용량 음료용기, 음료컵, 플라스틱 봉투, 물티슈, 풍선, 필터담배와 담배용 필터 등은 생산자책임재활용제도 대상 품목에 포함해 회수비용 등을 생산자가 부담하도록 규정했다. 위생타월과 생리대, 물티슈, 필터담배와 담배용 필터, 음료컵에는 플라스틱이 사용되는지 여부 및 제품의 적절한 처리방법, 환경에 부정적 영향을 미친다는 내용을 라벨로 표시하도록 해 소비자의 알 권리를 충족하는 동시에 플라스틱 사용을 간접적으로 억제하도록 했다.

아울러 유럽은 약 3년간의 논의를 거쳐 2021년 1월부터 재활용이 되지 않는 플라스틱에 대해 킬로그램당 0.8유로의 플라스틱세를 부과하기로 했다. 0.8유로는 약 1,000원에 해당하는 금액으로, 우리나라의 폐기물부담금 150원에 비해 약 7배에 이르는 금액이다. 이 제도의 시행으로 플라스틱 원료가 포함된 제품의 유럽 수출이 영향을 받을 것으로 보인다.

환경 전담 국제기구 유엔환경계획(UNEP)에서 2018년 발간한 보고서에 따르면, 유럽 국가 중 국가 차원에서 일회용 플라스틱 제품 사용을 금지하는 나라는 프랑스, 이탈리아, 루마니아 등 세 나라뿐이다.

프랑스는 2016년부터 두께가 50μm, 용량이 101리터보다 적은 플라스틱 봉투 사용을 금지하고, 2017년에는 모든 플라스틱 봉투의 사용을 금지했다. 다만, 퇴비화가 가능한 봉투는 사용금지 대상에서 제외했다. 또한 2020년부터는 50% 이상 생분해물질로 제조되지 않은 모든 일회용 식기 사용을 금지했다.

이탈리아에서는 2011년에 100μm 이하 비생분해성 플라스틱 봉투 사용을 금지했다. 다만, 재사용 가능한 봉투는 금지 대상에서 제외했다. 이런 금지조치로 이탈리아에서는 2011년 이후 플라스틱 봉투 사용이 55% 이상 감소한 것으로 조사되었다. 또한 이탈리아는 사용금지 대상이 아닌 플라스틱 봉투에 대해 2018년부터 약 0.025달러에서 0.12달러에 해당하는 부담금을 부과하고 있다. 이탈리아는 플라스틱 봉투 사용 감소를 위해 사용금지라는 직접규제와 부담금이라는 간접적인 경제적 유인제도를 모두 사용하고 있다.

루마니아는 2009년부터 비생분해성 플라스틱 봉투에 약 0.05유로에 해당하는 부담금을 부과했다. 이를 보다 강화해 2018년 7월부터 15μm 이하 플라스틱 봉투 사용을 금지했으며, 특히 슈퍼마켓에서는 50μm 이하 플라스틱 봉투를 사용할 수 없도록 하고 있다.

벨기에의 왈롱 지역과 브뤼셀 수도권 지역에서도 플라스틱 봉투 사용을 금지하고 있다. 왈롱 지역은 2016년부터 지역 내에서 일회용 플라스틱 봉투 사용를 금지하며, 브뤼셀 수도권 지역은 2017년부터 50μm 이하 비생분해성 플라스틱 봉투의 사용을 금지하고 있다.

유럽에서 불가리아, 크로아티아, 키프로스, 체코, 덴마크, 슬로베니아, 에스토니아, 그리스, 헝가리, 라트비아, 리투아니아, 몰타, 네덜란드, 포르투갈, 슬로바키아, 스웨덴, 독일, 아일랜드와 웨일스 등이 국가 전체적으로, 그리고 스페인의 일부 지역에서 세금 또는 부담금 제도를 통해 일회용 봉투 사용을 억제하고 있다.

많은 국가가 세금 또는 부담금 부과로 일회용 플라스틱 봉투 사용 감소에 많은 성과를 거두었다. 아일랜드는 2002년부터 플라스틱 봉투에 '플라스틱세(Plas Tax)' 명목으로 0.15유로를 부과한 결과, 세금 도입 1년 만에 플라스틱 봉투 사용량이 90% 이상 감소했으며, 1인당 플라스틱 봉투 사용량이 328개에서 21개로 급격히 감소했다. 2007년에 다시 플라스틱 봉투 사용량이 31개로 늘어나자 정부는 세금을 0.22유로로 높였으며, 2011년에는 세금을 최대한 0.71유로로 높일 수 있도록 입법 조치를 완료했으나 2021년 현재까지는 0.22유로를 유지하고 있다.

2011년 10월부터 종이봉투와 모든 종류의 플라스틱 봉투에 0.05파운드의 부담금을 부과한 웨일스에서는 상점에서 플라스틱 봉투 사용량이 96% 감소한 것으로 조사되었다. 2014년 10월부터 플라스틱 봉투에 0.05파운드의 부담금을 부과한 스코틀랜드에서도 제도 시행 1년 만에 플라스틱 봉투 사용량이 80% 감소한 것으로 조사되었다.

일회용 플라스틱 제품에 대한 사용금지, 세금 또는 부담금 부과 외에 일부 유럽 국가에서는 정부 등 공공기관이 플라스틱 제품 생산자 또는 판매자와 협약을 체결해 일회용 플라스틱 제품 사용을 줄임과 동시에 일반시민들의 인식을 제고하는 사업을 함께 추진했다. 일회용 플라스틱 제품 사용금지, 세금 및 부담금 부과제도를 도입하기 위해서는 많은 시간과 협의가 필요한 반면에, 이러한 '공공·민간협약'은 상대적으로 시간과 노력을 절약할 수 있어 많은 나라에서 제도 도입을 위한 전 단계로 추진하고 있다.

오스트리아, 핀란드, 독일, 룩셈부르크, 스페인, 스웨덴, 스위스 등이 이러한 '공공·민간협약' 체제를 시행하고 있다. 예컨대, 독일은 연방환경부, 독일소매연합회와 많은 회사가 참여해 플라스틱 봉투 자발적 사용금지 또는 0.05유로에서 0.50유로에 해당하는 부담금을 내도록 하는 협약을 체결해 운영 중이다.

사실상 유럽 거의 모든 나라가 사용금지, 세금 또는 부담금 부과, 협약체결 등을 통해 일회용 플라스틱 봉투 등의 생산 및 사용 억제 정책을 시행하고 있다.

아시아의 규제 동향

아시아는 최소 10개국이 국가 차원에서 일회용 플라스틱 봉투 또는 제품 사용을 금지하고 있다. 방글라데시, 부탄, 중국, 인도, 인도네시아, 이스라엘, 태국, 몽골, 스라랑카, 한국 등이 이에 속한다.

방글라데시는 아시아에서 가장 빠른 2002년도에 폴리에틸렌으로 제조된 플라스틱 봉투 사용을 금지했다. 방글라데시에서 플라스틱 봉투 사용을 금지한 직접적인 원인은 플라스틱 봉투가 하수구를 막아 물 흐름을 방해해 홍수 피해를 악화시키는 주요 원인으로 판명되었기 때문이다. 특히 1989년 치명적인 홍수사태와 1998년 하수구 막힘이 큰 영향을 주었다. 플라스틱 봉투 사용금지를 위반한 사람에게 약 71달러에 이르는 벌금과 6개월 징역형에 처할 수 있도록 하고 있으나 잘 지켜지지 않고 있다. 특히 음식 판매시장에서 플라스틱 봉투가 광범위하게 사용되고 있는바, 플라스틱 봉투 대체품 부재가 주요 원인으로 분석되고 있다.

인도는 아시아에서 일회용 플라스틱 봉투와 제품에 국가 차원에서 뿐만 아니라 지방 정부 차원에서도 가장 강력하게 사용금지 정책을 시행하고 있다. 인도의 플라스틱 폐기물 배출량은 중국에 이어 세계 2위지만 처리 및 재활용 시설 부족 등으로 인도의 거리, 하천, 바다 등이 플라스틱 쓰레기로 오염되어 있으며, 매년 20마리 이상의 소가 플라스틱 섭식으로 사망하고 있다.

이러한 일회용 플라스틱 제품의 문제점을 해결하기 위해 인도 정부는 2016년부터 퇴비화가 가능하지 않은 50μm 이하 플라스틱 봉투 사용을 금지했다. 이에 더해 2019년 10월부터 일회용 컵과 접시, 플라스틱 병, 빨대, 플라스틱 봉투, 특정 종류의 파우치 등 6종의 일회용 플라스틱 제품 제조·사용을 금지했으며, 2022년까지 모든 종류의 일회용 플라스틱 제품 사용을 전면금지하겠다고 선언했다. 2020년 현재 인도의 29개 주 중 최소 25개 주에서 다양한 형태로 일회용 플라스틱 제품 사용을 줄이기 위한 정책을 시행하고 있다.

중국은 일찍이 1999년에 일회용 플라스틱 식기 생산과 사용을 금지한 적이 있으나, 현장에서 효과적으로 지켜지지 않아 2013년에 이 금지 정책을 철회한 바 있다. 2008년 이전에는 매일 30억 개의 플라스틱 봉투가 사용돼 매년 300만 톤의 쓰레기가 발생하는 것으로 조사됨에 따라 중국 정부는 25μm 이하 두께의 플라스틱 봉투에 대해서는 사용금지를, 25μm보다 두꺼운 봉투에 대해서는 부담금을 물리는 한편, 천으로 만든 봉투와 시장바구니 사용을 권장했다. 위생상의 이유로 생고기 및 국수 같은 신선식품의 경우에는 예외적으로 플라스틱 봉투 사용을 허용했다.

　제도 시행 후 슈퍼마켓에서 플라스틱 봉투 사용이 평균적으로 70% 감소한 것으로 조사되었다. 그러나 집행력이 부족해 여전히 플라스틱 봉투는 일반적으로 사용되며, 특히 농촌 지역과 농산물 시장에서 많이 사용되고 있다. 이러한 상황에도 불구하고 중국 정부는 일회용 플라스틱 제품 규제를 더욱 강화해 2020년 말 플라스틱 빨대, 면봉 및 발포 플라스틱 식기류 생산과 판매를 금지했으며, 중국 모든 도시의 음식업계는 2025년 말까지 테이크아웃에 사용되는 일회용 플라스틱 제품 사용을 30% 줄이도록 했다. 호텔에서는 2025년 이후 무료로 일회용 플라스틱 제품을 제공할 수 없다.

　말레이시아, 파키스탄, 미얀마, 필리핀은 지방 정부 차원에서 플라스틱 봉투와 일회용 플라스틱 제품 사용을 금지하고 있으며 홍콩, 타이완, 베트남 등은 세금 또는 부담금 부과를 통해 일회용 플라스틱 제품 사용을 억제하고 있다.

아프리카의 규제 동향

대륙별로 보면 아프리카에서 가장 많은 나라가 플라스틱 봉투 또는 일회용 플라스틱 제품 사용을 금지하고 있다. 베냉, 부르키나파소, 카메룬, 카보베르데, 코트디부아르, 에리트레아, 에티오피아, 감비아, 기니비사우, 케냐, 말라위, 말리, 모리타니, 모리셔스, 모로코, 모잠비크, 니제르, 르완다, 세네갈, 남아프리카 공화국, 탄자니아, 튀니지, 나이지리아, 우간다, 짐바브웨 등 최소 25개국이 국가적으로 플라스틱 봉투 사용금지 조치를 취하고 있다.

또한 보츠와나, 차드, 이집트, 소말리아 등은 지역적으로 금지조치를 시행하고 있거나 세금 또는 부담금 부과 등의 조치로 일회용 플라스틱 제품 사용을 억제하고 있다. 다른 대륙보다 아프리카에서 일회용 플라스틱 봉투 사용금지가 많은 것은 폐기물 관리 시스템이 상대적으로 뒤떨어져 봉투 투기로 인한 피해가 많기 때문으로 분석된다. 아프리카에서는 버려진 봉투가 배수를 막거나 물웅덩이를 만들어 모기 서식 온상지가 되면서 말라리아 등 수인성 질병의 위험성이 증가하고 있으며, 야생동물이 플라스틱 봉투를 삼키는 등 생태계가 위협받고 있다.

2017년 2월 플라스틱 봉투의 생산, 판매, 수입 및 사용금지를 발표하고 불과 6개월 뒤인 2017년 8월부터 시행에 들어간 케냐는 위반자에게 세계에서 가장 강력한 벌칙을 부과하는 것으로 유명하다. 2017년 이전 슈퍼마켓에서만 1년에 약 1억 장의 플라스틱 봉투를 사용한 케냐는 폐기물 관리 시스템이 적절하게 갖춰지지 않아 인간과 자연환경, 특히 야생생물에 심각한 영향을 미치고 있었다. 케냐 서부지역 수의사들은 암소들이 일생 동안 평균 2.5장의 플라스틱 봉투를 먹는다고 주장하기도 했다. 케냐에서는 10년 안에 플라스틱을 사용하다 세 번 적발되면 최대 3만 8,000달러 벌금 또는 최대 4년 징역형에 처하도록 되어 있어, 위반자에 대해 세계에서 가장 강력한 벌칙조항을 갖고 있다. 케냐인들은 서서히 플라스틱 봉투 없는 삶에 적응하고 있으며, 대형 슈퍼마켓은 소비자에게 재사용 가능한 천 봉투를 지급하고 있다.

르완다도 플라스틱 봉투 금지제도를 성공적으로 정착시킨 나라로 꼽히고 있다. 플라스틱 봉투가 적절하게 처리되지 못하고 야외에서 소각되거나 배수구 막힘 등의 현상이 발생하자 르완다 환경부는 2004년에 플라스틱 봉투가 어떠한 영향을 미치는지 기초 조사연구를 실시했다. 연구 결과, 버려진 플라스틱 봉투가 농업생산량 감소, 수자원 오염, 물고기 떼죽음과 시각 공해를 일으키는 것으로 밝혀졌다. 르완다 정부는 2008년에 모든 플라스틱 봉투 제조, 사용, 판매 및 수입을 금지했다. 시민들도 사용이 허용된 종이봉투와 천으로 만든 재사용 가능한 봉투를 사용하기 시작했다. 또한 정부는 플라스틱 재활용에 투자하는 기업과 환경친화적인 봉투를 제조하는 기업에 세금 인센티브를 부여했다.

그러나 플라스틱 봉투 금지조치는 가난한 사람들에게 더욱 가혹하다는 비판을 받았고, 저렴한 대체품이 없어 위기를 맞게 되었다. 사람들이 이웃 나라에서 플라스틱 봉투를 밀수해 암시장에서 거래하기 시작한 것이다. 그러나 르완다 정부는 물러서지 않고 위반자에게 높은 벌금을 부과하고 심지어 징역형에 처하는 등 법을 더욱 엄격하게 집행함과 동시에 금지제도의 필요성을 적극 홍보했다. 그 결과 시민들은 새 제도에 적응했으며, 유엔 정주센터(UN Habitat)는 르완다의 수도 키갈리를 아프리카에서 가장 깨끗한 도시로 지정했다.

미국과 캐나다의 규제 동향

미국과 캐나다는 주로 주 정부와 지방 정부 차원에서 일회용 플라스틱 제품에 대한 규제를 실시하고 있다.

미국의 경우 주 정부 차원에서 유일하게 캘리포니아주가 일회용 플라스틱 제품 사용금지제도를 도입해 시행하고 있다. 일회용 플라스틱 봉투에 대한 사용금지 법안은 2014년 9월 의회를 통과해 2016년 11월부터 시행되었다. 이 법안에 따라 캘리포니아 모든 대형판매점은 일회용 플라스틱 봉투를 사용할 수 없으며, 종이봉투에 대해서는 10센트의 부담금을 부과하고 있다. 캘리포니아에서는 이 금지제도가 도입되기 전 이미 100개 이상 구에서 다양한 금지제도가 시행되고 있었다.

또한 캘리포니아주는 2019년 1월부터 주 전체에 걸쳐 패스트푸드점을 제외한 모든 식당에서 플라스틱 빨대 사용을 금지하는 제도를 시행하고 있다. 캘리포니아주 모든 음식점은 고객이 요청하는 경우에만 플라스틱 빨대를 제공할 수 있으며, 위반할 경우 두 번까지는 경고 조치를 내리고, 세 번째부터는 연간 벌금 상한선인 300달러 이내에서 하루 25달러의 벌금을 부과한다.

하와이는 주 정부 차원에서 일회용 플라스틱 봉투 사용을 금지하지는 않으나, 하와이를 구성하는 5개 모든 섬이 개별적으로 2015년부터 플라스틱 봉투 사용을 금지하고 있어 주 정부 차원에서 금지조치를 시행하는 것이나 다름없다.

또한 미국에서는 200개 이상 도시와 지방 정부가 일회용 플라스틱 봉투, 플라스틱 빨대, 일회용 발포성 플라스틱 제품 등의 사용을 억제하기 위해 금지 또는 부담금 부과 등의 조치를 취하고 있다. 예컨대 시애틀시는 2010년 7월 1일부터 식음료점에서 발포성 플라스틱 제품 사용을 제한하고 있으며, 2018년 7월 1일부터는 미국 도시 최초로 플라스틱 빨대, 플라스틱 식기류 등의 사용을 금지하고 위반 시 최대 벌금 250달러를 부과하고 있다.

일회용 플라스틱 제품 사용을 제한하기 위한 움직임이 더욱 확산되는 가운데 미국의 10개 주는 주 내에서 플라스틱 제품 사용을 금지하지 못하도록 하는 법안을 가지고 있다. 애리조나, 아이다호, 아이오와, 미네소타, 미시간, 미주리, 인디애나, 미시시피, 플로리다, 위스콘신주가 이에 속한다. 이는 정유업계와 플라스틱산업계의 극심한 로비의 결과다. 미국에서 정유업계의 영향력이 얼마나 막강한지 보여 주는 사례라고 할 수 있는데, 미국 산업사회 치부의 한 면을 보는 것 같아 씁쓸한 생각도 든다.

캐나다에서도 약 50개에 이르는 도시 및 지방 정부가 일회용 플라스틱 제품 사용 규제를 이미 시행하고 있거나 계획 중이다. 특히 해안가나 항구에 가까운 브리티시컬럼비아주, 퀘벡주 및 아틀란틱 지방이 가장 활발히 참여하고 있다. 예컨대 브리티시컬럼비아주의 밴쿠버에서는 2020년부터 발포성 플라스틱 제품, 플라스틱 빨대 및 일회용 플라스틱 식기 사용을 금지하고 있으며, 2021년부터는 플라스틱 봉투와 일회용 플라스틱 컵 사용을 금지했다. 아울러 캐나다 연방 정부에서도 일회용 플라스틱 제품 사용금지 규정을 도입하기 위한 입법 절차를 2021년 말까지 확정할 계획이라고 2020년 11월 발표했다. 캐나다 정부는 구체적인 금지 품목을 과학적 기준에 근거해 결정할 예정인데, 대표적인 일회용 플라스틱 제품인 플라스틱 빨대, 플라스틱 봉투, 음료스틱, 포장용기 등이 포함될 것으로 추정되고 있다. 다만 코로나19와 관련된 플라스틱 방역용품과 의학용품은 규제 대상에서 제외될 예정이다.

기타 지역의 규제 동향

중남미에서는 최소 10개국이 국가적으로 일회용 플라스틱 봉투와 제품 사용을 금지하고 있다. 앤티가바부다, 벨리즈, 콜롬비아, 가이아나, 아이티, 파나마, 자메이카, 우루과이, 도미니카 공화국, 세인트빈센트 그레나딘이 금지조치를 시행하고 있다. 그 외 아르헨티나, 브라질, 칠레, 에콰도르, 과테말라, 콜롬비아, 온두라스, 멕시코는 국가 전체적으로 일회용 플라스틱 봉투와 제품 사용을 금지하지는 않지만, 지역적인 금지조치나 세금 또는 부담금 부과 등의 조치를 시행하고 있다.

카리브해와 대서양을 끼고 있는 작은 섬나라 앤티가바부다는 2016년 플라스틱 봉투 사용과 수입을 금지한바, 이 금지조치로 매립장에 버려지는 플라스틱 폐기물량이 약 15% 줄어들었다. 이런 성과를 바탕으로 2017년에는 발포 플라스틱 용기에 대해, 2018년에는 일회용 플라스틱 스푼, 빨대, 접시류에 대해 금지조치를 시행했다.

오세아니아에서는 파푸아뉴기니, 마셜 제도, 팔라우, 투발루, 사모아, 바누아투와 같은 작은 도서 국가들이 국가 전체적으로 일회용 플라스틱 봉투 또는 제품 사용을 금지하고 있다. 예컨대 바누아투는 2018년부터 일회용 플라스틱 봉투, 빨대, 발포 플라스틱 테이크아웃 용기의 제조, 사용, 수입을 금지하고 있으며, 마셜 제도도 2017년부터 일회용 플라스틱 봉투와 발포 플라스틱 컵·접시류·포장재의 수입, 제조 및 사용을 금지하고 있다.

호주는 주 정부와 지방 정부 차원에서 대체로 35μm 이하 플라스틱 봉투 사용을 금지하고 있다. 뉴질랜드에서는 환경부와 지방자치단체 간 협약으로 부담금을 부과해 플라스틱 봉투 사용을 억제하고 있다. 피지는 국가 차원에서 플라스틱 봉투 1개당 약 0.05달러에 해당하는 부담금을 부과해 플라스틱 봉투 사용을 억제하고 있다.

일회용 플라스틱 제품 규제 동향 종합

일회용 플라스틱의 환경적 영향을 줄이기 위해 국제적·지역적·국가적 차원에서 다양한 대책이 도입·시행되고 있다.

유엔환경계획이 2021년 3월 발간한 보고서에 따르면 일회용품 등 플라스틱 문제를 해결하기 위해 2000년 이후 약 28개 정책이 국제적 차원에서 채택되었다. 예컨대 2019년 유엔환경총회에서는 「일회용 플라스틱 제품의 오염을 해결하기 위한 결의안(Resolution Addressing Single-Use Plastic Products Pollution)」을 채택했으며, 플라스틱 봉투를 비롯한 폐기물의 국가 간 이동을 통제하기 위해 바젤협약이 2019년 당사국 회의에서 조치계획을 채택했다. 이러한 국제적인 노력 대부분은 회원국들에 일회용 플라스틱 등의 문제 해결을 위한 다양한 방안을 제안하고 있으나 구속력을 갖지 않는다는 한계가 있다. 이러한 한계를 극복하기 위해 2022년 2월 케냐 나이로비에서 개최된 제5차 유엔환경총회에서는 플라스틱으로 인한 환경오염에 대응하기 위한 법적 구속력이 있는 국제협약을 마련하기 위해 '정부간 협상 위원회'를 출범시키기로 결정했다.

플라스틱 문제를 해결하기 위한 각 대륙 및 지역별 노력도 다양하게 진행되었다. 케냐, 탄자니아 등 동아프리카 6개국이 참여하는 동아프리카공동체(East African Community)는 2017년 동아프리카지역에서 폴리에틸렌 봉투 제조, 판매, 수입 및 사용을 금지하는 법안을 도입했다. 유럽연합도 다양한 지침 형태로 플라스틱 봉투와 일회용 플라스틱 제품 규제를 강화하고 있다. 또한 일회용 플라스틱 등으로부터 지역 해양을 보호하기 위한 다수의 지역 해양 프로그램(regional seas programme)도 시행하고 있다.

2021년 유엔환경계획 보고서에 따르면 최소 127개국이 중앙 또는 지방 정부 차원에서 플라스틱 봉투와 일회용 플라스틱 제품 생산과 사용을 억제하는 다양한 대책을 시행하고 있다. 앞에서 살펴본 생산 및 사용금지, 세금 또는 부담금 부과, 공공기관과 민간단체의 협약 등이 주요 대책의 내용이다.

2018년과 2021년 유엔환경계획에서 발간한 보고서에 따르면 일회용 플라스틱 제품 사용 규제 대부분은 2000년 이후 도입되었으며, 그중 2010년 이후 도입한 나라가 약 80%, 2015년 이후 도입한 나라가 60% 이상을 차지한다.

이와 같이 최근 들어 일회용 플라스틱 제품 규제가 많이 도입된 것은 인간과 자연환경을 가장 크게 위협하는 요인이 일회용 플라스틱 제품이라는 인식이 확산되었기 때문으로 해석된다. 앞으로 플라스틱으로 인한 폐해가 확산되고, 인간과 자연환경 보호의 중요성에 대한 인식이 확산되면 이런 동향은 더욱 강화될 것으로 예상된다.

2) 우리나라의 일회용 플라스틱 제품 규제 동향

일회용품 규제 현황

우리나라는 1994년 「자원재활용법」으로 일회용품 사용 억제 정책을

표 3-5. 일회용품의 종류

번호	종류	비고
1	일회용 컵·접시·용기	종이, 금속박, 합성수지 재질 등으로 제조된 것
2	일회용 나무젓가락	
3	이쑤시개	전분으로 제조된 것은 제외
4	일회용 수저·포크·나이프	
5	일회용 광고선전물	합성수지 재질로 도포되거나 첩합된 것만 해당
6	일회용 면도기·칫솔	
7	일회용 치약·샴푸·린스	
8	일회용 봉투·쇼핑백	
9	일회용 응원용품	막대풍선, 비닐방석 등
10	일회용 비닐식탁보	생분해성수지제품 제외

도입한 이후 지속적으로 규제를 강화해 왔다. 다만, 일회용 플라스틱 제품 규제를 별도로 두는 것이 아니라 종이, 나무, 플라스틱, 금속박 등을 재료로 제조된 일회용품 전체에 대해 사용 억제 정책을 추진하고 있다. 「자원재활용법」에서는 일회용품을 〈표 3-5〉와 같이 규정하고 있는데, 종이나 나무로 제조할 수 있는 일부 품목을 제외하면 대부분 일회용품의 재질이 플라스틱인 것을 알 수 있다. 따라서 일회용품에 대한 규제는 대부분 일회용 플라스틱 제품에 대한 규제라고 할 수 있다.

현재 우리나라에서는 식기류(9종), 위생용품(5종), 봉투, 쇼핑백, 응원용품, 광고선전물 등 18종의 일회용품에 대해 사용금지 또는 무상제공을 금지하고 있다. 일회용품 사용금지 또는 무상제공 금지 규제를 받는 업종은 식품접객업, 대규모 점포, 목욕장업 등 18개 업종

표 3-6. 일회용품 규제 현황

시설 또는 업종	대상 일회용품	규제 내용
집단급식소, 식품접객업 (식당, 커피전문점 등)	컵(플라스틱), 접시·용기(종이, 플라스틱), 나무젓가락, 이쑤시개, 일회용 수저·포크· 나이프, 비닐식탁보	사용금지 ※ 테이크아웃 또는 배 달 시는 허용
	일회용 광고물 및 선전물	사용금지
	일회용봉투·쇼핑백	무상제공 금지
대규모 점포, 슈퍼마켓(165m² 이상)	일회용봉투·쇼핑백	사용금지
	일회용 광고물 및 선전물	사용금지
도·소매업	일회용봉투·쇼핑백	무상제공 금지
	일회용 광고물 및 선전물	사용금지
체육시설	일회용 응원용품	무상제공 금지
목욕장업	일회용 면도기·칫솔·치약·샴푸·린스	무상제공 금지
금융업 등 10개 업종	일회용 광고물 및 선전물	사용금지

※ 일회용품 중 이쑤시개는 별도의 회수용기를 갖추고 계산대나 출입구에서만 제공하는 방법으로 사용할 수 있음.

또는 시설이다. 우리나라의 일회용품 규제 현황을 정리하면 〈표 3-6〉과 같다.

이러한 일회용품 규제에도 불구하고 현행 법령에서는 몇 가지 예외를 인정하고 있다. 먼저 일회용품이 생분해성수지 제품인 경우에는 무상으로 제공할 수 있다. 생분해성수지 제품은 자연에서 분해되어 합성수지 제품에 비해 환경적 영향이 적기 때문이다.

그리고 집단급식소나 식품접객업소 외 장소에서 소비할 목적으로 고객에게 음식물을 제공·판매·배달하는 경우, 자동판매기를 통해 음식물을 판매하는 경우, 도매 및 소매업으로서 매장 면적이 33m² 이하인 경우 등에는 예외를 인정해 일회용품을 사용하거나 무상으로 제공

플라스틱 시대

할 수 있다. 또한 대규모 점포 및 도·소매업소가 생선·정육·채소 등 음식료품의 겉면에 수분이 있거나 냉장고 등에 보관하는 제품으로서 상온에서 수분이 발생하는 제품을 담기 위해 합성수지 봉투를 사용하는 경우, 식품제조·가공업소나 즉석판매제조·가공업소가 식품 등을 밀봉포장하는 경우, 매장 면적 150m² 미만 사업장이 회수설비를 설치하고 일회용품을 90% 이상 회수해 재활용하거나, 환경부장관과 일회용품을 스스로 줄이기 위한 협약을 체결해 이를 이행하는 경우도 예외를 인정받아 일회용품을 사용하거나 무상으로 제공할 수 있도록 규정하고 있다.

상례에 참석한 조문객에게 음식물을 제공하는 경우에도 일회용품을 사용할 수 있으나, 음식물을 제공하는 장소와 같은 공간에 고정된 조리시설 및 세척시설이 모두 갖추어져 있는 경우에는 일회용품을 사용하거나 무상으로 제공할 수 없도록 되어 있다.

일회용 비닐봉투와 쇼핑백 무상제공 금지에 따라 일회용 봉투 등을 판매한 사업자는 판매대금을 고객이 사용한 일회용 봉투·쇼핑백을 되가져올 경우의 현금환불, 고객이 장바구니를 이용할 경우의 현금할인, 장바구니 제작·보급, 일회용품 사용 억제를 위한 홍보 등에 사용하도록 노력해야 한다. 또한 일회용 봉투·쇼핑백을 판매한 사업자는 장바구니 현금할인 내용을 소비자가 쉽게 알 수 있도록 홍보문안을 매장 안 판매대나 계산대에 게시하고, 일회용 봉투·쇼핑백에 인쇄하도록 노력해야 한다. 이 외에도 일회용 비닐봉투와 쇼핑백 판매대금은 일회용 합성수지 재질 제품의 생분해성수지 제품으로의 대체, 일회용 봉투·쇼핑백 회수·재활용 촉진, 환경미화원 자녀에 대한 장학금 지원과 민간 환경단체의 환경보전 활동 지원 등에 사용할 수 있다.

일회용품 규제 강화 동향

최근 1인 가구 증가로 인한 배달 및 소규모 구매 증가와 커피문화 확산 등으로 우리나라에서 일회용품 사용량이 크게 증가한 것으로 조사되었다. 환경부의 통계에 따르면 일회용 컵 사용량이 2009년 191억개에서 2018년에는 294억 개로 증가하고, 비닐봉투 사용량은 2009년 196억 개에서 2018년에는 255억 개로 늘어났다. 한 번 쓰고 버려지는 일회용품의 생산과 소비 증가로 불필요한 자원이 낭비되고 환경오염 피해가 발생함에 따라, 2019년 11월 정부는 일회용품 사용 억제대책을 발표하고 이해관계자들과의 협의를 거쳐 규제 수준을 대폭 강화하고 있다.

먼저 커피전문점 등 식품접객업소에서 사용하는 일회용 컵에 대해 2022년 12월부터 일회용 컵 보증금제도를 시행한다. 일회용 컵 보증금제도는 소비자가 카페 등에서 커피 등 음료를 주문할 때 일정 금액의 보증금을 내고 컵을 반환할 때 그 보증금을 돌려받는 제도다. 우리나라에서는 환경부와 관련 업계의 자발적 협약으로 일회용 컵 보증금제도를 2002년부터 시행하다 2008년에 폐지되었으나 14년 만에 부활하는 것이다. 최근 10년간 커피전문점, 제과점, 패스트푸드점이 2008년 3,500여 곳에서 2018년 3만 곳 이상으로 급증하고, 이곳에서의 일회용 컵 사용량도 2007년 4억 2,000만 개에서 2018년 25억 개로 급증한 상황에서 일회용 컵 보증금제도는 일회용 컵의 회수와 재활용 증대에 기여할 것으로 기대된다.

둘째, 일회용 비닐봉투와 쇼핑백 사용 제한 업종이 단계적으로 확대된다. 현재 백화점, 쇼핑몰, 165m² 이상 슈퍼마켓에서는 일회용 봉투와 쇼핑백을 사용할 수 없고, 제과점과 도매 및 소매업소에서는 무상제공이 금지되어 있다. 이러한 규제 내용이 보다 강화되어 2022년 11월부터는 중소형 슈퍼마켓과 편의점 등 종합소매업소와 제과점에서 일회용 비닐봉투와 쇼핑백을 사용할 수 없으며, 2030년부터는 불가피한 경우를 제외하고는 전 업종에서 사용금지하도록 할 계획이다.

셋째, 음식물 포장과 배달에 사용되는 일회용품 규제도 새로 도입된다. 음식물 배달 시 함께 제공되던 일회용 숟가락, 젓가락, 포크, 나이프 등 식기류가 2023년부터 금지되며, 불가피한 경우에는 유상으로 제공하도록 할 계획이다. 다만 대체하기 어려운 용기와 접시 등은 종이 같은 친환경소재 또는 다회용기를 사용하도록 유도할 계획이다.

넷째, 면도기, 샴푸, 린스, 칫솔 등 일회용 위생용품의 규제 대상 업종도 확대된다. 현재는 목욕장에서만 무상제공이 금지되고 있지만 2022년 11월부터는 50실 이상 숙박업까지 확대된다. 또한 2024년부터는 대상이 더욱 확대되어 전 숙박업에서 일회용 위생용품 무상제공이 금지된다.

다섯째, 빨대, 음료 휘젓개 및 우산비닐에도 새로 규제 정책이 도입된다. 플라스틱으로 만든 빨대와 음료 휘젓개는 2022년 11월부터 사용이 금지된다. 현재 빨대의 연간 사용량은 20~24억 개로 추정되고, 휘젓개는 2억 개로 추정된다. 우산비닐은 빗물을 털어내는 장비를 갖춘 관공서에서는 2020년부터 사용이 금지되었고, 대규모 점포에서는 2022년 11월부터 사용이 금지된다.

재질·구조개선제도

1. 재질·구조개선제도 개요

우리가 일상생활에서 사용하는 모든 제품은 일생 동안 환경에 영향을 미친다. 제품의 원료 채굴 과정에서 자원을 소비하고, 원료를 이용한 제품 생산 과정에서도 에너지와 물 등을 사용하게 된다. 제품을 유통하고 소비하는 과정에서도 에너지가 소비된다. 제품이 수명을 다하고 폐기물이 되어 소각하거나 매립할 때도 환경을 오염시킨다. 이와 같이 제품의 전 생애 과정에서 발생할 수 있는 환경 영향을 최소화하도록 제품을 설계하고 생산하는 것을 친환경 설계라고 한다.

친환경 설계는 크게 세 가지 요소로 구성된다. 첫째는 제품의 전 생애 과정, 즉 제품의 생산, 유통 및 소비 과정에서 대기, 물, 토양으로 배출되는 오염물질의 양을 최소화하는 것이다. 여기에는 유해물질의 사용을 최소화하는 것도 포함된다.

둘째는 에너지와 자원의 절약이다. 제품 전 과정에 걸쳐 재료, 물, 에너지, 기타 자원의 소비를 최소화하는 것이다. 여기에는 자원 절약을 위해 재활용 원료를 사용하는 것과 원료나 제품의 운송, 생산 및 소비 과정에서 에너지 소비를 줄이는 것도 포함된다.

셋째는 재활용 용이성을 증진하는 것이다. 제품 사용이 종료되고 폐기물이 되었을 때는 가능한 한 재사용하고 재활용하는 것이 최선이다. 그런데 폐기물의 재활용 여부는 사실상 그 제품의 설계를 어떻게 하느냐에 달려 있기 때문에 재활용 가능성을 증진하는 것이 친환경 설계의 주요 요소다.

플라스틱으로 포장재를 만들 때 포장재의 기능을 향상시키기 위해 단일재질보다는 복합재질을 사용하고, 단순한 구조보다는 복잡한 구조인 경우가 많으며, 소비자들의 구매욕구를 자극하기 위해 촉감과 시각을 자극하는 디자인을 선호한다.

그런데 내용물을 보호하기 위한 복합재질, 사용자의 편리성을 증진하기 위한 다양한 형태와 복잡한 구조, 소비자들의 감성을 자극하는 화려한 디자인은 모두 포장재 재활용을 어렵게 하는 요인이다. 재활용이 어려운 재질과 구조를 가진 포장재를 재활용하기 위해서는 추가 공정과 인력이 필요해 재활용비용이 상승하며, 어떤 경우에는 재활용하더라도 재활용 제품의 품질이 떨어진다. 그리고 일부 포장재는 재활용이 어려워 소각 또는 매립 등으로 처리해야 한다.

만일 포장재의 재질과 구조가 재활용이 용이하도록 설계되어 생산된다면 재활용이 보다 많이 이루어질 것이다. 이를 위해 많은 국가에서 재질·구조개선제도를 도입·시행하고 있다.

재질·구조개선제도의 내용은 나라별로 조금씩 다르다. 일부 국가는 의무제도로 운영하고 있는데, 이러한 국가들에서는 재활용이 불가능하거나 환경적 영향이 큰 일부 재질을 사용하지 못하게 하고, 재활용이 어려운 재질과 구조의 제품에 부담금을 부과하고 있다. 반면에 일부 국가는 재질·구조개선제도를 권장제도로 운영하고 있다. 재질·구조개선을 위해 지켜야 할 내용을 생산자들에게 가이드라인 등을 통해 제시하지만 지키지 않더라도 별도의 제재를 가하지는 않는다.

대상 제품도 국가별로 차이가 있지만, 생산자책임재활용제도 대상 품목인 자동차, 전기·전자제품, 포장재(유리병, 종이팩, 금속캔, 플라스틱 용기 등)는 대부분의 국가에서 재질·구조개선제도 대상 품목으로 규정하고 있다. 다만, 일반적으로 자동차와 전기·전자제품에 적용되는 재질·구조개선제도와 포장재에 적용되는 제도의 내용이 다르다. 포장재의 재질·구조개선제도는 포장재의 재활용 용이성 증진을 주요 내용으로 하는 데 비해, 자동차와 전기·전자제품에 적용되는 제도는 재활용 용이성 증진뿐만 아니라 유해물질 감소와 에너지 절약도 주요 내용으로 하고 있다.

플라스틱 포장재의 재활용 용이성 여부를 결정하는 재질과 구조의 일반적인 기준은 다음과 같다. 첫째, 포장재 몸체의 경우 단일재질은 재활용이 용이한 데 비해 복합재질은 재활용이 어렵다. 몸체의 색상이 무색이거나 엷은 색상일 경우 재활용이 용이하지만 짙은색, 검은색 및 화려한 색상의 몸체는 재활용하기 어렵다.

둘째, 라벨은 사용하지 않거나 몸체와 동일한 재질인 경우가 최상이다. 몸체와 다른 재질이더라도 절취선 등을 적용해 소비자가 손쉽게 분리 가능한 구조이거나 비중 1 미만의 합성수지 재질도 재활용이 용이하다. 그러나 몸체에 직접 인쇄하거나 몸체와 다른 재질로서 몸체와 분리가 불가능한 라벨은 재활용하기 어렵다. 또한 소비자가 분리하기 어려운 구조로 비중 1 이상의 합성수지 재질, PVC 계열 재질과 금속 혼입 재질의 라벨이 있는 포장재도 재활용하기 어렵다.

셋째, 마개와 잡자재의 경우 몸체와 동일한 재질이거나 비중 1 미만 합성수지 재질은 재활용하기 용이한 경우에 속한다. 그러나 PVC

표 3-7. 플라스틱 포장의 재활용 어려움 사유

구분	재활용 어려움 사유
화려한 색상	무색용기와 혼합 시 재생원료 품질 저하
금속 마개 사용	재활용시설(분쇄시설) 마모 및 비중분리 곤란으로 인해 자력선별시설 추가설치 필요
철스프링 사용	비중분리 곤란으로 인해 자력선별시설 추가 설치 필요
알루미늄 재질 사용	몸체와 다른 재질을 분리 선별하기 위해 별도 인력 투입 필요
PVC 몸체	재활용이 어려우며 혼입 시 재생원료 품질 저하
몸체에 직접 인쇄	재생원료 품질 저하 (잉크로 인해 재생원료가 유색으로 변색)
종이 라벨	세척 공정의 막힘 현상 발생

출처: 2018년 4월 환경부 보도자료

계열 재질과 합성수지 이외 재질로서 몸체와 분리가 불가능한 마개와 잡자재는 재활용하기 어려운 경우에 속한다(표 3-7).

2. 해외 포장재 재질·구조기준 및 개선제도 운영현황

앞에서 설명한 바와 같이 포장재 재질·구조기준과 개선제도 운영방식은 나라별로 다르다. 포장재 재질·구조기준을 재활용하기 용이한 것과 재활용하기 어려운 것으로만 구분하는 국가가 있는 반면, 3~4개 등급으로 나누어 재활용 용이성을 평가하는 국가도 있다. 또 재활용하기 용이한 재질과 구조로 포장재를 생산하면 생산자에게 경제적 인센티브를 주는 국가가 있는 반면, 특별한 인센티브나 불이익을 주지 않는 국가도 있다.

프랑스는 포장재의 재활용 용이성 등급을 〈표 3-8〉과 같이 4개로 나누어 적용하고 있다. 포장재의 재질과 구조뿐만 아니라 수거·선별 현황과 현재 재활용 기술을 종합적으로 검토해 재활용 용이성 등급을 구분한다.

프랑스 제도의 특징 중 하나는 포장재의 재질과 구조에 따라 분담금을 차등 부과한다는 것이다. 포장재의 재질과 구조를 재활용하기 쉽도록 개선하거나 포장재의 무게를 줄이거나 홍보활동을 하는 경우 등에는 보너스를 부여하고, 재활용하기 어려운 재질과 구조에 대해서는 패널티를 부과하는 방식이다.

보다 구체적으로 살펴보면 동일재질과 기능에서 중량 또는 용적을 감량하는 경우, 포장 구성요소와 포장재질 수 저감, 복합재질 페트병을 단일재질로 변경, 라벨에 절취선 적용, 분리안내 표지로 연결되는 QR코드 부착 등 포장 내 홍보, 분리·선별에 대한 포장 외 홍보 등의 경우에는 분담금 감면을 받을 수 있다. 보너스 중복 수여 등을 통해 최대 24%까지 분담금 감면이 가능하다. 그러나 알루미늄·PVC·실리콘이 포함된 페트병과 같이 재활용 제품의 품질을 떨어뜨리는 포장재는 최대 50%까지 분담금이 할증된다.

독일에서는 독일 플라스틱 재활용협회에서 마련한 플라스틱 포장재와 필름에 대한 재질·구조 가이드라인에 따라 포장재를 재활용이 용이한 재질·구조와 재활용이 어려운 재질·구조로 구분하고 있다. 또한 시장에 출시되는 포장재의 몇 퍼센트가 재활용 가능한지 산출해 제공함으로써 생산자가 포장재 재질·구조개선을 활성화하도록 유도하고 있다. 포장재의 재활용 가능비율은 포장재 구성요소별로 재활용

표 3-8. 프랑스의 포장재 재활용 용이성 등급

구분	등급 설명
1등급	현재 재활용 기술과 수거·선별 조직으로 재활용 가능
2등급	재활용이 가능하지만 일부 경제적 부담 발생
3등급	재활용이 가능하지만 특수 또는 강화된 재활용 경로 필요
4등급	현재는 재활용하기 어렵고 재활용하기 위해 새로운 기술 필요

이 가능한지 판단해 전체 중량 대비 재활용이 가능한 중량의 비율로 표시한다. 여기서 말하는 재활용이란 원재료를 대체할 수 있는 경우를 의미하며, 에너지 회수나 소각 등에 쓰이는 것은 재활용에 포함되지 않는다.

영국은 재질·구조개선을 정부 차원에서 법적으로 규제하는 것이 아니라 산업계에서 자발적으로 수행하고 있다. 플라스틱에 관한 컨설팅 및 조사연구를 담당하는 영리회사인 플라스틱 재활용 유한회사(Recycling of Used Plastics limited)에서 제작한 「포장 설계에 의한 플라스틱 포장재의 재활용 가능성(Plastic Packaging Recyclability by Design)」이라는 설계 가이드라인이 재활용성을 고려해 플라스틱 포장재를 설계하도록 많은 도움을 주고 있다. 이 가이드라인에서는 페트병, PE병, PVC병, PP병, PS통·접시·트레이, 페트트레이 등 플라스틱 용기 종류 각각에 대해 '대부분 분야에서 재활용 적합', '일부 분야에서 적합', '부적합' 등 3개 등급으로 나누어 재질과 구조를 분류하고 있다.

3. 한국의 재질·구조개선제도

1) 도입 경위

포장재의 재활용성을 높이기 위해 우리나라 최초로 도입된 포장재의 재질·구조개선제도는 2011년 환경부 예규로 고시된 「포장재 재질·구조 사전평가제도 운영지침」이라고 할 수 있다. 이 고시에 의해 도입된 재질·구조 사전평가제도는 포장재를 생산하는 기업들이 제품 설계단계부터 재활용성을 평가해 재활용이 용이한 제품을 생산할 수 있도록 유도하는 것을 주요 내용으로 한다. 이 사전평가제도는 EPR 대상 포장재 중 기존에 생산되지 않았던 새로운 제품이 신규로 출시되거나 기존 제품 중 포장재 자체의 재질·구조를 개선해 출시되는 제품을 대상으로 했다.

2013년 5월에는 「자원재활용법」을 개정해 포장재의 재질·구조개선제도를 명문화했다. 이 법률에서 환경부는 포장재의 재활용이 쉽도록 재질구조 개선 등에 관한 기준을 정해 고시하고 포장재 재활용의무생산자는 그 기준을 준수하도록 했다. 이 법률의 규정에 따라 환경부는 2014년에 「포장재 재질·구조개선 등에 관한 기준」을 고시했다.

이 고시에서는 포장재의 재질별 기능·형태 등에 따라 구성 항목을 몸체, 라벨, 마개·잡자재 등으로 구분하고, 각 항목이 재활용에 미치는 영향을 분석해 재질·구조개선을 위한 기준을 정했다. 포장재별 세부 기준에서는 재활용 등급을 '재활용 용이(1등급)', '재활용 어려움(2, 3등급)'으로 구분하고, 재활용 어려움 등급은 현재 기술 및 시장 여건과 재활용상의 문제를 감안해 2등급, 3등급으로 구분했다. 재활용

플라스틱 시대

2등급은 재활용하기는 어렵지만 현재 기술 및 시장 여건상 불가피하게 사용할 수밖에 없는 재질·구조이므로, 사용하되 가급적 사용을 자제하도록 권고하고, 3등급은 재활용 시 문제를 야기하는 재질·구조로 현재 기술 및 시장 여건상 개선 가능한 재질·구조이므로 재활용이 용이한 재질·구조로 개선하도록 권고했다.

2013년 「자원재활용법」에 근거를 두고 2014년부터 시행된 재질·구조개선제도의 가장 큰 문제점은 강제 이행력 부족이었다. 곧 재질·구조개선제도가 의무제도가 아니라 권장제도여서 포장재 생산자나 사용자에게 강제할 수단이 없었고, 고시에서 규정된 기준을 따르지 않더라도 제재할 조항이 없었다.

이러한 제도의 문제점을 개선하고자 2018년 12월 개정된 「자원재활용법」에서는 재질·구조개선제도를 대폭 강화했다. 먼저 재질·구조개선제도의 실효성을 확보하고자 포장재 재활용의무생산자가 제조·수입하는 포장재 및 이를 이용해 판매하는 제품에 대해 반드시 포장재 재질·구조평가를 받도록 의무화했다. 만약 포장재의 재질·구조 평가를 받지 않을 경우에는 1,000만 원 이하 과태료를 부과하도록 했다. 또한 개정된 「자원재활용법」에서는 포장재 재질·구조평가결과를 포장재 겉면에 표시하도록 했다.

「자원재활용법」 규정에 따라 2021년 1월 고시된 「포장재 재활용이성 등급평가 기준」에서는 포장재의 재질·구조등급을 '재활용 최우수', '재활용 우수', '재활용 보통', '재활용 어려움' 등 4개 등급으로 구분하고 있다. 그리고 생산하거나 판매하는 포장재의 재질·구조 등급이 '재활용 어려움'에 해당할 때는 포장재의 표면 한 곳 이상에 인쇄 또는 각인하거나 라벨을 부착하는 방법으로 '재활용 어려움'이라고 표시하도록 했다. 이와 같이 평가결과를 포장재 겉면에 표시하도록 한 것은 소비자에게 포장재의 재활용 용이성 등급을 알려 제품 구입 시 참고하게 하려는 것이다.

이와 같이 재활용 용이성 평가결과를 포장재 겉면에 표시하도록 한 것은 세계에서 우리나라가 최초다. 평가결과 표시제도는 생산자가 이행 여부를 자유로이 선택할 수 있는 임의제도가 아니라 반드시 지켜야 하는 의무규정이다. 만약 재활용의무생산자가 포장재 겉면에 재질·구조평가결과를 표시하지 않거나 거짓으로 표시하는 경우에는 1,000만 원 이하 과태료를 부과하도록 되어 있다.

2) 포장재 재질·구조평가제도

2018년 개정된 「자원재활용법」과 2019년 12월 고시된 「포장재의 재질·구조 기준」에서는 평가 대상 포장재의 종류, 평가 절차, 평가 기준 등을 규정하고 있다.

첫째, 평가 대상은 4대 포장재인 종이팩, 금속캔, 유리병 및 합성수지 재질 포장재가 모두 포함된다. 이 중 합성수지 포장재를 보다 자세히 살펴보면 페트병, 발포합성수지, PSP, PVC, 기타 단일·복합재질 용기류 및 쟁반형 용기(트레이), 단일·복합재질 필름·시트형 포장재, 전기제품·컴퓨터 등의 포장에 사용되는 합성수지 재질의 포장재와 종량제 봉투를 제외한 합성수지 재질의 일회용 봉투·쇼핑백 등이 포함된다. 사실상 모든 종류의 합성수지 포장재가 재질·구조평가 대상이라고 할 수 있다. 다만 수출을 목적으로 제조·수입한 제품이나

표 3-9. 페트병 포장재의 재질·구조 세부 기준

구분	재활용이 용이한 재질·구조	재활용이 어려운 재질·구조
몸체	• 단일재질 무색	• 글리콜 변성 PET 수지(PET-G) 혼합 • 먹는 샘물·음료 포장재의 경우 유색 • 복합재질
라벨	• 소비자가 손쉽게 분리 가능한 구조 (절취선 등) • 비중 1 미만의 합성수지 재질	• 소비자가 손쉽게 분리 가능한 구조가 없는 비중 1 이상의 합성수지 재질 • 몸체에 직접 인쇄 • PVC 계열 재질, 합성수지 이외 재질, 금속혼입 재질
마개 및 잡자재	• 비중 1 미만의 합성수지 재질 • 무색 PET 단일재질	• 무색 PET 단일재질을 제외한 비중 1이상의 합성수지 재질 • PVC 계열 재질 • 합성수지 이외 재질

포장재와 연구용으로 수입한 포장재는 평가 대상에서 제외된다.

둘째, 평가 절차는 재활용의무생산자가 포장재를 제조 및 판매하기 전에 「포장재 재활용 용이성 등급평가 기준」에 따라 자체 평가를 실시하는 것으로 시작된다. 자체 평가 실시 후 그 결과를 관련 증빙 서류와 함께 한국환경공단에 제출하면, 공단은 제출서류를 검토한다. 검토 과정에서 보완이 필요하면 신청자에게 보완을 요구하고, 그렇지 않으면 신청자에게 평가결과를 통지하는 것으로 절차가 끝난다.

셋째, 평가 기준은 「포장재 재활용 용이성 등급평가 기준」에 명시되어 있다. 재질·구조 세부 기준은 포장재별로 몸체, 라벨, 마개 및 잡자재 등 구성에 따라 재활용이 용이한 재질·구조와 재활용이 어려운 재질·구조로 나뉘어 있다. 예컨대 페트병 포장재의 재질·구조 세부 기준 중 몇 가지를 살펴보면 〈표 3-9〉와 같다.

그런데 페트병이라는 포장재가 '재활용 우수' 등급을 받기 위해서는 페트병의 몸체, 라벨, 마개 및 잡자재 등 모든 항목에서 '재활용이 용이한 재질·구조'의 모든 기준을 만족하고, '재활용이 어려운 재질·구조' 기준의 어느 하나에도 해당하지 않아야 한다. 즉 몸체, 라벨, 마개 및 잡자재 등의 어느 한 항목이라도 세부 기준에서 정한 '재활용이 어려운 재질·구조'에 해당하는 경우에는 '재활용 어려움' 등급을 받는다. 따라서 재활용의무생산자는 제조·수입 또는 사용하는 포장재가 '재활용 우수' 등급을 받도록 하기 위해서는 세부 기준 모든 항목에서 '재활용이 용이한 재질·구조'로 설계·제작해야 한다.

일부 포장재는 '재활용 우수'나 '재활용 어려움' 등급이 아니라 '재활용 보통' 등급을 받을 수 있는데, 이는 세부 기준 중 한 개나 두 개 항목이 '재활용이 제한적으로 용이한 재질·구조'에 해당하고, 나머지 항목은 모두 '재활용이 용이한 재질·구조'를 만족할 때 받는다. 예컨대 페트병의 라벨이 비중 1 이상의 합성수지 재질로 되어 있지만 절취선이 포함되어 있거나 비중 1 미만의 합성수지 재질로 되어 있으면서 절취선이 없는 비접착식일 경우 '재활용이 제한적으로 용이한 재질·구조'에 해당해 '재활용 보통' 등급을 받게 된다.

3) 포장재 재질·구조평가결과 표시제도

2018년 12월에 개정된 「자원재활용법」의 가장 특징적인 내용은 바로 포장재의 재질·구조평가결과를 포장재 겉면에 표시하도록 한 것이다. 우리나라가 쓰레기 종량제를 전국 단위로 시행하고 모든 플라스틱 최종제품에 폐기물부담금을 부과한 데 이어 폐기물 관리 분야에서 세계 최초이자 유일하게 도입한 세 번째 제도가 포장재 재질·구조평가결과 표시제도다.

　생산자책임재활용제도 대상이 되는 포장재에 대해 포장재 재질·구조평가결과를 표시하도록 한 것은 한마디로 소비자들의 환경을 사랑하는 마음을 이용해 포장재 생산자와 사용자들을 압박하기 위해서다. 예컨대 독창적이고 아름다운 디자인을 가진 고급 화장품 용기에 '재활용 어려움'이라는 표시가 인쇄되거나 각인되어 있다고 생각해보자. 일부 소비자들은 화장품 용기가 재활용하기 어렵다는 의미인데도 불구하고 고급 화장품의 내용물까지 환경친화적이지 않은 것으로 오인할 수 있을 것이다. 또 환경의식이 뛰어난 일부 소비자들은 '재활용 어려움' 표시가 있는 용기의 화장품보다 '재활용 우수' 또는 표시가 없는 화장품을 사는 것이 환경보전에 조금이나마 기여한다고 느낄 것이다.

　저자가 2020년 연구수행 과정에서 화장품 소비자 1,000명을 대상으로 조사한 결과에 따르면 화장품 성분과 포장 등 제품의 친환경성이 화장품 구매에 미치는 영향 정도가 크다고 답변한 소비자의 비율이 65.5%에 이르렀다. 또한 "현재 사용하고 있는 화장품의 용기에 '재활용 어려움' 표시가 있을 경우 그 화장품을 다시 구매하겠느냐"는 질문에 12.8%가 "화장품의 성분이나 효과와는 상관없지만 다른 화장품을 구매하겠다."라고 응답했다. 포장재 용기에 표시하는 재질·구조평가결과가 소비자들에게 얼마나 큰 영향을 미치는지, 표시 의무가 있는 포장재 재활용의무생산자가 얼마나 큰 압박을 느끼는지 잘 알려준다.

　앞에서 설명한 바와 같이 포장재 재활용의무생산자는 평가결과에 따라 '재활용 최우수', '재활용 우수', '재활용 보통', '재활용 어려움' 중 한 가지를 포장재 겉면에 표시해야 한다. 평가결과가 '재활용 최우수', '재활용 우수' 또는 '재활용 보통'에 해당할 경우에는 표시하지 않을 수 있으나 '재활용 어려움에 해당할 경우에는 반드시 표시하도록 했다. 표시제도의 목적이 포장재를 '재활용이 어려운 재질·구조'에서 '재활용이 용이한 재질·구조'로 변경하는 데 있기 때문에 '재활용이 용이한 재질·구조'의 포장재에 대해서는 표시를 강제하지 않고 생산자의 선택에 맡긴 것이다.

표시제도의 대상 포장재도 평가 대상과 마찬가지로 「자원재활용법」에서 생산자책임재활용제도의 대상으로 정한 종이팩, 금속캔, 유리병, 합성수지 재질 포장재가 모두 포함된다.

다만, 생산자책임재활용제도 대상 제품이 아닌 수출 목적으로 제조·수입된 포장재 및 연구용 제품·포장재는 표시제도 대상이 아니다. 평가결과를 표시해도 포장재의 재질·구조개선 유도가 어려운 경우 등에는 평가결과를 표시하지 않을 수 있도록 예외를 인정하고 있다.

평가결과 표시도안의 색상은 표시 대상 제품·포장재의 전체 색채와 대비되는 색채로 해 식별하기 쉬워야 한다. 평가결과 표시 위치는 〈표 3-10〉과 같이 분리배출 표시 상단 또는 하단으로 한다. 다만, 분리배출 표시가 없는 경우 포장재 재질의 종류와 함께 제품·포장재 정면, 측면 또는 바코드 상하좌우에 표시할 수 있다.

포장재 재질·구조평가결과 표시제도는 2021년 하반기부터 본격적으로 시행되고 있다.

표 3-10. 평가결과 표시도안

분리배출 표시가 있는 경우	분리배출 표시 상단에 표시하는 경우
	분리배출 표시 하단에 표시하는 경우
분리배출 표시 없이 표시해야 하는 경우	제품·포장재의 정면, 측면에 표시하는 경우
	랩 : PVC 재활용 어려움 랩 : PVC 재활용 어려움
	바코드 상하좌우에 표시하는 경우
평가결과 표시제도의 예	

포장폐기물 규제정책과 폐기물처분부담금제도

1. 포장폐기물 규제정책

포장폐기물 규제정책은 포장폐기물의 발생을 억제하고 재활용을 촉진하기 위한 것이다. 포장폐기물 규제는 재활용이 용이한 친환경적 재질로 대체하기 위한 포장재질 규제와 포장폐기물 감량을 위한 포장방법 규제로 구분된다. 포장재질에 관한 규제에는 PVC 첩합·수축포장 또는 코팅 포장재 사용금지와 중금속 함유 재질 포장재 제조 및 유통금지가 포함되어 있다.

포장방법에 대한 규제는 포장공간 비율에 대한 규제와 포장횟수에 대한 규제로 구분되는데, 주요 내용은 〈표 3-11〉과 같다. 표에서 보는 바와 같이 가공식품, 제과류, 화장품류 등 포장재를 사용하는 거의 모든 제품에 포장방법 규제가 적용되고 있다. 그리고 이미 포장된 제품을 다시 포장하는 재포장에 대해서도 2021년부터 규제가 시행되고 있다. 최근 택배, 신선배송이 많아짐에 따라 배송용 포장재가 급증하고 있다. 따라서 배송용 포장재에 대해서도 더욱 강력한 규제가 필요할 것으로 판단된다.

표 3-11. 제품의 종류별 포장방법에 관한 기준

제품의 종류			기준	
			포장공간 비율	포장횟수
단위 제품	음식료 품류	가공식품	15% 이하 (분말커피류는 20% 이하)	2차 이내
		음료	10% 이하	2차 이내
		주류	10% 이하	2차 이내
		제과류	20% 이하 (데커레이션케이크는 35% 이하)	2차 이내
		건강기능식품(포장내용물 80ml 또는 80g 이하 제외)	15% 이하	2차 이내
	화장품류	인체 및 두발 세정용 제품류	15% 이하	2차 이내
		그 밖의 화장품류 (방향제 포함)	10% 이하 (향수 제외)	2차 이내
	세제류	세제류	15% 이하	2차 이내
	잡화류	완구·인형류	35% 이하	2차 이내
		문구류	30% 이하	2차 이내
		신변잡화류(지갑 및 허리띠만 해당)	30% 이하	2차 이내
	의약 외품류	의약외품류	20% 이하	2차 이내
	의류	와이셔츠류·내의류	10% 이하	1차 이내
종합 제품	1차식품, 가공식품, 음료, 주류, 제과류, 건강기능식품, 화장품류, 세제류, 신변잡화류		25% 이하	2차 이내

※ '단위제품'이란 1회 이상 포장한 최소 판매단위 제품을 말하고, '종합제품'이란 같은 종류 또는 다른 종류의 최소 판매단위 제품을 두 개 이상 함께 포장한 제품을 말한다.

2. 폐기물처분부담금제도

폐기물처분부담금제도는 플라스틱 폐기물 같은 폐기물을 재활용, 에너지 회수 등의 방법으로 순환이용할 수 있음에도 불구하고 소각 또는 매립 방법으로 처분하는 지자체 및 사업장폐기물배출자에게 부담금을 부과해 폐기물을 최대한 재활용하도록 유도하는 제도다. 이 제도는 2016년 5월 「자원순환기본법」이 제정되면서 2018년 1월부터 시행되었다. 이 제도의 도입 취지는 매립과 소각을 최소화하고 재활용을 최대화해 자원순환사회를 앞당기는 데 있다. 현재도 폐기물의 매립과 소각을 위해서는 매립장이나 소각장에 수수료를 내고 있지만, 이에 더해 추가로 폐기물처분부담금을 납부하게 함으로써 플라스틱과 같이 재활용 가능한 폐기물은 최대한 재활용할 수 있도록 하는 경제적 유인제도다.

폐기물처분부담금 대상 폐기물은 소각 또는 매립 방법으로 처분하는 생활폐기물 또는 사업장폐기물이다. 그러나 「폐기물관리법」에서는 폐석면, 폴리클로리네이티드바이페닐(PCBs)을 일정 농도 이상 함유하는 폐기물 및 의료폐기물과 같이 재활용할 수 없는 폐기물은 폐기물처분부담금 부과 대상에서 제외하도록 규정하고 있다. 법률상 재활용할 수 없는 폐기물을 재활용하지 않는다고 부담금을 부과할 수는 없기 때문이다.

또한 「산업안전보건법」에 따라 제조 등이 금지된 물질, 「화학물질의 등록 및 평가 등에 관한 법률」에 따라 금지물질로 지정·고시된 화학물질, 폐농약, 폐의약품과 의료폐기물을 멸균·분쇄한 잔재물 등 인체나 환경에 미치는 위해가 매우 높을 것으로 우려되는 폐기물도 폐기물처분부담금 부과 대상에서 제외된다. 이러한 폐기물들은 재활용 과정에서 환경에 유출될 경우 인체나 주변 환경을 크게 오염시킬 우려가 크기 때문이다.

　그리고 「자원순환기본법」과 시행령에서는 폐기물처분부담금 감면 규정을 두고 있다. 자가매립 후 재활용하는 경우, 폐자원에너지를 50% 이상 회수하는 경우, 폐기물부담금이 부과된 경우 및 연간 매출액 120억 원 미만 중소기업은 부담금의 일정비율을 감면받는다.

　폐기물처분부담금 납부 의무자는 폐기물의 종류에 따라 다르다. 생활폐기물을 소각·매립처분하는 경우에는 특별자치시장, 특별자치도지사, 시장·군수·구청장 등 지방자치단체에 납부의무가 있으며, 사업장폐기물을 소각·매립처분하는 경우에는 사업장폐기물 배출자에게 납부의무가 있다.

　징수된 부담금은 환경개선특별회계 세입으로 편입되어 폐기물의 안전한 관리와 재활용 증대를 위한 다양한 사업에 사용된다.

　폐기물처분부담금은 다음 공식에 의해 산정된다.

폐기물처분부담금 = 폐기물 처분량(kg) × 부과요율(원/kg) × 산정지수

　이 공식에서 부과요율은 〈표 3-12〉와 같으며, 폐기물 처분량은 폐기물 종류별로 소각 또는 매립처분한 양을 의미한다. 산정지수는 폐기물처분부담제도가 처음 시행된 2018년의 산정지수를 1로 하고, 매년 전년도의 산정지수에 가격변동지수를 곱해 산정된다. 참고로 2020년 산정지수는 1.023이었으며, 2021년 산정지수는 1.024였다. 2022년 산정지수는 2021년 산정지수 1.024에 가격변동지수 1.0338을 곱해 1.059로 산정되었다.

표 3-12. 폐기물처분부담금 부과요율

폐기물 종류		매립	소각
생활폐기물		15원/kg	10원/kg
사업장폐기물	가연성	25원/kg	10원/kg
	불연성	10원/kg	-
건설폐기물		30원/kg	10원/kg

미세플라스틱 관리정책

앞에서 본 바와 같이 미세플라스틱은 생산 당시부터 5mm 이하로 만들어지는 1차 미세플라스틱과 일반플라스틱이 풍화와 자외선 등의 영향으로 크기가 줄어든 2차 플라스틱으로 구분된다. 1차 미세플라스틱 중 마이크로비즈는 치약, 세안용 스크럽, 보디워시 등 생활용품과 화장품에 널리 사용되고 있다. 2015년 유럽연합 환경집행위원회 보고서에 따르면 화장품에 사용되는 마이크로비즈의 경우 매년 최대 8,768톤이 바다로 유입되고 있다. 마이크로비즈가 환경 및 해양생태계에 미치는 악영향이 보고되면서 주요 국가들이 마이크로비즈에 대한 규제를 시행하고 있다.

미국은 2015년 「해역 마이크로비즈 청정 법안(Microbead-free Waters Act)」을 통과시켜 2017년 7월부터 마이크로비즈를 포함한 세정용 화장품 생산 금지 및 주 간(interstate) 상업거래를 금지했다. 캐나다도 2015년 3월 환경보호법상 독성물질 목록에 마이크로비즈를 포함시켰으며, 2016년 2월에는 마이크로비즈 규제안을 발표했다. 이 규제안에 따라 2017년 12월부터 마이크로비즈가 함유된 생활용품과 화장품의 제조 및 수입이 금지되었다. 영국은 2017년 말부터 마이크로비즈가 포함된 화장품과 세정제 사용을 금지하고 있으며, 프랑스는 2018년 1월부터 마이크로비즈를 함유한 각질 제거용 화장품의 판매를 금지하고 있다. 우리나라는 2017년 5월과 7월부터 각각 의약외품과 화장품에 미세플라스틱을 사용할 수 없도록 했다. 그러나 세탁세제 및 섬유유연제와 같은 생활화학제품에는 여전히 탈취, 유연, 향기 유지를 위한 미세플라스틱 사용을 허용하고 있다.

1차 미세플라스틱에 대한 관리가 어느 정도 이루어지고 점차 강화되는 추세지만, 2차 플라스틱에 대한 관리는 매우 미흡하다고 할 수 있다. 국제기구나 세계 대부분 나라에서 2차 미세플라스틱을 단독으로 규제하는 협약이나 법률은 거의 없다. 다만, 플라스틱을 비롯한 쓰레기를 바다에 버리는 행위는 1970년 초반부터 협약 채택 등으로 규제하고 있다.

플라스틱을 포함해 해양에서 발생하는 쓰레기를 줄이기 위한 대표적인 국제협약으로는 「선박기인 오염방지 국제협약」과 「런던 협약」이 있다. 1973년에 채택된 「선박기인 오염방지 국제협약」은 선박에서 배출될 수 있는 각종 오염물질 배출을 규제하는 협약으로, 부속서 V에서 플라스틱과 음식물쓰레기 등 각종 쓰레기의 해양 배출을 규제하고 있다. 1972년에 체결된 「런던 협약」은 모든 해양지역에서 각종 폐기물 투기를 방지해 해양오염을 막기 위한 협약으로, 부속서 I에서 플라스틱 투기를 금지하고 있다.

최근 유엔을 중심으로 해양쓰레기와 미세플라스틱에 대한 논의가 활발하게 진행되고 있다. 유엔환경총회에서는 2016년부터 2019년까지 매년 '해양 플라스틱 쓰레기와 미세플라스틱에 대한 결의안'을 채택하고, 2025년까지 유엔환경계획이 중심이 되어 해양쓰레기 예방 및 획기적 저감 방안을 마련하며, 국제적으로 구속력 있는 조치 및 협력방안 마련을 촉구했다. 또한 해양쓰레기에 대한 데이터베이스 구축, 전 지구 차원의 해양쓰레기에 대한 인식 제고, 각국 정부의 해양쓰레기 문제 해결 지원 지침서 마련 등을 위해 노력하기로 했다.

플라스틱을 포함한 쓰레기로부터 해양을 지키기 위한 지역협약도 다양하다. 지중해 지역에서 플라스틱을 포함한 폐기물 투기, 유출, 배출을 규제하기 위한 「바르셀로나 협약」, 카리브해의 해양환경을 보호하기 위한 「카르타헤나 협약」, 북동대서양에서의 폐기물 투기와 육지 폐기물 유입 방지 등을 위한 「북동대서양 해양환경보호 협약」, 발트해의 해양환경보호를 위한 「헬싱키 협약」 등이 대표적이다.

향후 미세플라스틱으로 인한 환경 영향이 더 심해질 것으로 예측되면서, 해양 등에서 미세플라스틱의 오염 현황, 생성 경로, 생태계에 미치는 영향 등에 대한 조사·연구가 더욱 활성화되고, 해양의 미세플라스틱에 대한 관리 노력이 국제사회 및 각국 차원에서 훨씬 강화되어야 할 것으로 보인다.

4

플라스틱 문제,
어떻게 해결할 수 있을까?

자원순환 원칙과 플라스틱 문제 해결

앞에서 자원순환사회로 전환하기 위해 사회구성원들이 지켜야 할 자원순환 원칙을 살펴보았다. 이 원칙에는 제품생산과 설계 시 재활용 용이성과 유해성을 고려하고, 제품의 생산·유통·소비 과정에서 폐기물 발생을 최대한 억제하며, 어쩔 수 없이 발생한 폐기물은 최대한 재활용하고, 재활용이 어려운 것은 환경적 영향이 최소화되도록 안전하게 처리한다는 것이 포함되어 있다.

한편, 재활용에도 우선순위가 있다. 최우선순위는 발생한 폐기물의 재사용이고, 그다음은 재생이용이다. 마지막 순위인 에너지 회수는 재사용이나 재생이용할 수 없는 가연성 폐기물에 한정적으로 적용해야 한다. 이 원칙을 그림으로 표현하면 〈그림 4-1〉과 같다.

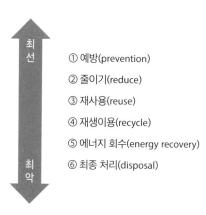

① 예방(prevention)
② 줄이기(reduce)
③ 재사용(reuse)
④ 재생이용(recycle)
⑤ 에너지 회수(energy recovery)
⑥ 최종 처리(disposal)

그림 4-1. 자원순환 체계도

최우선순위인 예방(prevention)은 주로 제품 생산 과정에 적용되는 원칙이다. 현재 부존자원을 최대한 보호하기 위해 제품 생산 시 재생원료를 사용하고, 제품이 수명을 다한 후에는 재활용이 용이하도록 친환경적 재질과 구조로 설계하는 것이 여기에 포함된다. 또한 재활용 용이성을 증진하고 사람의 건강과 환경에 미치는 영향을 최소화하기 위해 유해물질 사용을 줄이는 것도 중요한 내용이다. 그리고 플라스틱 사용을 줄이기 위해 가능한 한 목재, 종이, 금속 등의 소재를 선택하는 것도 여기에 속한다.

두 번째 우선순위인 줄이기(reduce)는 생산, 유통, 소비 과정에 적용되는 원칙이다. 생산 과정에서는 기술개발 등으로 제품생산에 사용되는 원료의 양을 줄이면 제품이 수명을 다한 후 폐기물량이 줄어든다. 유통 과정에서도 포장방법을 개선하고 과대포장을 하지 않으면 발생하는 폐기물의 양을 줄일 수 있다. 특히 최근 온라인 쇼핑의 급격한 증대와 배달문화의 확산으로 유통 과정에서 폐기물이 많이 발생해 포장폐기물 감소에 각별한 관심이 필요하다.

소비 및 사용 과정에서도 다양한 방법으로 플라스틱 폐기물 발생을 줄일 수 있다. 제품을 가능한 한 오래 쓰고 아껴 쓰는 것도 플라스틱 폐기물을 줄이는 방법이다. 무엇보다 일회용 플라스틱 포장재 사용을 줄이는 것이 중요하다. 예컨대 장바구니를 이용해 비닐봉투 사용을 줄이고, 텀블러를 지참해 커피나 물을 마실 때 일회용 컵을 사용하지 않으며, 플라스틱팩보다 종이팩에 든 계란을 구입하는 등의 방법으로 플라스틱 폐기물 발생을 줄일 수 있을 것이다.

세 번째 순위인 재사용(reuse)은 폐기물을 그대로 또는 고쳐서 다시 쓰는 것을 말한다. 기능에는 문제가 없지만 여러 가지 사유로 사용하지 않거나 버리는 물건이 많다. 이러한 물품들을 공유매장이나 중고매장을 통해 재사용하면 자원 절약과 폐기물 발생 감소에 기여할 수 있다. 또한 원래 용도의 기능을 다한 제품의 일부를 다시 사용하는 것도 재사용의 범주에 포함될 수 있다. 해체된 컴퓨터에서 나온 전선, 칩 등의 부품을 오락기구나 장난감에 사용하는 경우가 이에 해당한다.

네 번째 순위인 재생이용(recycle)은 폐기물의 전부 또는 일부를 원료물질(原料物質)로 다시 사용하는 것을 말한다. 이때 폐기물은 말 그대로 재활용가능자원이 된다. 유리를 녹여 유리병을 만들고, 고철을 다시 제련해 철판이나 관을 만들며, 플라스틱을 녹여 원료 펠릿으로 만드는 것이 그 예다.

다섯 번째 순위인 에너지 회수(energy recovery)는 재사용이나 재생이용할 수 없는 플라스틱과 같은 가연성 폐기물에 함유된 에너지를 회수(回收)하거나 에너지를 회수할 수 있는 물질을 만드는 것이다. 일반적으로 소각열을 이용해 전기를 생산하거나 난방을 하게 된다. 유럽의 경우에는 에너지 회수를 매우 제한적인 범위에서만 허용하며, 재활용 범주에 포함하지 않는 경향이 있다.

우리나라에서도 폐기물 관련 법령에 에너지 회수효율이 75% 이상일 것, 회수열을 모두 열원(熱源)·전기 등의 형태로 바꾸어 스스로 이용하거나 다른 사람에게 공급할 것, 해당 폐기물의 저위발열량이 kg당 3,000kcal 이상일 것 등 에너지 회수기준을 정하고 있다. 그러나 폐기물을 시멘트소성로 등의 연료로 사용하는 경우에도 에너지 회수로 인정하는 등 에너지 회수 범위가 너무 광범위한 경향이 있다.

우선순위가 가장 낮은 마지막 처리방법은 매립 및 단순소각 같은 최종 처리(disposal)다. 최종 처리는 폐기물의 마지막 여정이다. 에너지 회수기준에 적합하지 않은 가연성 폐기물은 소각하며, 태우지 못하는 폐기물은 매립장에 매립한다.

자원절약과 자원순환 관점에서 보면 소각과 매립은 어떻게 하든 피해야 되는 최악의 처리방법이다. 매립하거나 소각한 양만큼 자원을 다시 자연에서 채굴해야 하는데, 이것은 특히 환경에 많은 영향을 주게 된다. 소각 과정에서는 다이옥신 등 다양한 대기오염물질이 배출되고, 매립 시에도 주변 토양과 지하수 등을 오염시킨다. 세월이 흐르면서 매립된 폐기물이 분해되면 메탄과 같은 온실가스가 발생하고, 쉽게 분해되지 않는 플라스틱류가 매립되면 토양의 안정화를 방해한다. 이러한 자원순환 체계와 원칙에 담긴 핵심 개념은 폐기물 발생을 최대한 억제해 발생량을 최소화하고, 어쩔 수 없이 발생한 폐기물은 최대한 재활용하자는 것이다.

자원순환의 기본원칙도, 플라스틱 관리를 위해 도입된 다양한 정책수단(제3장 참조)도 결국은 폐기물 발생량을 억제하고 재활용을 활성화하기 위한 것이다. 결국 플라스틱 문제 해결은 어떻게 하면 플라스틱 폐기물 발생량을 효과적·효율적으로 줄이느냐, 어떻게 하면 플라스틱 폐기물을 비용효과적으로 환경에 미치는 영향을 최소화하면서 재활용을 활성화할 수 있느냐에 달려 있다고 할 수 있다. 따라서 아래에서는 플라스틱 폐기물 발생량 줄이기와 재활용 활성화에 대해 다양한 관점에서 살펴보고자 한다.

그런데 많은 전문가와 국민들은 플라스틱 폐기물 발생량 줄이기와 재활용 활성화가 플라스틱 문제 해결을 위한 궁극적인 방법이 아니라고 생각한다. 플라스틱 폐기물 발생량을 줄이기 위해서는 플라스틱 사용량을 줄여야 하는데, 현재와 같은 플라스틱 시대에 플라스틱 사용량을 완전히 줄이거나 환경에 영향을 주지 않을 정도까지 줄이기는 불가능하다는 것이다. 또한 현재와 같이 플라스틱 신제품 가격이 저렴한 상태에서 플라스틱 사용 행태와 재활용 체계를 고려할 때, 플라스틱 폐기물 재활용도 한계가 있을 수밖에 없다는 것이다.

일부 전문가들은 친환경 바이오플라스틱이 현재 합성플라스틱이 안고 있는 문제를 해결할 열쇠라고 생각한다. 일반 플라스틱의 난분해성 문제와 플라스틱 생산 및 처리 과정에서 발생하는 온실가스 문제를 바이오플라스틱이 일정 부분 해결할 수 있다는 것이다. 따라서 아래에서는 바이오플라스틱의 플라스틱 문제 해결 가능성과 한계, 앞으로의 과제도 함께 살펴볼 것이다.

플라스틱 폐기물 줄이기

1. 폐기물 줄이기란?

우리는 앞에서 폐기물 줄이기가 자원순환 원칙에서 두 번째 순위라는 것을 확인했다. 그런데 폐기물 줄이기는 어디까지 가능할까? 현대인이 매일 폐기물을 만들지 않고 살아가기란 사실상 불가능에 가깝다.

커피 한 잔만 마셔도 일회용 컵, 뚜껑 및 빨대까지 적지 않은 폐기물
이 나온다. 우리가 구입하고 사용한 물건들은 수명을 다하면 결국 폐
기물로 버려야 한다. 재사용해 수명을 늘릴 수는 있어도 폐기물이 되
는 것을 완전히 막을 수는 없다.

폐기물 줄이기는 가능한 범위에서 폐기물 발생을 최소화하자는
것이다. 여러 번 언급했듯이 폐기물 발생 최소화 노력은 소비단계에
서만 이루어지는 것이 아니라 제품 생애주기 모든 단계에서 이루어져
야 한다. 생산단계에서 가능한 한 적은 원료를 사용하고 제품을 오랫
동안 사용할 수 있도록 설계한다면 폐기물 발생량이 줄어들 것이다.
또한 제품생산 후 포장 없이 판매하거나 양을 줄여도 폐기물 발생량
이 줄어들 것이다. 유통 과정에서 이중포장이나 불필요한 포장을 없
애는 것도 폐기물 발생량 저감에 기여할 것이다. 소비단계에서도 꼭
필요하지 않은 소비를 줄이고, 일회용품 등의 소비를 자제한다면 불
필요한 폐기물 배출을 막을 수 있을 것이다.

오늘날 폐기물을 배출하지 않고 살아가기란 거의 불가능하지만,
이러한 노력들을 통해 우리 일상생활에서 과도하게 쏟아져 나오는 폐
기물을 하나씩 줄여 나가는 것이 쓰레기 줄이기의 궁극적인 목표다.

2000년 이후 폐기물로 인한 해양오염, 재활용의 현실적인 한계, 매
립장 부족과 소각 시 다양한 오염물질 배출 등의 문제가 제기되면서
정부와 민간 차원에서 폐기물, 특히 플라스틱 폐기물 발생을 줄이는
것이 매우 시급한 과제임을 인식하고 다양한 노력을 진행하고 있다.

먼저 정부 차원에서는 플라스틱 폐기물 생산과 사용을 줄이기 위
한 규제제도와 정책도입이 지속적으로 확대되고 있다. 제3장에서 살

퍼본 바와 같이 유엔환경계획(UNEP)에서 발간한 보고서에 따르면 일회용 플라스틱 제품에 대해 정부 차원에서 최소 127개 국가가 사용 금지, 부담금이나 세금과 같은 경제적 인센티브제도 및 공공기관과 민간기관의 협약 등을 통해 사용을 억제하고 있다. 대부분의 국가가 2000년 이후 규제제도를 도입했으며, 2015년 이후 새롭게 규제제도를 도입하거나 강화한 나라가 전체의 약 60%를 차지한다.

이는 최근 해양의 플라스틱 폐기물 문제가 심각해지고 일회용 플라스틱 규제를 위한 국제적 움직임이 가시화되면서 많은 국가가 일회용 플라스틱 사용에 대한 규제제도를 새로 도입하거나 강화했기 때문으로 보인다. 앞으로도 이러한 규제 움직임은 더욱 강화될 것이다. 아직 규제제도를 도입하지 않은 나라들도 규제제도를 도입할 것으로 보이며, 이미 규제를 도입한 나라는 부담금이나 세금을 인상하고 대상 제품을 확대하는 등 규제를 더욱 강화할 것으로 예상된다.

민간 차원에서도 폐기물을 줄이기 위한 다양한 노력이 진행되고 있다. 그 대표적인 활동이 세계 각국으로 급속히 확산되고 있는 '제로웨이스트(Zero Waste)' 운동이다. 제로웨이스트 운동은 유럽과 북미에서 2000년대 초반부터 시작되어 일반 대중의 생활 패턴 개선, 제로웨이스트 마켓 확산, 기업들의 제로웨이스트 공급망 구축 등으로 확산·발전되고 있다.

쓰레기 발생을 줄이자는 데서 시작된 제로웨이스트 운동의 목적도 재활용을 활성화하고 일자리를 창출해 사회 전체적으로 순환경제를 달성하자는 데까지 점차 확대되고 있다. 아래에서는 제로웨이스트의 정의, 방법 및 사례 등을 간단하게 살펴보고자 한다.

2. 제로웨이스트 운동의 확산

1) 제로웨이스트란?

제로웨이스트의 개념은 2000년대 초부터 미국과 유럽을 중심으로 생겨나기 시작해 세계적으로 확산되었다. 미국의 풀뿌리 재활용 네트워크(Grassroots Recycling Network) 이사인 리처드 앤서니가 2002년 스위스에서 열린 자원회의에 참석한 뒤 더 강력한 환경보호운동의 필요성을 인식하고 제로웨이스트국제연합(Zero Waste International Alliance, ZWIA)을 설립했다. 이후 이 연합은 제로웨이스트 운동 참여자들 간 네트워크를 구성해 관련 정보를 공유할 뿐만 아니라 관련 가이드라인과 원칙 정립을 통해 공동체, 비즈니스 등 다양한 차원의 제로웨이스트 운동을 지원하고 있다. 그 후 영향력 있는 개인뿐만 아니라 주요 언론, 유통기업들이 동참하면서 제로웨이스트 운동은 급속히 확산되고 있다.

제로웨이스트는 우리말로 번역하면 '쓰레기제로', 풀어 보면 쓰레기를 원천적으로 만들어 내지 않는 것을 의미한다. 그런데 사람이 살아가기 위해서는 쓰레기를 배출하지 않을 수 없으므로 완벽한 의미에서 제로웨이스트는 불가능하다. 따라서 사람들은 다양한 방식으로 제로웨이스트를 해석한다. 예를 들어 제로웨이스트 마켓의 시작을 알린 독일의 오리기날 운페어파크트(Original Unverpackt)의 'Unverpackt(포장이 없는)'에 초점을 맞추어 포장폐기물을 중심으로 한 폐기물 줄이기 운동이라고 해석하기도 하고, 자원순환의 기본원칙을 강조하면서 쓰레기 원형 그대로 직매립하는 것을 금지하는 데 초점을 맞추어 해석하기도 한다. 또한 순환경제에 초점을 맞추어 제품의 전 생애에 걸쳐 자원 사용을 줄이고, 폐기물 발생을 줄이며, 최대한 재활용하고, 관련 일자리를 많이 창출하는 전체적인 활동을 제로웨이스트 운동이라고도 한다.

제로웨이스트국제연합은 제로웨이스트를 "제품·포장재·물질을 책임 있게 생산, 소비, 재사용 및 재활용해 자원을 보전하고, 환경과 인간의 건강을 위협하는 소각 및 토양·물·대기 중에 배출하는 방식으로 처리하지 않는 것"이라고 정의하고 있다.

제로웨이스트는 어떤 분야에서 사용되느냐에 따라 그 개념 및 내용이 조금씩 달라지는 것 같다. 일반 국민과 소비자를 대상으로 사용할 때는 소비활동과 연계한 쓰레기 줄이기가 핵심 내용이다. 제품을 생산하고 판매하는 기업체를 대상으로 할 때는 재생원료 사용, 재활용이 용이한 재질과 구조로의 제품설계, 제품 포장재 줄이기, 재활용 기술개발 등 제로웨이스트 공급 및 판매망 구축이 핵심 내용이다. 소비자에게 물건을 판매하는 중소상공인을 대상으로 할 때는 친환경적 상품의 판매, 재사용용기의 사용, 소분포장 없는 벌크 판매와 같은 판매방법, 포장방법 등이 핵심 내용이다.

2) 제로웨이스트 삶

일상생활에서 불필요한 소비를 최소화하고 프리사이클링[1]을 통해 쓰

---

1   프리사이클링(pre-cycling): 폐기물을 재활용하는 것에서 더 나아가 물건 구매 전부터 발생할 수

레기 배출을 최소화하자는 '제로웨이스트 삶(쓰레기를 배출하지 않는 삶)'은 그동안 많은 환경운동가의 실천과 정보공유, 도서출판과 영화제작, 관련 단체 구성 등으로 대중의 관심을 가장 많이 받는 분야다. 환경운동가들이 제로웨이스트 삶을 실천하는 원칙과 방법들을 살펴보면 제로웨이스트 삶을 이해하는 데 도움이 될 뿐만 아니라, 우리의 상황에도 시사하는 바가 있다고 판단해 몇 가지 소개하고자 한다.

미국 캘리포니아주에 사는 베아 존슨(Bea Johnson)은 2008년 제로웨이스트 삶을 제안하고 이를 실천하고 있다. 그녀는 플라스틱 관련 다큐멘터리를 보고 제로웨이스트 삶에 동참하기로 했다. 매주 240리터 쓰레기통이 가득 찰 정도로 쓰레기를 배출하던 그녀의 가족은 제로웨이스트 삶을 실천해 매년 유리병 한 통 크기의 쓰레기만 배출한다고 한다. 그녀는 자신의 블로그를 통해 쓰레기 재활용법, 불필요한 소비 억제방법 등 제로웨이스트 삶 실천 방법을 공유하고 있으며, 특히 자신의 제로웨이스트 실천 방법과 노력을 2013년 발간한 저서 『나는 쓰레기 없이 살기로 했다(*Zero Waste Home*)』에서 소개했다. 베아 존슨은 거절하기(refuse), 줄이기(reduce), 재사용하기(reuse), 재활용하기(recycle), 썩히기(rot) 등 다섯 가지를 제시하는데, 머리글자를 따서 5R로 부르기도 한다.

1986년 미국 위스콘신에서 태어난 롭 그린필드(Rob Greenfield)도

있는 폐기물량을 최소화한다는 의미다. 예컨대 비닐봉투 대신 장바구니를 사용하거나, 일회용 컵 대신 머그잔을 사용해 폐기물이 발생하지 않도록 한다.

제로웨이스트 삶을 실천하는 모험가이자 환경활동가다. 작가이자 연설가이고 기업가이기도 한 그는 제로웨이스트 삶을 실천하는 동시에 쓰레기의 심각성을 알리는 다양한 프로그램과 프로젝트에도 출연했다. 미국인이 평균적으로 하루 평균 2kg의 쓰레기를 배출하는 데 비해 그는 제로웨이스트 삶의 실천을 통해 두 달 동안 0.9kg보다 적은 쓰레기를 배출한다고 한다. 그는 줄여라, 다시 사용하라, 재활용하라, 고쳐 써라, 거절하라, 퇴비로 만들어라, 일회용 제품을 거절하라, 포장되어 있지 않은 음식을 사라, 자신만의 물건을 챙겨라, 리필하라, 스스로 만들어라, 중고제품을 사라, 질 좋은 물건을 사라, 물건을 소중히 다뤄라, 매사에 감사하라, 배출되는 쓰레기를 모니터링하라 등 16가지 방법을 제시하고 있다.

우리나라에서도 많은 시민단체와 블로거가 제로웨이스트 삶을 실천하는 다양한 방법을 제안하고 또 실천하고 있다. 국내에서 처음으로 문을 연 제로웨이스트 가게 '더 피커(The Picker)'는 일상에서 제로웨이스트 삶을 실천할 수 있는 방법으로 일회용 휴지보다 손수건 사용하기, 개인 텀블러 사용하기, 일회용품 거절하고 다회용이나 개인 식기 사용하기, 비닐봉지 대신 재사용 가능한 천주머니 챙기기, 벌크 제품 구입하기, 생분해성 대나무 칫솔 사용하기, 포장음식 줄이기, 나에게 필요 없는 물건 거절하기, 동네 중고 직거래 마켓과 친해지기 등을 제안한다.

국내외에서 제안하고 있는 제로웨이스트 삶 실천 방법들을 간단하게 살펴보았다. 그런데 이들 실천 방법을 살펴보면 제로웨이스트가 단순하게 일상생활에서 발생하는 쓰레기를 줄이자는 것이 아니라 궁극적으로 우리의 생활양식을 바꾸고, 새로운 문화를 조성하자는 것임을 알 수 있다. 제로웨이스트는 단순히 발생하는 쓰레기를 줄이는 것이 아니라 낭비를 지양하는 생활방식을 실천하는 것이다. 즉, 쓰레기를 발생시키지 않으려면 자연스럽게 미니멀 라이프를 추구하게 되고, 이를 통해 자원을 낭비하지 않는 문화가 조성되는 것이다.

3) 제로웨이스트 비즈니스

제로웨이스트국제연합의 정의에 따르면 제로웨이스트를 달성하기 위한 수단으로 "제품·포장재·물질을 책임 있게 생산, 소비, 재사용 및 재활용하는 것"이 포함된다. 이 정의에 따르면 제로웨이스트를 달성하기 위해서는 비즈니스의 역할이 중요하다. 제로웨이스트국제연합은 2005년에 '제로웨이스트 비즈니스 원칙(Zero Waste Business Principles)'을 채택해 각 기업체들의 제로웨이스트 활동을 지원하고 있다. 또한 전 세계 많은 기업이 각각의 특성에 맞게 친환경설계, 재생원료 사용, 바이오플라스틱 개발 및 사용, 포장재 감소 등 다양한 제로웨이스트 비즈니스 활동을 펼치고 있다. 비즈니스 측면에서 제로웨이스트 활동은 일반적으로 원료단계, 생산단계, 물류·운송단계, 유통·판매단계, 소비단계로 나누어 살펴볼 수 있다.

첫째, 원료단계에서 제로웨이스트는 제품 생산에 필요한 자원을 최대한 줄여, 결과적으로 쓰레기를 줄이는 것이다. 플라스틱 제품을 생산하기 위해서는 많은 화석연료가 필요하며, 합성섬유를 생산하기 위해서도 마찬가지다. 따라서 플라스틱 제품을 생산하기 위해 신규로 채취해야 하는 천연자원을 어떻게 하면 줄일지 원료단계부터 고민

플라스틱 시대

해야 한다. 또한 어떻게 하면 제품이 수명을 다해 폐기물이 되었을 때 재활용이 용이하도록 할 것인가 고려하고, 환경적 영향이 더 적은 제품을 만들 수 있는가도 원료 선택단계에서 고민해야 할 부분이다.

천연자원 채취를 줄이는 가장 좋은 방법은 가능한 한 많은 재생원료를 사용하는 것이다. 예컨대 아디다스가 해변, 섬, 해안지역의 플라스틱 쓰레기를 수거해 재활용한 플라스틱 섬유로 운동화를 만들면 해양 플라스틱 문제를 해결하는 데 기여할 뿐만 아니라 운동화 생산에 소요되는 천연자원 채취도 그만큼 줄이게 된다.

제품이 수명을 다해 폐기물이 되었을 때 재활용할 수 있느냐, 없느냐는 원료단계에서 어떤 재질의 원료와 구조를 선택하느냐에 달려 있는 경우가 많다. 재활용이 어려운 PVC 같은 재질을 피하고 재질이 용이한 단일재질의 플라스틱을 택하면 재활용이 훨씬 쉽다. 또한 같은 제품 속에 금속, 유리, 플라스틱, 종이 등을 혼합해 사용하면 그만큼 재활용이 어려워진다. 유해물질이 많이 함유된 재질을 사용하면 환경도 오염시킬 뿐만 아니라 재활용도 어려워진다. 그리고 플라스틱 제품을 만들 때 생분해 가능한 바이오플라스틱을 사용하면 폐기된 뒤에도 난분해성 플라스틱 제품에 비해 환경에 미치는 영향이 적을 것이다.

둘째, 생산단계에서 제로웨이스트는 생산기술 혁신과 공정 개선으로 생산단계의 폐기물 발생을 최소화하는 것이다. 예컨대 합성섬유 제품 생산 시 재단, 바느질, 접착, 심 테이핑(seam taping) 후에 남은 원단이 산업원단 쓰레기의 20%를 차지하며, 특히 재단 후 폐기되는 원단의 비율은 15%에 달한다고 한다. 업종에 따라 다르지만 대부분 분야에서 제품을 생산할 경우 일정비율의 공정 폐기물이 발생한다. 따라서 생산 공정을 개선해 공정 폐기물 발생을 최소화할 필요가 있다. 또한 발생한 공정 폐기물을 다시 원료로 사용하는 것도 생산단계에서 폐기물 발생을 줄이는 좋은 방법일 것이다.

셋째, 물류·운송단계에서 제로웨이스트와 관련해 문제가 되는 부분은 대기오염물질 및 온실가스 배출이다. 오늘날 세계 모든 상품의 90%가 화물선으로 운송되고 있으며, 국제해사기구(International Maritime Organization, IMO)에 따르면 운송 분야에서 2050년까지 이산화탄소 배출량이 50~250% 증가할 것으로 예상된다.

오늘날 많은 산업 분야에서 원료공급, 생산, 판매지역이 서로 다른 경우가 많고, 생산단계 내 공정 유형에 따라 수행 국가가 달라지는 경우도 있어 운송횟수가 많고 거리가 긴 편이다. 그러므로 제로웨이스트를 위한 물류·운송단계에서는 이러한 지리적 거리를 얼마나 줄이느냐가 관건이다. 원료 산지에서 바로 제품을 생산해 공급하는 것이 물류·운송단계에서 온실가스 배출을 줄이는 가장 좋은 방법이다. 하지만 그렇게 하기가 쉽지 않다면 완제품을 납품받는 곳과 최대한 가까운 국가에서 아웃소싱하는 것이 대안이 될 것이다.

이처럼 근거리 또는 인접국가에서 아웃소싱하는 것을 니어쇼어링(nearshoring)이라고 한다. 리쇼어링(reshoring)은 인건비 등 각종 비용절감을 위해 해외로 생산기지를 옮겼던(오프쇼어링, offshoring) 기업들이 다시 자국으로 돌아오는 것을 말하는데, 리쇼어링으로 공급망과 구성원 간 거리가 가까워져 운송에 따른 대기오염물질과 온실가스 배출이 줄어드는 효과가 있다.

넷째, 유통·판매단계에서 제로웨이스트는 포장재 줄이기와 과잉 재고 방지를 위한 크라우드 수주(crowd pre-order) 등과 관련 있다. 최근 온라인쇼핑 증가로 인한 포장박스와 테이프 등의 포장폐기물 발생이 심각한 수준이다. 그뿐만 아니라, 소비자들이 구매하지 않은 상품이 재고로 남아 결국 쓰레기가 되는 문제도 크다. 포장폐기물 문제 해결을 위해 친환경 종이를 사용하거나 비닐 완충제가 필요없는 포장박스, 테이프 없이 사용하는 포장재 등을 사용하는 업체가 늘어나고 있다. 또한 과잉재고 방지를 위해 제품생산 전에 미리 주문을 받아 주문량만큼 생산하는 크라우드 수주 등을 활용하는 기업도 늘어나고 있다.

다섯째, 소비단계에서 제로웨이스트는 제품의 수명연장 및 더 좋은 품질의 제품 생산과 관련 있다. 더 좋은 품질로 오래 사용할 수 있는 제품을 만든다면 소비자들은 새 제품 구매 시기를 늦추고 구매횟수를 줄이게 된다. 제품이 고장났을 때 수리해 준다면 제품의 수명이 더욱 연장될 것이다.

이상과 같이 비즈니스 측면에서 제로웨이스트 활동을 살펴보았다. 제로웨이스트국제연합에서는 제로웨이스트 활동과 관련해 기업체들에 가장 중요한 것이 책임감이라고 강조하고 있다. 각 기업체의 브랜드로 시장에 출시되는 모든 제품과 포장재가 사람의 건강과 환경에 미칠 수 있는 모든 영향을 완전하게 책임지겠다는 생각으로 기업을 운영하는 것이 바로 제로웨이스트 비즈니스 원칙이다. 기업체들이 생산한 제품과 포장재를 다시 회수해 재사용하고, 수리하며, 지속 가능한 방법으로 재활용하고, 퇴비화하는 모든 활동을 책임져야 한다는 것이다. 세계 많은 기업체가 법령 규정 때문에 어쩔 수 없이, 또는 기업의 사회적 책임을 다하기 위해서, 또는 친환경기업으로서 이미지 제고를 위해서 등 다양한 이유로 제로웨이스트 활동에 참여하고 있으며, 이러한 경향은 앞으로 더욱 확산될 것으로 예상된다.

그런데 기업을 변화시키는 가장 큰 역할을 하는 것은 바로 소비자라고 할 수 있다. 소비자들은 구매력을 갖고 있다. 제품을 생산해도 팔리지 않는 것만큼 기업이 두려워하는 것은 없다. 소비자들의 생활 방식이 제로웨이스트로 바뀌면 기업체들은 바뀌지 않을 수 없다. 소비자들이 친환경적인 의식으로 무장하고 재생원료를 사용하거나 재활용이 용이한 재질과 구조로 된 제품, 거주지 가까이에서 생산된 상품을 구매하며, 과잉포장을 거부하고, 품질이 더 좋고 오래 사용할 수 있는 제품을 구매하며, 일회용 플라스틱 제품을 거부한다면 기업들은 이에 따를 수밖에 없다. 소비자를 이길 수 있는 기업은 없으니, 소비자가 바로 제로웨이스트 비즈니스 활동의 가장 중요한 지원자이자 감시자인 셈이다.

4) 제로웨이스트 마켓

플라스틱이 없는 삶이나 제로웨이스트 삶을 살기로 결심한 선구적 활동가들이 겪는 가장 큰 어려움 중 하나가 대부분의 상품이 포장재, 특히 플라스틱 포장재로 포장되어 있다는 것이다. 그들은 제로웨이스트 운동 확산 전에 포장재로 포장되지 않은 상품을 구입하기 위해 전 도시를 찾아 헤매기도 했다. 그러나 2000년대 이후 제로웨이스트 삶이 확산되면서 미국과 유럽을 중심으로 제로웨이스트 마켓이 점차 확대되고 있다.

제로웨이스트 마켓의 선구자는 미국 샌프란시스코에서 1975년에 문을 연 레인보우 식품점(Rainbow Grocery)이라고 할 수 있다. 약 250명의 근로자가 직접 경영에 참여하는 협동조합 형태로 운영되는 레인보우 식품점은 환경과 지역에 미치는 영향을 고려해 대부분 인근지역에서 생산된 유기농 식품과 800여 종에 이르는 다양한 벌크 상품을 판매하고 있다. 소비자에게 재사용용기를 직접 가져와 식품을 구매하도록 독려하며, 집에서 용기를 가져올 경우 5센트를 할인해 주고 있다. 용기를 가져오지 않을 경우에는 퇴비화가 가능한 소재로 만들어진 용기를 제공하고 있다.

독일 베를린에서 2014년에 문을 연 오리기날 운페어파크트도 유명한 제로웨이스트 마켓이다. 이곳은 쓰레기량을 줄이거나 재활용하는 것이 아닌, 처음부터 아예 쓰레기를 만들지 않는다는 프리사이클링(pre-cycling) 체제로 운영된다. 여기서는 곡물, 과일, 음료, 파스타면 등 식료품뿐만 아니라 샴푸, 치약 등 생활필수품까지도 포장재가 없다. 커피, 샴푸, 세제 등은 꼭지를 틀어서, 밀가루나 콩은 직접 덜어서 담도록 되어 있으며, 파스타면이나 버터 등은 직원이 직접 덜어 주고, 치약은 알약 형태로 만들어 녹여서 사용할 수 있도록 되어 있다.

소비자가 집에서 가져온 용기에 물건을 담아 가도록 되어 있으며, 모든 제품은 그램 기준으로 가격이 책정되어 계산대에서는 바코드 대신 물건의 무게로 가격을 매긴다. 용기를 가져오지 않은 소비자들을 위해 포장용기를 대여 후 반납하거나 구매할 수 있도록 하고 있다. 취급하는 제품은 식자재 위주로 유기농, 친환경 상품 등 600여 종에 이르며 상품별로 최소한의 브랜드만 비치하고 있다.

네덜란드 암스테르담의 에코플라자(Ekoplaza)는 2018년 5월 플라스틱 포장재를 없앤 진열대를 설치한 슈퍼마켓이다. 유기농 식품을 전문적으로 취급하는 유통 브랜드 에코플라자에서 소비자들은 플라스틱 포장지에 담기지 않은 고기, 쌀, 초콜릿, 유제품, 시리얼, 과일, 채소 등 700여 가지가 넘는 품목을 선택할 수 있다. 이들 상품은 플라스틱 재질 포장지 대신 유리, 철제용기, 종이용기, 자연분해되는 바이오물질로 만든 용기에 포장되어 있다.

2007년에 문을 연 영국의 언패키지드(Unpackaged)는 창업자 캐서린 콘웨이가 가게에서 50파운드를 쓸 때 그중 8파운드가 포장비용이라는 것을 알게 된 것을 계기로, 소비자가 자신과 환경을 위해 더 쉽고 나은 선택을 할 수 있도록 한 슈퍼마켓이다. 런던 및 인근도시의 플래닛 오가닉(Planet Organic) 매장과 지역농장, 여러 사업체와 협력해 재사용용기에 리필 가능한 식품을 판매하는데, 매장 안에서 고객이 직접 용기의 무게를 재고 가격표를 붙일 수 있도록 되어 있으며 곡물, 시리얼, 과일, 세제, 치약, 샴푸, 로션 등 식품과 생활용품이 70가지가 넘는다.

우리나라 최초 제로웨이스트 숍 더 피커는 2016년 서울 성동구에서 문을 열었다. 더 피커에서는 30여 종의 식료품과 다양한 친환경 상품을 판매하는데, 개인이 가져간 용기에 필요한 만큼 담아 무게를 달아 계산하도록 되어 있다. 개인 용기를 가져가지 않았다면 매장에서 유리병과 더스트백을 구매하거나, 생분해성 테이크아웃 용기를 500원에 구입하거나 매장 한켠에 마련된 빈 유리병을 사용할 수 있다.

친환경 상품으로는 제로백, 에코백, 텀블러, 비누, 샴푸바, 목욕스

펀지, 수세미, 유기농 재사용 화장솜, 자연분해 치실, 제로웨이스트 에센셜 키트와 목욕 키트, 식기, 빨대, 랩 등 주방용품 등이 있다. 더 피커는 온라인쇼핑몰도 운영하고 있다.

2018년 서울 동작구에 문을 연 지구(Jigu)에서는 견과류, 제철과일, 식료품, 플라스틱 성분이 포함되지 않은 세안제, 대나무 칫솔, 스테인리스스틸 빨대 등을 판매하며 커피 등 음료수도 판매한다. 식료품을 무게로 판매하는 것은 더 피커와 비슷하다.

제로웨이스트 마켓의 1차적 역할은 소비자들에게 다른 곳에서는 구하기 어려운 친환경 상품을 제공하고, 포장재 없이 상품을 판매해 제로웨이스트 삶을 실천할 수 있도록 도와주는 것이다.

아울러 제로웨이스트 마켓은 제로웨이스트에 대한 교육적 역할도 훌륭히 수행하고 있다. 아이들과 함께 제로웨이스트 숍을 둘러본다면 여기에 비치된 물건들이 다른 곳에서 판매하는 것과 어떤 차이가 있는지, 포장재를 왜 줄여야 하는지, 제로웨이스트가 과연 무엇이며 어떤 의미를 지니는지 등을 깨닫게 될 것이다. 제로웨이스트 마켓의 시작은 비록 미미하지만 제로웨이스트 삶을 확산하는 구심점 역할을 함으로써 쓰레기 문제 해결이라는 창대한 결과를 맺는 밀알이 되기를 기대해 본다.

플라스틱 재활용

1. 순환경제와 플라스틱 폐기물 재활용

산업혁명 이후 인류는 자연에서 채취(take)한 자원으로 제품을 생산(make)하고 사용(use)한 뒤 폐기(dispose)하는 선형경제(Linear Economy) 구조를 유지하면서 경제를 발전시켜 왔다. 선형경제체제에서는 자원을 채굴하고 버리는 시스템으로 인해 폐기물이 기하급수적으로 증가하게 된다.

이러한 문제를 해결하기 위한 대안으로 나온 것이 순환경제(Circular Economy)다. 순환경제는 신규로 투입되는 천연자원량이 최소화되고 경제계 내에서 순환되는 물질의 양이 극대화되어 폐기물이 되는 물질의 양을 최소화하는 경제체계를 말한다. 곧 순환경제에서는 제품 제조를 위한 자원채취부터 제품사용 후까지 전 과정에서 자원을 효율적으로 사용하고 최대한 재활용하며 폐기물 배출을 최소화한다 (그림 4-2).

순환경제에서 가장 핵심적인 개념은 재활용이다. 순환경제의 주요 내용인 재생원료 사용 확대를 통한 천연자원 채취 최소화와 자원절약, 제품 수리와 수선, 중고매장 활성화를 통한 재사용 확대, 재활용 가능 자원의 철저한 회수·선별과 재활용 확대를 통한 잔재 폐기물 최소화 등은 모두 재활용의 효과이자 내용이다.

다양한 제품 중 순환경제에서 가장 많은 주목을 받는 핵심적인 제품은 플라스틱으로 만들어진 제품이다. 폐기물로 발생되는 양이 많을 뿐만 아니라 여러 가지 환경적 문제를 일으키기 때문이다.

여러 가지 어려움에도 불구하고 플라스틱 폐기물이 인체와 환경에 미치는 영향을 최소화하고 순환경제를 달성하기 위해 플라스틱은 재활용되어야 한다. 여기서는 플라스틱의 재활용에 대해 좀 더 자세히 알아볼 것이다. 효율적인 재활용을 위해서는 플라스틱 폐기물 분리배출을 어떻게 해야 하는가? 플라스틱 폐기물 재활용에 중요한 영향을 미치는 회수와 선별은 어떻게 이루어지는가? 재활용 방법과 기술은 무엇이 있는가? 방법별로 어떤 장점과 단점이 있는가 등을 살펴

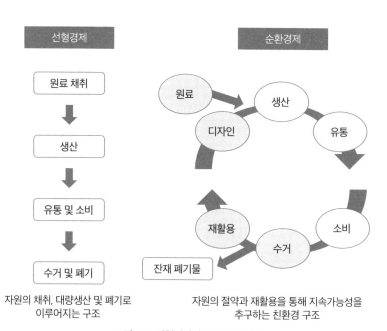

그림 4-2. 선형경제와 순환경제 비교

볼 것이다.

2. 플라스틱 폐기물은 어떻게 분리배출할까?

1) 플라스틱 재활용 마크

플라스틱 폐기물을 최대한 재활용하고 잔재 폐기물을 최소화하는 첫 단계는 재활용 가능한 플라스틱 폐기물을 철저히 분리배출하고 재활용 가능 자원에 섞이거나 묻어 있는 이물질을 철저히 제거하는 것이다.

그런데 플라스틱 종류는 많이 사용되는 것만 해도 폴리에틸렌(PE), 폴리염화비닐(PVC), 폴리프로필렌(PP), 폴리스티렌(PS), 폴리에틸렌테레프탈레이트(PET), 폴리카보네이트(PC) 등 매우 다양하다. 또한 일부 플라스틱 제품은 단일재질이 아니라 복합재질로 되어 있고, 일부 제품은 플라스틱이 아닌 다른 재질을 함께 사용하기도 한다.

일반 소비자들이 이렇게 많은 종류의 플라스틱을 어떻게 구분할까? 그리고 플라스틱을 어느 정도까지 분류해서 배출해야 할까? 플라스틱 제품에 철, 금속, 나무 같은 다른 종류의 재질이 함께 포함되어 있다면 어떻게 배출해야 할까?

일반 소비자들이 플라스틱 제품을 사용한 뒤 편리하게 배출할 수 있도록 미국플라스틱산업협회(Society of the Plastics Industry)에서는 1988년 7월부터 페트병에 마크를 붙이기 시작해, 1989년부터는 플라스틱 제품의 라벨이나 하단 또는 밑면에 '재활용이 가능하다'는 뜻의 재활용 마크를 표시하고 그 안에 플라스틱 종류에 따라 1부터 7까지

번호를 붙이기 시작했다. 이 마크는 점차 세계적으로 통용되었으며 국제표준화기구(ISO)의 표준으로도 인정되고 있다. 다만 세계 각국은 자국 사정에 따라 약간씩 변형해 사용하고 있다(표 4-1).

플라스틱 재활용 마크는 일반 소비자들이 플라스틱 제품에 사용된 플라스틱 종류를 개략적으로 알게 해줄 뿐만 아니라 플라스틱 폐기물 재활용을 위해 종류별로 정확하게 분리·선별해야 하는 회수·선별 사업자와 재활용 사업자가 현장에서 작업할 때도 매우 중요한 정보가 된다.

그러나 플라스틱 종류별 번호는 일반 소비자들의 플라스틱 폐기물 분리배출에 크게 도움을 주지 못하는 것이 현실이다. 플라스틱 제품 종류에 따라 분리배출하고 싶어도 이를 뒷받침할 분리배출 시스템이 갖추어져 있지 않기 때문이다. 예를 들어 우리나라 아파트에서 일반 플라스틱, 비닐류라고 불리는 복합재질필름류 및 무색 페트병 등 세 개 종류로 나뉘어 분리수거함이 설치되어 있는 것이 일반적이다. 분리수거함이 플라스틱 종류별로 설치되어 있지 않은 상태에서는 소비자가 아무리 세분화해 분리배출하고 싶어도 방법이 없다.

2) 플라스틱 분리배출 요령

우리나라의 「폐기물관리법」에서는 지방자치단체장들이 관할구역에서 배출되는 생활폐기물에 대한 처리와 관리책임을 맡도록 하고 있다. 따라서 생활폐기물 중 플라스틱 같은 재활용가능자원의 효과적인 분리수거도 지방자치단체장의 책무에 속한다.

환경부의 「재활용가능자원의 분리수거 등에 관한 지침」에 따르면

표 4-1. 플라스틱 재활용 마크·용도·주의사항

종류	ISO 마크	한국 마크	용도	주의사항
폴리에틸렌 테레프탈레이트 (PET)	PETE	페트	• 음료수병 • 생수병 • 간장병 • 식품포장재 등	• 일회용이며 반복 사용 시 세균증식 위험 • 60℃ 이상에서 발암물질 안티몬 유출 가능 • 재활용 가능 • 재사용 금물
고밀도 폴리에틸렌 (HDPE)	HDPE	플라스틱 HDPE	• 세제류 용기 • 어린이 장난감 • 우유병 • 비닐봉지 • 야외 테이블 • 쓰레기통	• 매우 안전한 형태의 플라스틱으로 햇빛, 극단적인 난방이나 동결에도 파손되지 않음 • 재사용·재활용 가능
폴리염화비닐 (PVC)	V	플라스틱 PVC	• 컴퓨터 케이블 외장재 • 배관 파이프 및 부품 • 정원 호스 • 식품포장용 랩	• 가소재로 내분비계 장애물질인 프탈레이트를 사용해 여러 가지 해로운 영향 • 소각 시 발암물질인 다이옥신 배출 • 재활용 어려움
저밀도 폴리에틸렌 (LDPE)	LDPE	플라스틱 LDPE	• 컵라면 용기 • 우유병 • 샴푸용기 • 비닐봉투 • 종이컵 안쪽 코팅	• 독성이 적고 안전하게 사용 가능 • 뜨거운 액체에 장기간 노출 시 폴리에틸렌이 녹아 나올 수 있으므로 주의 필요 • 재활용하기 어려우나 관련 기술 개발 중
폴리프로필렌 (PP)	PP	플라스틱 PP	• 물병 • 플라스틱병 마개 및 빨대 • 감자칩 봉지 • 포장테이프 및 로프	• 높은 온도에 잘 녹지 않으며 인체에 해롭지 않음 • 전자레인지 사용 가능 • 재사용과 재활용 가능
폴리스티렌 (PS)	PS	플라스틱 PS	• 플라스틱 포크·숟가락 • 일회용 스티로폼 컵 • 테이크아웃 용기 • 건축 단열재 • 바다의 부표	• 구조적으로 약하고 가볍기 때문에 쉽게 부서지며 미세플라스틱 주요 발생원 • 식품용기 사용 시 발암물질인 스티렌 이량체와 스티렌 삼량체 용출 가능

표 4-1. 플라스틱 재활용 마크·용도·주의사항(계속)

종류	ISO 마크	한국 마크	용도	주의사항
기타 플라스틱 (Other)	OTHER	OTHER	• 플라스틱 종류에 따라 용도가 달라짐 • 폴리카보네이트 (PC): IT 제품 외장재, 주방용 식기 등 • 트라이탄(tritan): 비스페놀A 프리 제품으로 젖병 등에 사용	• 1~6번에 해당하지 않는 다른 플라스틱 • 두 개 이상 복합 플라스틱 • 비스페놀A 함유 여부에 따라 재활용 여부가 달라짐

지방자치단체장들은 재활용가능자원을 최소 4종 이상 종류별로 구분해 분리수거하는 것을 기본으로 하되, 주거형태(공동·단독주택 등), 거점 수거시설(재활용 동네마당) 설치 여부 등 지역의 실정을 고려해 적합한 분리배출 유형을 설정·운영할 수 있다. 여기서 4종 이상이란 종이류, 유리병류, 금속캔류, 합성수지류를 의미하는 것으로 보인다. 그리고 분리배출이 효과적으로 이루어지기 어려운 단독주택지역 등에서는 통합 배출방식으로 운영할 수 있도록 되어 있다. 따라서 단독주택 등의 지역에서는 재활용가능자원인 유리병, 금속캔, 플라스틱 등을 혼합해 배출할 수 있다.

　「재활용가능자원의 분리수거 등에 관한 지침」에서는 또한 재활용가능자원별로 분리배출 요령을 정하는데, 합성수지류 배출요령은 〈표 4-2〉와 같다. 표에서 보는 바와 같이 플라스틱 용기 등을 배출할 때 내용물을 비우고 물로 헹구는 등 이물질을 제거해 배출하는 것이 가장 신경 써야 할 부분이라고 할 수 있다. 튜브 등의 구조로 되어 있어

물로 헹굴 수 없는 경우에는 내용물을 비운 후 배출하는 것이 중요하다. 물로 헹구고, 이물질을 제거하며, 내용물을 비운 후 배출하는 것은 플라스틱 용기뿐만 아니라 금속캔, 유리병, 종이팩 등 다른 재질의 용기에도 적용되는 배출요령이다.

그리고 플라스틱 외에 금속, 나무 등의 재질이 부착되어 있는 완구·문구류, 옷걸이, 칫솔, 전화기, 낚싯대, 유모차·보행기, CD·DVD 등은 비록 플라스틱이 주재질로 사용되었다 하더라도 재활용가능자원으로 분리배출하는 것이 아니라 종량제 봉투나 특수규격 마대로 배출해야 한다는 것도 주의할 사항이다.

이와 같이 이물질을 완전히 제거한 후 플라스틱 재질로만 되어 있는 것을 분리배출할 경우 재활용에 소요되는 비용이 훨씬 줄어들고, 재활용제품의 품질도 높아진다. 재활용 과정에서 가장 많은 노력과 비용이 소요되는 작업이 재활용가능자원을 재질별로 분류하고 이물질을 제거하는 것이기 때문이다.

플라스틱 폐기물의 분리배출 체계는 폐기물이 어디서 발생하느냐에 따라 달라진다.

단독주택지역의 경우 지방자치단체에 따라 다르지만 대부분 문전배출 또는 거점배출 등의 형태로 플라스틱 폐기물을 배출한다. 문전배출의 경우는 금속캔, 유리병 등 다른 재활용가능자원과 함께 투명한 봉투에 담아 집 앞에 지정된 요일 지정된 시간에 배출하는 것이 일반적이다.

단독주택지역에서 문전배출된 재활용가능자원들은 모든 종류의 재활용가능자원이 함께 섞여 있기 때문에 다시 선별분류하는 데 많

표 4-2. 합성수지류 분리배출 요령

품목	배출 요령
무색 페트병	• 배출 방법 ✓ 내용물을 깨끗이 비우고 부착 상표(라벨) 등을 제거한 후 가능한 압착해 뚜껑을 닫아 배출
유색 페트병, PVC, PE, PP, PS, PSP 재질 등의 용기·트레이류	• 배출 방법 ✓ 내용물을 비우고 물로 헹구는 등 이물질을 제거해 배출 ※ 물로 헹굴 수 없는 구조의 용기류(치약용기 등)는 내용물을 비운 후 배출 ✓ 부착 상표, 부속품 등 본체와 다른 재질을 제거한 후 배출 ✓ 펌핑 용기의 경우, 내부 철제스프링이 부착된 펌프는 제거해 배출 • 해당품목 ✓ 음료용기, 세정용기 등 • 비해당품목 ✓ 플라스틱 이외 재질이 부착된 완구·문구류, 옷걸이, 칫솔, 파일철, 전화기, 낚싯대, 유모차·보행기, CD·DVD, 여행용 트렁크, 골프 가방 등 ※ 종량제 봉투, 특수규격 마대 또는 대형폐기물 처리 등 지자체 조례에 따라 배출
비닐포장재, 일회용 비닐봉투	• 배출 방법 ✓ 내용물을 비우고 물로 헹구는 등 이물질을 제거해 배출 ✓ 흩날리지 않도록 봉투에 담아 배출 • 해당품목 ✓ 일회용 봉투 등 각종 비닐류 ※ 필름·시트형, 랩필름, 각 포장재의 표면적이 50㎠ 미만, 내용물의 용량이 30㎖ 또는 30g 이하인 포장재 등 분리배출 표시를 할 수 없는 포장재 포함 • 비해당품목 ✓ 이물질이 깨끗하게 제거되지 않은 랩필름 등 ✓ 식탁보, 고무장갑, 장판, 돗자리, 섬유류 등(천막, 현수막, 의류, 침구류 등) ※ 종량제 봉투, 특수규격 마대 또는 대형폐기물 처리 등 지자체 조례에 따라 배출
스티로폼 완충재	• 배출 방법 ✓ 내용물을 비우고 물로 헹구는 등 이물질을 제거해 배출 ✓ 부착 상표 등 스티로폼과 다른 재질은 제거한 후 배출 ✓ TV 등 전자제품 구입 시 완충재로 사용되는 발포합성수지 포장재는 가급적 구입처로 반납 • 해당품목 ✓ 농·수·축산물 포장용 발포스티렌 상자, 전자제품 완충재로 사용되는 발포합성수지 포장재

표 4-2. 합성수지류 분리배출 요령(계속)

품목	배출 요령
스티로폼 완충재	• 비해당품목 ✓ 타 재질과 코팅 또는 접착된 발포 스티렌, 건축용 내·외장재 스티로폼, 이물질을 제거하기 어려운 경우 등 ※ 종량제 봉투, 특수규격 마대 또는 대형폐기물 처리 등 지자체 조례에 따라 배출

은 시간과 노력이 소요된다. 거점배출의 경우에는 재활용가능자원 종류별로 수거함을 비치하고 있지만 일부 지역에서만 제한적으로 시행하고 있다. 일반적으로 단독주택지역에서 배출되는 재활용가능자원에는 공동주택지역에 비해 재활용이 어려운 일반쓰레기가 함께 섞여 있는 경우가 많으며 이물질이 제거되지 않은 상태로 배출되는 경우도 많다.

공동주택지역에서는 일반적으로 재활용가능자원 배출 장소를 지정하고 재활용가능자원 종류별로 분리수거함을 비치한다. 공동주택지역도 분리수거함을 상시 비치하는 지역과 정해진 요일에만 비치해 재활용가능자원을 배출할 수 있게 하는 지역으로 구분할 수 있다. 공동주택지역에서는 플라스틱류를 일반 플라스틱, 필름류, 스티로폼 등 세 가지 유형으로 구분해 배출했으나, 2020년 12월부터 무색(투명) 페트병을 별도로 분리배출하도록 해 네 가지 유형으로 배출하는 것이 일반적이다.

그러나 일부 지역에서는 분리수거함을 비치할 공간이 넓고 계약을 맺은 민간업체의 요구가 있을 경우 플라스틱 종류를 더 세분화하기도 한다. 이러한 지역에서는 일반 플라스틱, 필름류, 스티로폼, 투명

플라스틱 시대

페트병 등 네 가지 종류 외에 요구르트병 같은 PS 재질의 플라스틱을 분리배출하는 경우가 많다. 공동주택지역에서 배출되는 재활용가능자원은 단독주택지역에 비해 이물질 제거 등 상태가 양호하다.

대규모 사업장의 경우에는 플라스틱 폐기물을 포함한 모든 폐기물에 대한 관리 및 처리 책임이 사업장에 있는데, 분리수거함을 비치해 재활용가능자원의 종류별로 배출하거나 혼합해 배출한 후 사업장 내 집하장에서 선별하는 경우로 나뉜다. 상가 같은 소규모 사업장은 일반적으로 단독주택지역처럼 재활용가능자원을 혼합해 배출하는 경우가 많다.

3. 플라스틱 폐기물은 어떻게 회수·선별될까?

1) 플라스틱 폐기물의 회수체계

우리나라의 플라스틱 폐기물 등 재활용가능자원 회수체계는 어디서 폐기물이 배출되느냐에 따라 달라진다.

단독주택지역에서 배출되는 플라스틱 폐기물을 포함한 재활용가능자원은 대부분 지방자치단체가 직영 또는 민간대행업체 등을 통해 수거한다. 일부 지방자치단체에서는 수집비용을 절감하기 위해 일반 재활용가능자원 수집차량이 아니라 압축차량을 사용해 재활용가능자원으로 혼합배출된 유리병 등이 파손되거나 다른 재질의 재활용가능자원이 혼합압축되면서 재활용을 어렵게 하기도 하는데, 이는 주민들의 분리배출 의욕을 떨어뜨리는 결과를 초래한다. 애써 분리배출한 재활용가능자원을 함께 압축해 섞어 버리는 것을 본 주민들이 재활용가능자원의 분리배출 필요성에 회의를 느끼는 것이다.

　공동주택지역에서 배출되는 플라스틱 폐기물을 포함한 재활용가능자원의 수거는 일반적으로 아파트 관리사무소와 계약을 체결한 민간업체에서 담당한다. 공동주택지역에서 배출되는 재활용가능자원의 품질은 상대적으로 양호한 편이어서 재활용을 통해 민간업체가 수지를 맞출 수 있기 때문에 전국적으로 이와 같은 시스템이 정착된 것으로 보인다.

　그러나 최근 폐지, 플라스틱 용기 등 재활용가능자원의 가격이 하락하면서 이러한 시스템이 위기를 맞고 있다. 2018년 4월 발생한 수도권 등 일부 아파트 단지의 폐비닐 수거 중단 사태가 시스템의 위기를 말해 준다. 재활용가능자원의 가격정체 및 하락으로 공동주택지역의 일부 재활용가능자원 수거 거부 사태가 다시 발생할 가능성은 상당히 높다.

　대규모 사업장에서는 발생 폐기물에 대한 처리 책임이 사업자에게 있기 때문에 자체적으로 또는 민간 용역업체를 통해 플라스틱 폐기물을 포함한 재활용가능자원을 수거하고 있다. 상가 등과 같은 소규모 사업장에서 배출되는 재활용가능자원은 일반적으로 단독주택지역처럼 지방자치단체가 수거하는 경우가 대부분이다.

　도로나 공원 등에서 발생하는 폐기물은 가로변 등에 설치된 쓰레기통에 배출되거나 불법적으로 투기되는 경우가 많다. 이러한 쓰레기는 대부분 지방자치단체에서 수거·처리한다. 이와 같이 도로나 공원에서 배출되는 쓰레기에서 재활용가능자원을 별도로 분리해 수거하기란 쉽지 않다.

2) 플라스틱 폐기물의 선별체계

앞에서 이야기한 바와 같이 플라스틱 폐기물 등 재활용가능자원이 효율적으로 재활용되기 위해서는 재활용사업장에 도착하는 재활용가능자원을 재질별로 잘 선별하고 이물질을 제거해야 한다. 재질별 분리선별과 이물질 제거는 분리배출단계에서 이루어지지만, 여러 가지 이유로 완전하지 못하다. 소비자들이 분리배출 요령을 충분히 숙지하지 못한 경우, 나무·금속 등과 플라스틱이 혼합된 다양한 제품, 문전배출 등의 한계로 여러 가지 재활용가능자원을 혼합 배출할 수밖에 없는 현실, 비용절감을 최우선으로 고려하는 일부 지방자치단체의 수거형태 등이 복잡하게 작용해 회수·선별장에 도착한 재활용가능자원들은 대부분 다시 선별작업을 거쳐야 한다.

　회수·선별장의 선별시설 공정은 공간 등 물적 요인, 전처리시설 설치 여부, 선별 품목, 재활용가능자원의 재활용 방식 등 다양한 요인에 따라 달라진다. 플라스틱 선별을 목적으로 하는 시설의 일반적인 선별 공정은 〈그림 4-3〉과 같다.

　선별시설에 반입된 플라스틱류 폐기물이 처음으로 거치는 공정은 파봉(破封)이다. 특히 단독주택지역에서 반입된 재활용가능자원은

그림 4-3. 플라스틱 선별시설의 일반적인 선별 공정

봉투에 다양한 재활용가능자원이 혼합되어 있기 때문에 반드시 파봉이 필요하다. 수(手)작업으로 파봉하는 것은 노동강도가 강하기 때문에 작업자들이 기피한다. 이러한 이유로 기계적 파봉시설 설치 노력이 오래전부터 진행되고 있으나 파봉 과정에서 유리병과 플라스틱 용기의 파손 문제가 발생해 현장에서 많이 사용되지 못하고 있다.

파봉 이후 공정은 1차 수(手)선별이다. 1차 수선별에서는 부피가 큰 다른 재질의 물건을 골라내는 작업을 한다. 예컨대 일반 플라스틱으로 반입된 재활용가능자원에 들어간 각종 금속이나 나무재질의 의자, 전기·전자제품, 프라이팬 등 주방제품, 어린이 장난감 등을 다음 공정으로 들어가기 전에 골라내는 것이다. 이러한 1차 수선별은 선별시설의 파손과 고장을 방지하는 목적도 있다.

일반적으로 1차 수선별 이후에는 플라스틱의 경우 기계적 선별공정을 거친다. 기계적 선별시설은 선별 목적 및 방법에 따라 부피선별시설(트롬멜), 풍력선별시설, 발리스틱 선별시설 등으로 나뉜다. 트롬멜 선별기는 커다란 원통에 타공망을 구성해 투입된 재질을 입도(粒度)에 따라 선별하는 설비다. 원통 스크린을 다양한 구경으로 구성해 투입물을 입도별로 선별할 수 있다. 따라서 트롬멜 선별기는 후단 선별기계들에 적합한 규격만 선별투입하므로 각 선별기의 선별효율을 극대화하는 역할을 한다.

풍력선별시설은 공기분사 또는 흡입 방식으로 폐기물의 비중에 따라 경량물과 중량물을 분리하는 시설이다. 특히 비중이 낮은 비닐류를 선별하는 데 효과적이다. 발리스틱 선별시설은 복합폐기물을 발리스틱 패들의 회전을 통한 탄도운동과 경사등반운동을 이용해 플라스틱 용기류와 플라스틱 필름류을 선별하는 시설이다. 또한 유리, 모래, 흙 등 협잡물을 선별하는 데 유용하다. 이러한 기계적 선별시설은 일반적으로 플라스틱 광학선별시설에서 플라스틱을 자동선별하기 전에 혼합된 재활용가능자원을 자동선별이 용이한 상태로 만들기 위해 설치하는 경우가 많다. 그러나 기계적 선별시설은 선별효율이 낮고 고장이 자주 발생해 국내 재활용가능자원 선별에 부적합한 면도 있다.

플라스틱 광학선별은 플라스틱을 재질별로 선별하기 위해 사용된다. 광학선별기술 중 근적외선 분광법은 근적외선 영역의 파장을 플라스틱에 주사해 플라스틱 재질별로 분자구조의 차이에 의해 반사되는 서로 다른 스펙트럼을 분석해 플라스틱을 선별하는 기술이다. 이러한 기술을 이용해 PET, 폴리프로필렌, 폴리에틸렌, 폴리스티렌 등을 95% 정도 순도로 선별할 수 있다. 그러나 흑색 플라스틱은 근적외선을 쏘면 빛을 흡수해 재질별로 선별이 어려운 것이 문제점으로 지적된다. 또한 광학선별시설은 페트병과 판페트를 구별하지 못하고, 다른 재질이 혼합되어 있는 재활용가능자원이 함께 선별되기도 하는 등 재활용업체에서 요구하는 순도를 맞추지 못하는 경우가 많다. 따라서 플라스틱을 재질별로 선별하기 위해 광학선별라인을 설치하는 경우 광학선별 후 마지막 단계에서 별도의 수(手)선별 공정을 거친다.

위에서 플라스틱 폐기물이 회수·선별장으로 반입된 후 선별 공정을 간단하게 설명했지만, 모든 선별 공정을 갖춘 사업장은 사실상 많지 않다. 규모가 영세한 일부 선별장은 선별 전(前) 과정을 수작업으로 하기도 하며, 일부 공정만 기계적 선별시설로 하고 대부분 선별을 수작업에 의존하는 사업장도 많다. 특히 비닐류라 불리는 복합재질

필름류 회수·선별장 중에서는 이물질 제거 같은 가장 기본적인 선별 작업도 하지 않고 반입된 복합재질 필름류를 그대로 압축해 재활용업체로 운반하는 경우도 많다.

플라스틱을 효율적으로 재활용하기 위해 재질별 철저한 선별과 이물질 제거는 아무리 강조해도 지나치지 않다. 플라스틱 재활용 관련 현장을 방문해 보면 가장 아쉬운 곳이 바로 회수·선별장이다. 너무나 많은 사업장이 효과적인 선별에 필요한 시설과 인력을 충분히 갖추지 못하고 있다. 회수·선별 관련 기술의 발전과 시설 현대화가 선행되어야 우리나라의 플라스틱 재활용이 한 단계 성장할 것으로 판단된다.

4. 플라스틱 폐기물은 어떻게 재활용될까?

1) 플라스틱 재활용 개요

플라스틱 폐기물의 소각과 매립으로 문제가 발생하고 플라스틱 생산과 소비량이 점차 늘어나는 추세에 따라 플라스틱 폐기물의 재활용 필요성이 더욱 커지고 있다. 특히 자원의 효율적 사용, 재활용 활성화와 폐기물 배출 최소화를 추구하는 순환경제가 강조되면서 세계 각국은 재활용 기술 개발, 재활용 인프라 구축 및 관련 제도 정비 등을 통해 플라스틱 폐기물의 재활용을 활성화하기 위해 많은 노력을 기울이고 있다.

플라스틱 폐기물의 재활용은 일반적으로 물질재활용(material recycling), 화학적 재활용(chemical recycling), 에너지 회수(energy recovery)로 구분된다(표 4-3).

물질재활용은 플라스틱의 화학구조를 유지한 상태에서 분리 및 정제 과정을 거쳐 다시 플라스틱 제품으로 재생해 이용하는 방법을 말한다. 주로 PET나 폴리스티렌 등이 이러한 방법으로 많이 재활용되고 있다. 물질재활용은 자원절약, 환경보전은 물론 폐기물 최종 처분장을 줄일 수 있다는 측면에서 세계적으로 가장 바람직하다고 권장되는 재활용 방법이다. 그러나 이러한 방법으로 재활용을 계속하면 제조 공정 중에 변질과 열화가 동반되어 대부분 저품질 제품으로 단계적 재활용(cascade recycling)을 해야 하는 문제가 있다. 최근에는 순도가 높은 양질의 플라스틱으로 재생하는 기술이 개발되고 있다.

화학적 재활용은 플라스틱이 탄소와 수소로 구성되어 있다는 점을 이용해 열, 촉매, 용매 등을 가해 원래의 석유나 기초 화학원료로 되돌려 재활용하는 방법이다. 기술적으로 화학적 재활용은 열에 의한 분해와, 촉매나 용매에 의한 화학적 분해로 나눌 수 있다. 화학적 재

표 4-3. 플라스틱 폐기물 재활용 방법

구분	재활용 방법	비고
물질재활용	재이용	수선·수리 재사용 및 부품 재사용
	재생이용	세정, 파쇄 등의 과정을 거쳐 재생이용
화학적 재활용	열분해	고온의 열과 촉매를 이용해 분해
	화학적 재생	화학반응을 이용한 해중합 및 분리·정제
에너지 회수	직접연료화	폐플라스틱을 일반 폐기물과 함께 연료로 사용
	고형연료화	법률에서 정한 고형연료로 만들어 사용

활용은 복합 플라스틱이나 저급 플라스틱이 혼합되어 있는 경우에도 처리할 수 있고, 기존의 석유화학 공정이나 기술을 활용할 수 있는 장점이 있다. 그러나 대부분의 화학적 재활용은 기술적 장벽이 높고 자본비용이 커 경제성을 맞추기 어렵다는 단점이 있다.

에너지 회수는 원료가 석유인 플라스틱의 높은 발열량을 연료로 활용하는 것을 말한다. 에너지 회수는 플라스틱 폐기물을 일반 폐기물과 함께 직접 연소시켜 열을 이용하는 방법과 법령에서 정한 기준에 따라 고형연료(solid refuse fuel)로 만들어 활용하는 방법이 있다. 에너지 회수는 플라스틱 폐기물이 결국 연료로서 생을 마감하는 것이기 때문에 자원소멸을 의미하며, 이는 자원절약과 자원순환 측면에서 바람직하지 않다는 비판이 있다. 또한 에너지 회수 과정에서 유해물질이 발생하는 것도 문제점으로 지적되고 있다. 이러한 문제점들 때문에 유럽과 북미에서는 에너지 회수를 재활용으로 인정하지 않으려는 경향이 있다.

우리나라에서는 법령상 에너지 회수를 재활용의 한 종류로 인정하고 있다. 물질재활용이나 화학적 재활용 방법으로 재활용할 수 없는 플라스틱 폐기물은 소각할 수밖에 없는데, 이때 플라스틱 폐기물을 단순하게 소각할 것이 아니라 플라스틱이 함유하고 있는 열량을 최대한 에너지로 회수하기 위해서다.

그런데 현장에서는 에너지 회수를 물질재활용이나 화학적 재활용과 아무런 차이가 없는 동급 재활용이라고 인식하는 것처럼 느껴진다. 일부 에너지 회수 사업자들은 플라스틱 폐기물을 처리하는 데는 에너지 회수가 물질재활용이나 화학적 재활용보다 경제적이기 때문

플라스틱 시대

에 에너지 회수를 장려해야 한다고 주장한다. 경제적 이익 추구를 최우선으로 하는 사업자들의 입장을 이해하지 못하는 바는 아니지만 그래도 아쉬움이 남는다.

물질재활용과 화학적 재활용이 가능한 플라스틱이 에너지 회수 방법을 빙자해 사실상 소각으로 처리되는 것을 방지하기 위한 제도적·정책적 대책이 필요하다. 현재 재활용사업자에게 주는 재활용지원금을 재활용 방법별 소요비용의 차이를 감안해 충분히 차등화하는 방안, 재활용의무사업자에게 물질재활용 의무를 별도로 부과하는 방안 등이 검토될 수 있는 정책적 수단이라고 판단된다.

회수·선별업체에서 재활용업체로 이송된 플라스틱 폐기물은 세부적인 재활용 방법에 따라 재활용 공정을 거친다. 일반적으로 재질별 분류와 이물질 제거, 분쇄, 세척, 선별, 건조 등의 전처리 공정과 재활용 방법별 재활용품 제조 공정으로 나뉜다.

2) 물질재활용

플라스틱 폐기물의 물질재활용 공정

플라스틱 폐기물의 물질재활용은 이미 수십 년 동안 플라스틱업계에서 가장 많이 적용해 온 방식으로, 플라스틱 폐기물을 분쇄, 세척, 선별, 혼합 등의 과정을 거쳐 플라스틱 펠릿으로 변환시키고, 이 펠릿을 다시 사출, 압출, 압축성형 등의 가공 공정을 통해 새로운 제품으로 만드는 방법이다. 이와 같은 물질재활용은 단일재질 혹은 이물질 혼입이 적은 플라스틱 폐기물을 대량으로 확보할 수 있을 때 적용 가능한 재활용 방법이다. 플라스틱 폐기물이 재활용업체로 반입된 후 물질재활용을 위해 일반적으로 거치는 공정은 〈그림 4-4〉와 같다.

　　회수·선별업체에서 플라스틱 폐기물이 반입된 후 재활용업체에서 첫 번째로 하는 작업은 타 재질 및 이물질 제거다. 앞에서 살펴보았듯이 플라스틱 폐기물은 회수·선별업체에서 플라스틱 재질별 선별 및 이물질 제거작업을 한다. 이러한 회수·선별업체의 작업에도 불구하고 재활용업체로 반입된 플라스틱 폐기물에는 일부 다른 재질의 물질이 섞여 있거나 여러 형태의 이물질이 포함되어 있는 경우가 많다. 예를 들어 보관 및 이송 중 토사가 묻는 경우도 있으며, 일부 용기류에는 내용물이 잔존하는 경우도 있다. 또한 폐플라스틱 용기에 부착된 제품안내 스티커, 뚜껑 등이 다른 재질로 구성되어 있는 경우도 많다. 이러한 타 재질과 이물질은 재활용의 큰 저해요소가 되므로 적절한 방법으로 제거할 필요가 있다. 예컨대 스티로폼 박스에 붙어 있는 종이 스티커 등은 수작업을 통해 제거할 필요가 있으며, PET 용기에 부착되어 있는 다른 재질의 라벨이나 뚜껑 등은 분쇄 전 수작업으로 분리·제거하거나 분쇄 및 세척 후 비중분리 등으로 분리할 필요가 있다. 회수·선별업체 이송 중 흡수된 수분은 대부분 폐플라스틱 재활용공정 시 질을 저하시키는 원인이 되므로 가급적이면 수분 함량이 적은 상태에서 재활용시설을 가동할 필요가 있다.

　　타 재질 및 이물질을 제거한 후 공정은 파·분쇄다. 제품 상태로 수집된 폐플라스틱을 세척, 선별, 건조, 성형 등의 후단 공정에 적합하도록 잘게 부수는 공정이다. 파·분쇄는 주로 재활용 공정 시 질적 균질화를 위해 사용되지만, 라벨이나 금속, 밀착된 이물질 등을 후단에

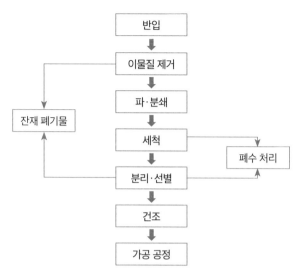

그림 4-4. 폐플라스틱 물질재활용 공정

서 분리하는 데도 중요한 역할을 한다. 분쇄기는 충격식(impact), 절단식(cutting), 압축식(pressing), 전단식(shearing) 장비 등이 있다. 통상 열가소성 수지계의 폐플라스틱은 절단기를 사용해 분쇄 과정을 거치며, 특수한 경우 냉동파쇄를 하기도 한다.

파·분쇄 다음 공정은 세척이다. 일반적으로 파쇄나 분쇄된 폐플라스틱에서 오염물질을 세척하는 단계는 최종 재생원료의 품질을 좌우하기 때문에 매우 중요하다. 세척 방법은 습식세척 방식을 많이 사용한다. 습식세척 방식은 두 가지로 나뉘는데, 첫 번째는 분쇄된 폐플라스틱을 마찰 원리를 이용해 세척하는 것으로, 주로 습식 스프레이를 사용해 물을 분사시켜 골고루 적셔 가며 세척한다. 두 번째 습식세척 방식은 수조에 담아 세척하는 것으로, 세척제를 같이 사용하기도 한다. 이때 세척제에 의해 2차 오염이 발생하지 않도록 하는 것도 중요하다. 습식세척 외에도 고속으로 마찰시켜 불순물을 제거하는 건식세척 방법도 있으나, 기름이나 음료 찌꺼기가 완전히 세정되지 않는 문제가 있다.

세척 다음 공정은 분리·선별이다. 선별 공정은 물질재활용에서 가장 중요한 공정이다. 회수·선별 단계에서 단일물질만 선별했을 경우에는 후단선별이 필요하지 않지만, 각종 이물질과 혼합된 플라스틱 폐기물인 경우에는 이 단계에서 특정 종류의 플라스틱 폐기물을 어느 정도 순도로 선별하느냐에 따라 재생원료의 품질이 결정된다. 혼합 폐플라스틱에서 이물질을 분리하는 공정으로, 비중 차에 의한 습식분리가 가장 많이 사용되고 있으며, 이 외에도 체선별, 풍력선별, 자력선별, 파쇄선별, 마찰선별, 정전기선별 등의 방법이 적용되고 있다.

분리·선별 후 공정은 건조다. 플라스틱 폐기물의 재활용 과정 중 습식 공정이 사용되었다면 반드시 건조 공정이 뒤따라야 한다. 세척 단계 후 플라스틱 폐기물 속에 남아 있는 수분 함량은 후속 공정인 가공 공정에서 물성에 치명적인 문제를 일으키기 때문이다. 분쇄된 폐플라스틱들은 탈수해도 필름은 10~20%, 용기류는 2~3%, 두꺼운 것은 1% 정도 습기를 함유하고 있기 때문에 최종적으로 열처리 건조를 통해 수분을 1% 미만으로 유지할 필요가 있다. 최근에는 드럼 타입의 드라이 기계 내에서 열풍을 이용하고 건식세척처럼 고속마찰을 일으켜 불순물을 다시 한번 제거하면서 건조하는 방법이 많이 시행되고 있다.

플라스틱 시대

재생가공 공정과 재활용제품

이물질 제거, 분쇄, 세척, 선별, 건조 등 기계적·물리적 공정을 거친 일부 폐플라스틱은 1차 제품인 플레이크(flake)나 칩(chip)으로 가공된다. 이와 달리 잉고트(ingot)나 펠릿(pellet)은 열적 공정이 추가되어 기계적·물리적 공정을 거친 폐플라스틱을 용융해 재가공함으로써 생산되는 1차 제품이다.

플레이크 또는 칩은 PET 용기를 절단하는 경우와, 고상 폐플라스틱을 분쇄해 얻는 두 가지 경우가 있다. 플레이크 또는 칩을 생산하는 공정은 대부분 이물질 제거 → 분쇄 → 세척(선별) → 건조 공정 등으로 이루어지며, 열을 가하지 않은 상태에서 절단·파쇄해 가공 상태에 따라 중간 제품의 크기를 조절할 수 있다.

잉고트와 펠릿을 생산하기 위한 열적 공정에는 압축성형, 사출성형, 압출 공정 등이 있다.

폐플라스틱을 재활용한 최종제품의 생산 공정은 폐플라스틱을 활용해 미리 만들어진 펠릿 또는 잉고트를 재용융해 압축, 사출, 압출성형 등을 통해 최종제품을 생산하는 공정을 말한다. 최종제품을 재생원료만 사용해 제조하는 경우도 있으나 재생원료와 신원료(vergin)를 혼합 사용하는 경우도 많다. 혼합 사용하는 경우에도 미리 재생원료와 신원료를 일정 비율로 배합하는 경우도 있고, 제품의 내부는 재생원료를 사용하고 제품의 외부는 신원료를 사용하는 경우도 있다.

폐플라스틱을 원료로 이용한 재활용 제품은 〈표 4-4〉에서 보는 바와 같이 매우 다양하다. 다만 재생원료는 신원료에 비해 다소 물성이 떨어지기 때문에 대부분 신원료로 만든 제품보다 저품질이고, 재

표 4-4. 폐플라스틱을 원료로 이용한 재활용 제품의 종류

구분		제품 종류
포장 및 수송용		펠릿, 컨테이너, 바퀴 받침, 일륜차 테두리 등
일반 및 건축용	건축용	벽체, 지붕 라이닝 재료, 마루·천장 재료, 배기 패널, 칸막이, 베란다, 틈새 막음용 등
	말뚝용	울타리용, 표시용, 조사용 등
	사각/원형봉	울타리용, 표시용, 조사용 등
	판재	건축용 버팀목, 과수 및 가로수 버팀목, 인공나무, 화분 받침대, 철도 건널목 등
	봉·판 등 조립품	보도판, 도로 매트, 버팀판, 전선 보호용, 토양 분리관, 미터기 패널, 콘크리트용 패널 등
	튜브·파이프	각종 전선용 파이프, 뚜껑, 튜브 등
	기타	해머, 계량기집, 액체 수집용기 등
농업용		배수관, 육묘상자, 정원 버팀목
수산업		각종 어초, 양식용 원료 공급 장치, 부표, 고기통, 문어 덫 등
기타		화분, 인조바위, 바닥깔개, 각종 시트 등

출처: 한국환경공단, 2011

활용이 계속될수록 더욱 품질이 떨어지게 되는 단계적 재활용(cascade recycling)이라는 한계를 안고 있다.

3) 화학적 재활용

화학적 재활용은 플라스틱의 화학구조 자체를 변화시켜 원료 또는 연료로 재생하는 방법이다. 화학적 재활용은 플라스틱 종류별 고도분리 작업이 불필요하고 오염된 폐기물에 대해서도 크게 민감하지 않으며, 소비에너지 측면에서도 물질재활용 공정보다 유리하다는 장점이 있다. 특히 최근에는 적층필름, PCBs 등 서로 치밀하게 점착되어 단일

재질로 분리·선별이 거의 불가능한 복합재료의 사용이 증가하고 있어 화학적 재활용 기술의 필요성이 더욱 높아지고 있다.

그러나 화학적 재활용을 위한 플랜트 건설비용과 운전비용이 과다해 앞으로 해결해야 할 과제다. 또한 화학적 재활용을 통해 생산된 연료 또는 원료를 이용하려면 재처리 공정이 필요한 경우도 있어 더욱 경제성을 떨어뜨리는 원인이 되고 있다. 그리고 화학적 재활용 기술은 기업체들의 핵심기술인 경우가 많아 관련 기술 정보를 구하기 쉽지 않다는 것도 장애요인 중 하나다.

화학적 재활용은 일반적으로 열분해 및 화학반응 공정으로 이루어져 있다. 열분해 공정만으로 이루어진 경우도 있고, 화학반응 공정만으로 이루어진 경우도 있지만, 많은 경우는 열분해 반응과 촉매 등을 이용한 화학반응을 조합해 이루어진 경우가 많다. 화학적 재활용 유형은 다음과 같다.

첫째, 화학반응을 이용한 해중합(解重合)이다. 해중합이란 중합의 반대말로, 중합체를 가열 또는 화학반응을 통해 단량체로 분해하는 것을 의미한다. 폐 PET를 화학반응시켜 단량체로 분해하는 것이 화학반응을 이용한 해중합의 좋은 예다. 이와 같이 해중합 반응에 의해 생성된 단량체는 최초의 고분자 합성에 이용되는 단량체와 동등한 성질을 가지며, PET 제조의 원료물질로 재사용될 수 있다. 따라서 분해로 얻은 단량체로 제조된 PET와 순수 단량체에서 생성된 PET의 성질과 품질은 같을 것으로 기대된다. 여러 가지 PET의 화학적 분해방법은 순수한 폴리에스터 재생산이 가능한 원료물질 회수를 목표로 발전하고 있다.

둘째, 열분해 공정에 의한 유화와 가스화다. 일반적으로 열분해 공정은 고분자 폐기물을 환원성 분위기에서 간접 또는 직접 가열해 탄소수가 짧은 탄화수소화합물로 분해시켜 에너지를 회수하는 기술이다.

열분해 온도가 높을수록 고분자는 탄소수가 더 적은 저분자화합물로 분해되고, 열분해 온도가 낮을수록 탄소수가 많은 물질로 분해된다. 350~450℃의 반응온도에서 분해된 가스상 탄화수소화합물을 응축기를 통해 액상 재생유로 회수하는 공정을 액화 공정이라고 하며, 750℃ 전후에서 탄소수를 더 짧게 분해해 가스상 물질로 회수하는 공정을 가스화 공정이라고 한다. 또한 1,100℃ 이상 고온 반응온도에서 주로 수소 및 메탄가스를 회수하는 공정을 용융가스화 공정이라고 한다.

열분해를 이용한 폐플라스틱 유화기술은 1970년대 초 오일쇼크를 계기로 폐기물에서 연료유 등을 회수할 목적으로 활발하게 개발되기 시작했다. 그 후 국제유가의 안정에 따른 경제성 문제로 상용화 연구가 침체를 겪기도 했으나, 최근 에너지 회수 측면과 함께 소각 처리에 따른 유해가스 배출 및 소각 잔재물 등의 환경오염 문제가 부각되며 친환경적인 폐플라스틱 처리기술로서 다시 연구 및 상업화가 활발히 진행되고 있다.

열분해 공정에서 폐플라스틱의 분해를 촉진하기 위해 촉매를 사용하는 경우도 있다. 촉매식 열분해는 비교적 낮은 온도에서 촉매를 활용해 열분해를 촉진하는 것으로, 촉매를 이용하지 않는 일반 열분해에 비해 회수되는 재생유의 성상이 우수하고 회수량도 많다. 그러

나 촉매를 사용할 경우 적용 가능한 플라스틱이 제한적이고 운전비용
이 상승하며 일부 촉매는 배출 시 환경적으로 문제가 된다. 이에 비해
촉매를 사용하지 않는 열분해 공정은 적용할 수 있는 플라스틱 종류가
상대적으로 많으며, 열분해 공정이 비교적 단순하다는 장점이 있다.

현재 폴리에틸렌, 폴리프로필렌, 폴리스티렌 등 범용 플라스틱이
열분해 반응 또는 열분해 반응과 촉매를 이용한 화학반응을 조합해
연료 혹은 화학연료로 사용 가능한 유화제품으로 만들어지고 있다.

셋째, 폐플라스틱의 고로(高爐) 환원제 이용이다. 제철소에서 철광
석과 함께 투입된 탄소 성분의 코크스는 로(爐) 내에서 철광석의 주성
분인 산화철에서 산소를 빼앗는 환원제로 작용한다. 플라스틱의 주성
분도 탄소와 수소다. 따라서 이물질 제거, 분쇄 등 적절한 처리 공정을
거친 폐플라스틱을 코크스와 유사한 환원제로 사용할 수 있는 것이다.

4) 에너지 회수

일반 소각과 에너지 회수는 어떻게 다른가?

소각(燒却)은 어떤 물체를 불에 태우는 행위를 말한다. 폐기물 소각은
유기물이 포함된 가연성 폐기물을 연소시켜 처리하는 일련의 과정을
의미한다. 폐기물 소각은 몇 개의 처리 공정으로 이루어진다. 폐기물
반입, 숙성과 건조, 소각장 투입, 소각 및 제어, 연소가스 처리 및 배
출, 소각재 처리 등이 주요 과정이다.

플라스틱 폐기물이 포함되어 있는 생활폐기물은 지방자치단체 수
거 차량이 소각장으로 반입하면 전자계량 등을 통해 반입량을 체크

한다. 검사를 통해 가연성이 아닌 것은 돌려보내고 태울 수 있는 것만 남긴다. 반입된 폐기물은 바로 소각하지 않고 폐기물 저장소에서 일종의 건조와 폐기물 균질화 과정을 거친다. 크레인이 폐기물을 잘 섞어 건조시킨 다음 소각로로 투입한다. 소각로 내부로 들어간 폐기물은 연소실로 이동해 소각되면서 생을 마감한다. 폐기물 소각 과정에서 발생하는 고온의 연소가스는 일반적으로 폐열회수 보일러를 통과하면서 증기를 발생시키고, 이 증기는 증기터빈을 돌려 전기를 생산하거나 지역 난방수를 데우는 데 이용된다.

폐기물을 소각할 때는 다양한 연소가스가 배출되고, 타지 못하는 무기질은 재나 타르 같은 고형체로 남는다. 연소가스로 배출되는 물질로는 염화수소, 황산화물, 질소산화물, 미세먼지, 다이옥신, 퓨란 및 중금속 등이 있다. 소각 과정에서 배출되는 이러한 오염물질은 다양한 형태로 사람과 환경에 영향을 미친다. 다이옥신과 퓨란은 발암물질로 알려져 있으며, 일부 물질은 환경호르몬이고 일부는 잔류성 유기오염물질이다. 또한 탄화수소, 황산화물, 질소산화물은 요즘 문제가 되고 있는 미세먼지의 원인물질이다. 이러한 물질들이 대기에서 햇빛, 수분, 공기, 다른 종류의 원인물질들을 만나 미세먼지를 생성하기 때문이다. 소각장은 발전소와 함께 미세먼지와 미세먼지 원인물질을 배출하는 가장 큰 오염원인 것이다.

각국 정부와 지방자치단체에서도 소각장에서 나오는 배출가스로 인한 영향을 줄이기 위해 필요한 조치를 취하고 있다. 1차적으로 대기오염 방지시설을 설치해 소각장에서 나오는 연소가스를 바로 대기 중에 배출하는 것이 아니라 오염도를 낮춰 내보내도록 하고 있다. 이러

플라스틱 시대

한 대기오염 방지시설에는 여과·세정·전기 등 집진시설, 촉매 반응시설, 흡수·흡착시설, 응축시설, 산화·환원시설, 직접 연소시설 등이 있다. 소각장을 운영하는 사업자는 이러한 대기오염 방지시설을 설치해 다양한 대기오염물질을 배출허용기준 이하로 낮춰야 한다. 정부에서는 대기오염물질로 인한 피해와 미세먼지로 인한 영향을 줄이고자 지속적으로 배출허용기준을 강화하고 있다. 그러나 배출허용기준 이하로 배출하더라도 일정 수준의 오염물질을 배출할 수밖에 없으며, 일부 사업자가 고의로 또는 실수로 배출허용기준을 지키지 못하면 오염물질이 그만큼 증가해 더욱 문제가 된다.

일반적인 소각 과정과 소각 시 문제점은 앞에서 살펴보았다. 그러면 정부에서 재활용의 한 유형이라고 인정하는 에너지 회수는 소각과 어떤 차이가 있을까?

일반 소각과 에너지 회수의 공통점은 폐기물을 태워서 처리한다는 것이다. 태워서 처리한다는 것은 자원으로서 수명이 종료되며, 더 이상 자원순환이 이루어지지 않는다는 의미다. 이러한 이유로 유럽 등 선진국에서는 에너지 회수를 재활용의 종류로 인정하지 않으려는 경향이 있다.

에너지 회수가 일반 소각과 다른 점은 폐기물에서 보다 효율적으로 에너지를 회수해 활용한다는 것이다. 일반 소각도 소각 과정에서 발생하는 폐열을 이용하는 경우가 많기 때문에 여기서 어느 정도 효율적으로 에너지를 회수해야 재활용에 주어지는 각종 혜택을 줄 수 있는가 하는 문제가 생긴다.

우리나라에서는 재활용으로 인정되는 에너지 회수기준을 법령으로 정하고 있다.

첫 번째 기준은 다른 물질과 혼합하지 않은 상태에서 해당 폐기물의 저위발열량이 kg당 3,000kcal 이상이어야 한다. 폐플라스틱의 발열량은 일반적으로 kg당 5,000에서 1만 1,000kcal 정도이기 때문에 이 기준을 충족하는 데는 아무런 어려움이 없다.

두 번째 기준은 회수 에너지 총량을 투입 에너지 총량으로 나눈 비율인 에너지 회수효율이 75% 이상이어야 한다. 예컨대 에너지 회수 대상 폐플라스틱이 함유하고 있는 에너지 총량이 100만kcal라면 이 중에서 최소 75만kcal의 에너지를 회수해야 하는 것이다. 이는 에너지 회수시설의 에너지 회수효율이 높아야 한다는 의미다.

세 번째 기준은 회수열을 모두 열원(熱源)이나 전기 등의 형태로 스스로 이용하거나 다른 사람에게 공급해야 한다. 이는 회수열의 낭비를 방지하기 위한 것이다. 열병합발전시설 등 에너지 회수시설은 열이나 전기 등이 필요한 시설들이 있는 지역이나 주민 주거지역에 위치할 경우 이 기준을 지키기가 보다 수월할 것이다.

네 번째 기준은 폐기물의 30% 이상을 원료나 재료로 재활용하고 그 나머지를 에너지 회수에 이용해야 한다. 일반적으로 폐기물 소각비용이 물질재활용에 소요되는 비용보다 저렴하기 때문에 이러한 기준이 없을 경우 물질재활용이 어렵고 비용이 많이 소요되는 일부 폐기물은 에너지 회수라는 이름하에 전부 소각되고 말 것이다. 이것을 방지하고 최소 30%라도 물질재활용으로 재활용하자는 것이 이 기준의 목적이다. 최소 30% 물질재활용의무는 일반적으로 생산자책임재활용제도에 따른 재활용의무생산자에게 주어진다. 예컨대 비닐류라고 불리는 복합재질 필름류의 경우, 이러한 기준 없이 재활용 시장에 맡겨 둔다면 복합재질 필름류 대부분이 비용이 더 적게 들어가는 에너지 회수 방법으로 처리될 것이다. 따라서 최소 30% 물질재활용의무를 부과하고, 재활용지원금 차등 지원 등을 통해 이 의무를 지키도록 유도하고 있다.

법령에서 정한 에너지 회수기준을 충족해 재활용으로 인정받을 수 있느냐는 관련 이해관계자에게 매우 중요하다. 먼저 생산자책임재활용제도에서 재활용의무생산자는 생산하는 제품의 폐기물을 일정 비율 이상 회수해 재활용해야 하는데, 에너지 회수기준을 충족하면서 폐플라스틱 등 가연성 폐기물을 소각할 경우에는 소각한 양을 재활용 실적으로 인정받을 수 있다. 또한 복합재질 필름류 등의 회수·선별사업자나 재활용사업자가 에너지 회수를 위해 고형연료제품 등을 만들 경우 회수지원금이나 재활용지원금을 받을 수 있다.

그런데 지금처럼 에너지 회수를 재활용으로 인정하는 것은 사실 자원순환 원칙과 맞지 않는 측면이 있다. 자원순환 원칙에서는 재이용이나 재생이용이 되지 않는 폐기물에 한해 에너지 회수를 허용하도록 되어 있다. 그러나 지금의 에너지 회수기준하에서는 에너지 회수를 통해 재활용하는 것이 재생이용 방법을 통해 재활용하는 것보다 훨씬 경제적으로 저렴하기 때문에 가급적 에너지 회수 방법으로 재활용하려는 것이 현실이다. 앞에서 이야기한 바와 같이 에너지 회수는 자원으로서 수명을 종료시키는 것이기 때문에 자원순환의 원칙에 맞지 않으며, 불가피한 경우에 한해서만 허용하는 것이 바람직하다.

에너지 회수 방법

일반적으로 에너지 회수 방법에는 두 가지가 있다.

첫 번째는 폐플라스틱 같은 폐기물을 직접 소각해 에너지를 회수하는 방법이다. 시멘트소성로, 열병합발전소 등의 연료로 사용하거나 소각열 회수시설을 통해 에너지 회수기준에 적합하게 에너지를 회수하는 것이 좋은 예다. 이 방법은 폐플라스틱 등을 별도의 가공 없이 그대로 사용하기 때문에 가장 비용효과적이라고 평가받고 있으나 다음과 같은 사항을 주의해야 한다. 먼저 열가소성 플라스틱은 용융점이 낮아 관의 막힘, 화격자, 구동장치 등의 고장을 일으킬 수 있다. 그리고 폐플라스틱을 많이 함유하고 있는 폐기물을 소각할 경우에는 공기 공급 부족으로 불완전 연소를 초래할 가능성이 높아 주의해야 한다.

일반적으로 플라스틱은 일반적인 도시폐기물에 비해 소각 시 약 10배의 공기량이 필요하다고 알려져 있으며, 특히 열경화성 수지는 불완전 연소 가능성이 높다. 또한 폐플라스틱은 발열량이 kg당 약 5,000~11,000kcal로 높아 소각로의 고온부식 등 고온으로 인한 기기 손상 가능성도 높은 편이다. 가공 등으로 균질화되지 않은 폐플라스틱 등을 그대로 소각함으로써 소각 과정에서 대기오염물질이 발생할 가능성도 더 높다. 발열량이 높은 열가소성 수지는 고온연소 시 다량의 질소산화물(NO_x)을 발생시키며, 불완전연소 가능성이 높은 열경화성 수지는 다량의 일산화탄소(CO)를 발생시킨다. 또한 질소계 플라스틱에서는 질소산화물이, 염소계 플라스틱에서는 염화수소와 다이옥신이 발생할 가능성이 높다.

따라서 폐플라스틱 등에서 직접 에너지를 회수하기 위해서는 폐기물 종류에 따른 소각온도 조절, 소각로 내 충분한 가스 체류 시간 확보, 양호한 난류 상태 유지, 충분한 산소공급 등 소각조건을 잘 조절해야 할 것이다. 또한 효율이 높은 대기오염 방지시설을 설치해야 한다.

두 번째는 고형연료제품을 만들어 이를 연료로 사용하는 방법이다. 고형연료제품은 가연성 폐기물을 원료로 사용해 만든 연료제품을 말한다. 가연성 폐기물을 별도의 전처리 없이 직접 연료로 사용하거나 소각할 수 있음에도 불구하고 전처리 등으로 재활용하는 고형연료제품제도를 도입한 것은 폐플라스틱 등의 연료적 가치를 높이고 이용 가능한 시설 범위를 확대하는 데 목적이 있다. 전처리 등의 과정을 거쳐 고형연료제품을 생산하고 이를 이용할 경우 상대적으로 균질화된 연료의 생산 및 이용이 가능해 에너지 효율이 상대적으로 높다는 장점이 있다.

또한 전처리되지 않은 폐기물에 비해 상대적으로 장기간 저장할 수 있고 취급이 용이하며, 주민들의 거부감이 덜해 에너지가 필요한 곳 인근에 생산시설을 건설할 수 있다는 이점이 있다.

우리나라는 2006년 고형연료제품제도를 처음 도입했으며, 현재 일반 고형연료제품(solid refuse fuel, SRF)과 바이오 고형연료제품(Bio-SRF) 두 종류의 고형연료제품제도를 운영하고 있다(표 4-5). 플라스틱 폐기물은 일반 고형연료제품의 제조원료로 사용되고 있다.

이와 같이 고형연료제품제도를 운영하는 것은 물질재활용이 어려운 가연성 폐기물에서 최대한 에너지 회수를 하는 데 목적이 있다. 또한 에너지 회수 비율이 낮은 일반 중·소형 소각로를 에너지 회수효율이 높은 시설로 전환해 나가는 것도 목적의 하나라고 할 수 있다.

그러나 고형연료제품의 확대는 몇 가지 문제를 안고 있다.

첫째, 고형연료제품도 결국 소각되어 자원으로서 수명을 다하기 때문에 궁극적으로는 자원순환이 아니다. 이러한 이유 때문에 유럽에서는 고형연료를 재활용제품이 아니라 연료로 사용하기 위해 처리된 폐기물로 본다. 우리나라에서는 에너지 회수도 재활용의 한 종류로 보고, 고형연료제품도 재활용제품으로 규정하며 고형연료제품 제조 시 재활용지원금까지 지원하고 있다. 재이용과 물질재활용이 어려운 폐기물로 고형연료제품을 제조하는 것은 어쩔 수 없다 하더라도 물질재활용이 가능한 폐플라스틱까지 고형연료제품으로 전환하는 것은 최대한 줄여야 한다.

둘째, 고형연료제품 생산 과정에서 다양한 오염물질이 배출될 수 있다. 통상적으로 고형연료제품을 생산하기 위한 전처리 및 건조 과정에서 악취, 대기오염물질 및 수질오염물질이 발생할 수 있으므로

표 4-5. 고형연료제품의 종류

구분	제조원료
일반 고형연료제품 (SRF)	• 생활폐기물(음식물폐기물 제외) • 폐합성수지류(자동차 파쇄잔재물 제외) • 폐합성섬유류 • 폐고무류(합성고무류 포함) • 폐타이어
바이오 고형연료제품 (Bio-SRF)	• 폐지류 • 농업폐기물(왕겨, 쌀겨, 옥수숫대 등 농작물 부산물) • 식물성 잔재물(땅콩껍질, 호두껍질, 야자껍질 등) • 초본류 폐기물

이에 대한 대책이 필요하다.

셋째, 고형연료제품의 수요처 확보가 어렵다. 에너지 회수의 또 다른 방법인 가연성 폐기물을 직접 연료로 사용하거나 에너지 회수기준에 맞추어 소각할 수 있는 시설이 늘어나면서 고형연료제품 수요처가 계속 사라지고 있다. 시멘트소성로 등은 상대적으로 가격이 비싼 고형연료제품을 구입해 사용하기보다 플라스틱 같은 가연성 폐기물을 직접 연료로 사용하는 것을 더욱 선호한다. 이러한 이유로 2013년 제도를 개편해 고형연료제품에 사용될 수 있는 원료 폐기물을 확대했지만 고형연료제품 시장은 갈수록 위축될 가능성이 높아 보인다.

바이오플라스틱

1. 바이오플라스틱 개요

플라스틱은 뛰어난 물성과 저렴한 가격으로 현대인의 편리하고 풍요로운 생활과 산업발전에 크게 기여해 왔다. 그러나 플라스틱은 두 가지 측면에서 전 생애에 걸쳐 인간과 환경에 많은 영향을 미치고 있다. 첫째는 자연환경에서 잘 썩지 않아 오랜 기간 환경에 영향을 미친다는 것이고, 둘째는 제조와 소각 등 처리 과정에서 온실가스를 많이 배출한다는 것이다.

이 두 가지 문제를 해결하기 위한 노력의 하나가 바로 바이오플라스틱의 개발과 사용이다. 독일, 이탈리아, 미국 등 세계 선진국들은 바이오플라스틱 개발 노력을 강화하는 동시에 쇼핑백, 플라스틱병 등에 분해성 플라스틱 사용을 의무화하는 등 친환경 플라스틱의 광범위한 실용화를 추진하고 있다.

친환경 플라스틱 또는 그린플라스틱 등으로도 불리는 바이오플라스틱(bioplastics)은 바이오매스로 제조된 모든 플라스틱과 석유에 기반을 둔 생분해성 플라스틱을 포함한 플라스틱으로 정의된다. 여기서 주의해야 할 사항 중 하나는 바이오플라스틱이 반드시 생분해성 플라스틱을 의미하는 것은 아니라는 점이다. 일반 플라스틱의 문제점으로 볼 수 있는 난분해성과 온실가스 배출 문제 중 하나를 해결하거나 두 가지 모두를 해결하는 플라스틱을 바이오플라스틱이라고 할 수 있다.

바이오플라스틱은 생분해성 플라스틱(biodegradable plastics), 바이오매스 플라스틱(biomass-based plastics), 산화생분해성(oxo-biodegradable) 플라스틱으로 구분할 수 있다. 생분해성 플라스틱은 표준물질인 셀룰로스에 비해 6개월에 90% 이상 분해되는 플라스틱을 말하며, 바이오매스를 원료로 하는 것과 화석연료를 원료를 하는 것이 있다. 바이오매스 플라스틱은 바이오매스를 기반으로 하지만 생분해되지 않으며 온실가스인 이산화탄소 배출 저감에 기여하는 플라스틱이다. 산화생분해성 플라스틱은 일반 플라스틱에 생분해촉진제 등을 첨가해 일반 플라스틱에 비해 분해기간을 단축한 플라스틱이다. 바이오플라스틱의 종류와 개략적인 특성은 〈표 4-6〉과 같다.

표 4-6. 바이오플라스틱의 종류 및 특성

구분	생분해성 플라스틱		산화생분해성 플라스틱	바이오매스 플라스틱	
	천연계	석유계		결합형	중합형
바이오매스 함량	높다 (50~70%)	-	-	낮다 (20~25% 이상)	
사용원료	천연물, 미생물계	석유유래 원료 중합 합성	생분해촉매제, 식물체바이오매스 등	천연물- 고분자 결합체	천연물 단량체 중합합성
종류	PLA, TPS, AP, PHA, CA 등	PBS, PES, PVA, PCL 등	Oxo bio PE, Oxo bio PP, Oxo bio PA 등	Bio-PE, Bio-PP, Bio-PET, Bio-PA 등	
플라스틱 특성	거의 없다		있다	있다	
장점	생분해성, 탄소 저감 우수(천연물계)		분해기간 조절, 물성	이산화탄소 저감, 물성·생산성(제한적)	
단점	고가, 물성 저하, 내수성 등		산화분해 필요 (열, UV 등)	강도, 내수성	
분해원리	미생물 분해		산화분해 후 미생물 분해	-	
생분해 기간	3~6개월 이내 (6개월 이내 90%)		6개월 이내 60%	-	

2. 바이오플라스틱의 특성

1) 생분해성 플라스틱

바이오플라스틱 중 생분해성 플라스틱은 폐기 후 쉽게 분해되지 않는
일반 플라스틱 소재와 달리 세월이 지나면 박테리아, 곰팡이 같은 미
생물이나 분해효소가 작용해 물이나 이산화탄소로 완전히 분해된다.
따라서 생분해성 플라스틱은 사용 후 회수 및 처리할 필요 없이 땅속

표 4-7. 생분해성 플라스틱의 분류

구분	원료 및 종류
식물 유래	셀룰로스, 헤미셀룰로스, 팩틴, 리그닌, 전분 등
동물 유래	새우, 게 등의 껍질을 포함한 키틴질 등
미생물(미생물 생산 고분자)	PHA, PHB, PHV 등
화석연료 기반	지방족 폴리에스터, PCL, PGA 등

에 매립할 수 있으며, 소각 시 다이옥신 같은 유해물질 배출이 적고 열량은 kg당 4,000~7,000kcal에 불과하다. 기존 플라스틱에 비해 발열량이 현저히 낮아 소각로를 손상시킬 위험성이 크게 감소한다. 일반 플라스틱의 경우 발열량이 가장 낮은 폴리에틸렌의 경우도 kg당 1만 1,000kcal의 열을 발생시킨다.

생분해성 플라스틱은 바이오매스(천연계) 또는 화석연료 기반 화합물(석유계)에서 생산된다. 천연계 생분해성 플라스틱은 생분해성과 이산화탄소 저감이 모두 우수하다는 장점이 있으나 고가이며 물성 면에서 불리하고 유통 중에 분해될 수 있다는 단점이 있다.

화석연료 기반의 생분해성 플라스틱은 미생물 생산 고분자 등에 비해 생산이 용이하고 일반 플라스틱과 물성 및 응용 분야가 유사해 상업화 가능성이 높은 편이다(표 4-7).

2) 바이오매스 플라스틱

바이오매스 플라스틱은 기존 화석연료가 아닌 재생 가능한 자원인 바이오매스(biomass)를 원료로 이용해 화학적 또는 생물학적 공정을 거쳐 생산하는 바이오플라스틱이다. 바이오매스 플라스틱은 플라스틱 사용 감량 및 이산화탄소 저감 기능이 특징이다. 지구온난화의 주요 원인이 이산화탄소로 지목되면서 석유 기반 고분자 플라스틱을 대체할 새로운 친환경 소재가 필요해졌고, 탄소중립(carbon neutral)이라는 개념이 등장하면서 바이오매스 플라스틱이 바이오플라스틱의 범위에 포함된 것이다. 탄소중립이란 바이오원료 성장기에 물, 태양광을 이용한 광합성 작용을 통해 엽록체에서 이산화탄소를 흡수하고, 바이오매스 기반 플라스틱 폐기물이 되어 자연에서 분해될 때 성장기에 흡수한 정도의 이산화탄소만 발생시켜 지구상의 이산화탄소 총량을 증가시키지 않는 것을 의미한다. 따라서 바이오매스 플라스틱을 개발·생산하면 대표적인 온실가스인 이산화탄소가 발생하지 않게 되므로 매우 환경친화적이다.

바이오매스 플라스틱은 중합형과 결합형으로 구분할 수 있다. 중합형 바이오매스 플라스틱은 사탕수수 같은 식물체인 바이오매스에서 당화 과정을 거쳐 단량체를 생산하고 이 단량체를 중합하는 과정을 거쳐 만들어진다. 결합형 바이오매스 플라스틱은 생분해성 플라스틱 또는 식물체인 바이오매스를 기존의 난분해성 플라스틱과 그래프트 또는 가교결합해 만들어진다. 바이오매스 플라스틱은 분해성보다 탄소중립에 중점을 두어 이산화탄소 저감을 통한 지구온난화 방지를 강조한다는 점이 생분해성 플라스틱과의 차이점이다.

3) 산화생분해성 플라스틱

산화생분해성 플라스틱은 기존의 범용 플라스틱에 바이오매스, 산화생분해제, 상용화제, 생분해촉진제, 자동산화제, 불포화지방산 등을 첨가해 제조하며, 열, 빛, 미생물, 효소, 화학반응 등의 복합적 작용으로 화학분해가 촉진되어 분자량이 감소하고 이어서 생분해가 진행된다. 산화생분해성 플라스틱은 완전분해까지 기간을 1~5년으로 단축하는 신개념 생분해성 플라스틱이라고 할 수 있다.

이러한 산화생분해성 플라스틱은 고가인 기존 생분해성 플라스틱의 제품 응용성 및 생산성 저하, 최종 생분해가 어려운 점 등의 단점을 보완할 수 있고, 기존 생산설비를 그대로 사용해 설비설치 부담이 적으며, 기존 일반 플라스틱과 유사한 물성, 저렴한 제조비용 등의 이유로 최근 전 세계적으로 기술개발 및 제품화 추진이 활발하게 진행되고 있다. 특히 물성, 원가, 분해기간 조절 등의 장점이 부각되고 있으며, 수분이 부족해 미생물 분해가 어려운 사막기후인 중동지역과 아열대 기후로 인해 생분해가 너무 빨라 유통 중 생분해가 우려되는 동남아지역을 중심으로 산업화가 활발히 추진되고 있다. 최근에는 식물체 같은 바이오매스를 사용하는 제품 등 바이오매스 플라스틱 범주에도 포함되는 제품이 개발·산업화되는 추세다.

3. 바이오플라스틱의 용도

바이오플라스틱 가운데 현재 실용화되어 상업적으로 가장 활발하게 생산·판매되는 분야가 생분해성 플라스틱[2]이다. 생분해성 플라스틱 원료로는 전분이 가장 선호되며, 실제로 전분을 원료로 한 바이오플라스틱이 포장용으로 현재 가장 많이 실용화되는 추세다.

플라스틱 시대

그러나 생분해성 플라스틱은 너무 짧은 분해기간, 약한 물성, 부족한 내열성 및 내한성 등의 단점을 가지고 있다. 이러한 단점을 보완하기 위해 바이오매스 20~40%와 일반 플라스틱 60~80%를 혼합해 만든 바이오매스 플라스틱과 일반 플라스틱에 산화생분해제, 생분해 촉진제를 첨가해서 만든 산화생분해성 플라스틱 등의 개발이 활발히 이루어지고 있다.

바이오플라스틱이 가장 활발하게 사용되는 분야는 포장재라고 할 수 있다. 옥수수 및 옥수수 추출물로 만든 바이오플라스틱이 생분해가 용이한 친환경 소재로 각광받으면서 포장재로 많이 사용되었다. 2009년 일본에서 처음으로 판매되기 시작한 플랜트 보틀(plant bottle)은 기본 PET 플라스틱에 사탕수수에서 추출한 바이오에탄올을 일부 적용해서 만든 페트병으로, 이러한 식물 기반 페트병 사용 시 석유 사용량을 그만큼 줄일 수 있다고 설명한다. 코카콜라도 2009년 식물성 원료 버개스(bagasse, 사탕수수의 당분을 짜고 남은 찌꺼기)를 약 30% 포함한 식물 소재 병을 만들어 처음 사용한 후, 약 6년간의 기술개발로 2015년에는 100% 재활용이 가능하고 식물성 재료로만 된 플랜트 보틀을 만들어 사용하고 있다.

또한 생분해성 수용성 코팅을 적용한 친환경 종이도 개발·사용되

---

2 생분해성 플라스틱에는 PCL(polycaprolactone), PLA(polylactic acid), PBAT(polybutylene adipate terephthalate), PVA(polyvinyl alcohol), PHA(polyhydroxyalkanoate), PES(polyethylene succinate), PHB(polyhydroxybutyrate), PBS(polybutylene succinate)와 지방족 폴리에스터 및 전분/지방족 폴리에스터 혼합재 등이 있다.

고 있다. 기존 코팅 종이는 내수성을 부여하기 위해 폴리에틸렌(비닐) 코팅을 해 재활용하기 어려운 경우가 많았다. 예를 들어 기존 폴리에틸렌 코팅 종이컵은 코팅 분리 공정비용이 많이 들어 실제로 재활용 비율이 매우 낮은 편이었다. 그러나 생분해성 수용성 코팅을 적용한 종이컵은 사용 후 쉽게 분리되어 재활용할 수 있고, 생분해도 가능하므로 환경 마크, 녹색 인증, 미국 농무부(USDA) 인증까지 획득한 제품이 산업화되어 햄버거 포장재, 박스, 케이스, 종이빨대 등 다양한 분야에 적용되고 있다.

　의료부품 분야에서도 바이오플라스틱이 많이 사용되고 있다. 특히 생분해성 플라스틱 중 생체분해성 플라스틱이 많이 사용된다. 생체분해성 플라스틱은 생체 내에서 흡수되는 것과 흡수되지 않는 것으로 구분되는데, 생체 내 흡수성 플라스틱은 주로 조직재생용으로 사용된다. 비흡수성 플라스틱은 생체 내에서 작용을 마친 후 배출되어야 하므로, 주로 소화기 계통에 사용된다. 이러한 생체분해성 플라스틱 소재로는 PLA와 PGA가 있으며, 이들의 공중합체는 생체적합성이 우수해 조직지지체, 봉합사로 많이 사용되고 있다. 또한 생체분해성 플라스틱은 인공심장, 판막, 혈관, 뼈, 신장, 췌장, 귀 등 다양한 장기에 기존 일반 플라스틱 소재 대체물질로 사용할 수 있다. 생체분해성 플라스틱은 수분, 미생물, 온도와 같은 다양한 환경요인에 따라 스스로 분해되므로, 생체 내부 작용을 최소화할 수 있어 종래 플라스틱 소재를 대체할 신소재로 각광받고 있다.

　자동차를 비롯한 첨단 분야에도 바이오플라스틱 사용이 확대되고 있다. 예를 들어 식물성 천연섬유를 활용한 바이오플라스틱으로 자동차 지붕과 시트, 에어필터 등 내장부품을 만든다. 아마와 황마, 바나나, 용설란 등 식물줄기와 잎에서 추출한 식물성 원료와 열가소성 수지를 혼합해 만든 바이오매스 플라스틱이 주로 사용되고 있다. 자동차에 바이오플라스틱을 최초로 사용한 것은 토요타다. 토요타는 2003년 자체 개발한 바이오플라스틱을 타이어 커버와 매트에 적용했다. 혼다도 옥수수를 기반으로 만든 바이오플라스틱 PTT와 PLA 소재를 기존의 PET 인테리어 섬유를 대체해 연료전지차 등 일부 차량에 적용했다. PPT와 PET를 혼합한 직물을 좌석, 팔걸이 등 사람의 피부와 접촉하는 부위에 사용해 화학물질로 인한 인체 영향을 최소화하고 있다. 세계 각국 자동차 회사들은 바이오플라스틱의 강도 개선, 유연성, 내열성, 분해기간 조절, 가공성, 생산성 등에 관한 원천기술을 개발해 자동차의 다양한 부품에 바이오플라스틱을 적용하기 위해 노력하고 있다.

바이오플라스틱은 전기·전자제품, 토목·건축자재·문구·클리어화일 등 다양한 분야에서 사용되고 있다. 삼성전자는 2009년에 옥수수 전분 40%가 적용된 휴대폰을 출시한 이후 바이오매스 플라스틱을 사용해 다양한 종류의 휴대폰과 노트북을 제조했다. 사방공사 등 경사면 공사 시 식생 안정화 단계까지 분해되지 않는 바이오 소재를 사용하거나 새집증후군, 아토피 등 환경질환을 예방하기 위해 PVC 소재 장판이나 벽지를 대체하는 등 토목과 건축 분야에서도 바이오플라스틱이 사용되고 있다. 또한 바이오매스를 20~50% 사용한 문구제품과 화분 등 농업·원예용 바이오플라스틱 제품도 다양하게 사용되고 있다.

4. 바이오플라스틱산업 및 기술 동향

바이오플라스틱은 석유계 일반 플라스틱을 대체하는 친환경 플라스틱으로, 시장 규모가 빠르게 성장하고 있다. 세계 바이오플라스틱 생산 능력은 2020년 약 211만 1,000톤에서 2025년 287만 1,000톤으로 늘어날 것으로 예측되고 있다(European Bioplastics, 2020). 2020년의 생산능력 211만 1,000톤은 2020년 세계 플라스틱 생산량 3억 6,700만 톤의 약 0.57%에 해당한다. 2020년 바이오플라스틱 생산량 중 58.1%인 122만 7,000톤이 생분해성 플라스틱이고, 41.9%인 88만 4,000톤이 바이오매스 플라스틱으로 분석되었다(그림 4-5).

지역별 생산능력은 북미 18%, 서유럽 25%, 남미 12%, 아시아 45% 정도를 나타내고 있으나, 향후 바이오매스가 풍부하고 소비 규모가 큰 아시아에서 생산이 확대될 것으로 예상된다. 특히 바이오플라스틱은 새로운 소재가 계속 등장하고 각국이 사용촉진정책을 추진하고 있어 당초 예상보다 빠른 속도로 증가할 것으로 예상된다.

2019년 국내 바이오플라스틱 시장은 약 4만 톤 규모로 국내 플라스틱 시장의 0.5% 정도를 차지하며, 세계 바이오플라스틱 시장의 2% 정도를 점유하고 있다(이상호 외, 2019). 바이오플라스틱산업은 발효원료(원당, 당밀) 확보, 바이오 리파이너리(원료추출 및 가공)를 통한 플랫폼 화합물의 생산, 바이오플라스틱의 제조, 최종소비재 가공 등의 가치사슬이 존재한다. 우리나라는 바이오플라스틱 최종소비재 가공 기술은 확보하고 있지만 바이오매스 및 바이오 리파이너리 기술은 연구개발 단계에 머물러 있다.

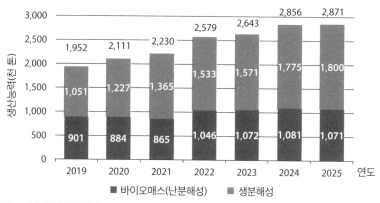

그림 4-5. 세계 바이오플라스틱 생산 동향

    바이오플라스틱의 소재 및 생산 공정 기술은 신규 바이오플라스틱 소재·공정·제품용도 개발, 바이오플라스틱의 고함량화를 위한 바이오 단량체 생산기술 개발, 생분해성 바이오플라스틱의 순환기술 개발 등으로 구분할 수 있다. 세계 많은 기업이 난분해성, 이산화탄소 배출과 같은 기존 일반 플라스틱이 안고 있는 문제점을 해결하고 바이오플라스틱이라는 새로운 블루오션을 개척하기 위해 관련 기술 개발에 전력을 기울이고 있다.

5. 바이오플라스틱 규격기준

1) 규격기준 개요

바이오플라스틱, 에코패키징, 인체무해성과 관련해 국내외에 다양한 규격 및 시험방법이 있다. 국제표준화기구(ISO)는 퇴비화 조건에서의 호기적 생분해도 측정방법을 생분해 플라스틱 관련 규격에 적용하고 있다. 전 세계적으로 제어된 퇴비화 조건에서 플라스틱 물질의 호기적 생분해도 및 붕괴를 측정하는 방법(이산화탄소 발생량 측정)인 ISO 14855가 가장 널리 사용되고 있다. 세계 각국은 ISO 14855에 따라 생분해수지 제품에 대한 시험기간, 분해도 등 인증기준을 설정하고 있는바, 국가별 인증기준은 〈표 4-8〉과 같다.

최근 산업화가 급속하게 추진되고 있는 바이오매스 플라스틱에 대한 규격기준도 국가별로 제정·시행되고 있다. 바이오매스 플라스틱은 생분해되는 것이 아니고 바이오매스 첨가에 따른 이산화탄소 저감에 초점이 맞추어져 있기 때문에, 시험분석은 주로 바이오매스 함량과 중금속 여부를 측정하고 생분해 관련 시험은 실시하지 않는 것이 일반적이다.

산화생분해성 플라스틱에 대한 규격기준은 2014년 사막 국가인 아랍에미리트(UAE)가 국가적 필요에 의해 가장 먼저 제정했다. 사막 국가의 특성상 생분해가 잘 되지 않는 기후조건을 반영해 산화생분해성 포장재 및 제품만 UAE 역내 수입과 유통을 허용하면서 산화생분해성 관련 규격기준인 UAE 스탠더드(UAE Standard) 5009-2009를 제정해 시행한 것이다. 생분해가 어려운 사막기후를 고려해 UAE의 산

표 4-8. 국가별 생분해성 플라스틱 인증기준

국가	인증기준
한국	6개월 이내, 기준 물질 대비 90% 이상 분해
미국	6개월 이내, 기준 물질 대비 60% 이상 분해
EU	6개월 이내, 기준 물질 대비 90% 이상 분해
일본, 독일	6개월 이내, 절대치 대비 90% 이상 분해

화생분해성 규격기준은 열 및 UV를 통한 산화생분해를 기본으로 하며, 먼저 UAE 기후조건에서 산화분해가 되고 이후 산화분해된 입자는 물, 이산화탄소 및 바이오매스로 분해되어야 한다고 규정하고 있다. UAE 외에도 미국, 영국, 스웨덴, 싱가포르 등이 국가 또는 민간 차원에서 산화생분해성 규격기준을 마련해 시행하고 있으며, 더 많은 나라에서 개별 규격기준을 운용할 전망이다.

2) 우리나라의 바이오플라스틱 규격기준

우리나라는 생분해성 플라스틱 제품과 바이오매스 플라스틱 제품에 대해 환경부에서 환경 표지 인증기준을 마련해 시행하고 있으며, 산화생분해성 플라스틱 제품에 대해서는 민간기관인 한국바이오소재패키징협회에서 규격기준을 마련하고 있다.

　생분해성 플라스틱 제품에 대한 인증기준 적용 범위에는 단일재질 또는 2종 이상의 생분해성 수지를 원료로 해 성형제조한 제품 및 이를 제조하기 위한 성형원료가 포함된다. 생분해성 플라스틱 제품에 대한 환경 표지 주요 인증기준은 〈표 4-9〉와 같다.

　생분해도의 경우 원칙적으로 180일 이내 최종 생분해도의 값이

90% 이상이어야 한다. 그러나 초기 45일 동안 배양해 측정한 생분해도 값이 표준물질에 대한 생분해도 값의 60% 이상이며, 이 시점에서도 생분해기가 지속되어 뚜렷한 생분해가 진행되는 것을 확인할 수 있을 때와 180일 동안 배양해 측정한 생분해도 값이 표준물질에 대한 최종 생분해도 값의 60% 이상이며, 이 시점에서도 생분해기가 지속되어 뚜렷한 생분해가 진행되는 것을 확인할 수 있을 때는 생분해도 기준을 충족시키는 것으로 본다.

바이오매스 플라스틱 제품에 대한 인증기준 적용범위는 재생 가능한 자원인 바이오매스에서 유래한 단량체를 가지는 합성수지를 원료로 해 성형 제조한 제품 및 이를 제조하기 위한 성형원료다. 이때 바이오매스는 지질형성 또는 화석화 과정을 거치지 않은 생물 유기체 자원을 말한다. 바이오매스 플라스틱 제품의 환경 표지 주요 인증기준은 〈표 4-10〉과 같다.

우리나라는 산화생분해성 플라스틱 제품에 대한 정부 차원의 규격기준이 아직 마련되어 있지 않다. 산화생분해성 플라스틱 제품 제조업체들의 모임인 한국바이오소재패키징협회가 2014년 산화생분해성 플라스틱 인증시험 방법을 제정하고 규격기준을 마련했다. 이 협회에서 마련한 규격기준의 주요 내용은 〈표 4-11〉과 같다.

한편, 친환경 제품을 확대보급하고, 소비자들이 기존 석유 유래 난분해성 플라스틱 제품과 바이오플라스틱 제품을 쉽게 구분할 수 있도록 세계 각국에서 여러 가지 표준안과 로고를 사용하고 있다. 생분해성 플라스틱에 대한 이러한 식별표시제도는 1979년 독일에서 처음 시행한 이후 30여 개 국가에서 시행하고 있다. 우리나라의 생분해성

표 4-9. 생분해성 플라스틱 제품의 환경 표지 주요 인증기준

항목	기준	효과
수지 사용 비율	• 제품의 구성재료 가운데 수지를 질량분율로서 70% 이상 사용해 야 함 • 수지 이외 구성 재료는 일반인이 특별한 공구를 사용하지 않고도 수지에서 쉽게 분리할 수 있어야 함	자원 절약
생분해성 수지 비율	• 수지는 생분해성 수지만을 사용해야 함 • 수지에 함유된 첨가제는 생분해성 수지로 봄	생태계 독성 감소
수지 첨가제, 유해원소 함량	• 수지의 첨가제로 납(Pb) 화합물이나 카드뮴(Cd) 화합물을 사용 하지 않아야 함 • 제품에 함유된 유해원소(비소, 납, 카드뮴, 수은, 크로뮴, 구리, 니켈, 아연 등)는 함량 기준치 이하여야 함	유해물질 감소
생분해도	• 제품을 구성하는 수지에 대해 해당 표준에 따라 180일 이내 기간 동안 배양해 측정한 최종 생분해도 값이 표준물질에 대한 최종 생분해도 값의 90% 이상이어야 함	생태계 독성 감소

표 4-10. 바이오매스 플라스틱 제품의 환경 표지 주요 인증기준

항목	기준	효과
바이오매스 유래 탄소 함량	• 성형원료 및 성형제품의 전체 탄소 함량 중 바이오매스에서 유래한 탄소 함량은 질량분율로서 20% 이상이어야 함	자원 절약
성형원료 사용 비율	• 성형제품은 합성수지 원료를 질량분율로서 70% 이상 사용해야 함 • 수지 이외 구성재료는 일반인이 특별한 공구를 사용하지 않고도 수지에서 쉽게 분리할 수 있어야 함	자원 절약
탄소 배출량	• 전 과정에서 성형원료 탄소배출량은 화석연료로부터 제조한 원료의 것보다 낮아야 함	온실가스 배출 저감
첨가제, 유해원소 함량	• 첨가제로 납(Pb), 카드뮴(Cd), 수은(Hg), 크로뮴(Cr) 및 이들의 화합물, 유기주석화합물인 트리부틸주석(TBTs)과 트리페닐주 석(TPTs)을 사용하지 않아야 함 • 제품에 함유된 유해원소(비소, 납, 카드뮴, 수은, 크로뮴, 구리, 니켈, 아연 등)는 함량 기준치 이하여야 함	유해물질 감소
나노물질	• 제품가공을 위한 첨가제 또는 표면 처리제로 나노물질을 사용 하지 않아야 함	유해물질 감소
프탈레이트 가소제	• 가소제로서 프탈레이트를 사용하지 않아야 함	유해물질 감소

표 4-11. 산화생분해성 플라스틱 규격기준 중 주요 내용

항목	내용
산화분해 기준	• 인장강도 및 신장률 ≤ 5% • 분자량 감소 ≤ 5,000돌턴(Dalton) • 무생물적 분해 후 겔(gel) 잔사 함량 ≤ 5%
생분해 기준	• 36개월 이내에 90%, 180일 이내에 60%, 45일 이내에 30% 기준으로 유기탄소가 이산화탄소로 전환되어야 함

그림 4-6. 우리나라의 생분해성 플라스틱 및 바이오매스 플라스틱 인증 마크

플라스틱 및 바이오매스 플라스틱에 대한 인증 마크는 〈그림 4-6〉과
같다.

6. 과제와 전망

앞에서 살펴본 바와 같이 기존 일반 플라스틱이 가지고 있는 난분해
성 문제를 해결하고 대표적인 온실가스인 이산화탄소 배출을 줄이고
자 다양한 바이오플라스틱이 개발·상용화되어 왔다. 바이오플라스틱

플라스틱 시대

개발 초기에는 플라스틱 용기를 중심으로 생분해성 플라스틱 시장이 형성되었으나, 점차 바이오매스 플라스틱과 산화분해성 플라스틱에 대한 기술이 발전하면서 이들 시장도 급속히 커지고 있다. 또한 바이오플라스틱을 사용하는 분야도 식품포장재, 농업 및 원예용품, 건축 및 토목자재, 조경, 산업용 포장재, 문구 및 파일, 전기·전자제품, 자동차부품 분야까지 계속 확대되고 있다.

이러한 바이오플라스틱의 양적·질적 확대에도 불구하고 아직 해결해야 할 과제가 많다.

첫째, 바이오플라스틱 중 생분해성 플라스틱과 관련한 가장 큰 논란은 과연 토양, 하천 및 해양 같은 일반적인 자연환경에서 생분해되는가 하는 점이다. 국제적으로 생분해는 미생물에 의해 완전히 분해되어 자연적 부산물인 이산화탄소, 메탄, 물, 바이오매스 등만을 발생시키는 것이어야 한다고 정의된다. 대부분의 생분해성 시험은 20~60℃ 기온과 통기 및 수분이 조정된 레벨에서 실행되는데, 이러한 환경은 자연환경을 충분히 반영하지 못한다는 주장이 있다. 곧 생분해 시험환경과 20℃ 이하 차가운 바닷속은 환경이 완전히 다르다는 것이다. 결국 시장에 나오는 대부분의 생분해성 플라스틱은 하천이나 바다 같은 자연환경에 방출되면 분해되는 데 아주 오랜 시간이 걸리거나 거의 분해되지 않는다. 이러한 점 때문에 환경 문제를 전담하는 유엔환경계획(UNEP)도 생분해성 플라스틱은 해양쓰레기의 현실적 해결방안이 될 수 없다고 했다.

둘째, 생분해성 플라스틱이 미세플라스틱이 되어 해양생물에 미치는 영향도 논란이 계속되고 있다. 일부 연구에서는 생분해성 바이오매스 플라스틱이 잘게 부서져 만들어진 미세플라스틱이 생물에 미치는 영향은 일반 플라스틱에서 나온 기존 미세플라스틱의 영향과 거의 같다고 지적하고 있다.

셋째, 생분해성이 없는 난분해성 바이오매스 플라스틱과 산화생분해성의 플라스틱도 기존의 일반 플라스틱과 마찬가지로 해양오염과 매립처분 시의 환경오염 문제를 해결할 수 없다. 이러한 플라스틱은 바이오플라스틱 범주에 들어가지만 해양 등 자연환경에서 분해되지 않기 때문에 해양으로 흘러 들어가면 반영구적으로 남아 일반 플라스틱과 마찬가지로 환경에 나쁜 영향을 미치는 것이다. 많은 나라에서 매립지에 플라스틱 쓰레기를 매립하는데, 난분해성 바이오플라스틱도 매립지에 반영구적으로 남게 되어 매립장의 안정화를 방해하고, 일부에서는 침출수가 발생해 주변 토양과 지하수, 바다 등을 오염시킨다. 난분해성 바이오매스 플라스틱과 산화생분해성 플라스틱에는 일반 플라스틱과 마찬가지로 물성 등을 개선하기 위해 가소제 같은 다양한 첨가제를 사용하는데, 이러한 물질들이 플라스틱과 함께 환경을 오염시키는 것이다.

넷째, 바이오플라스틱의 물성과 가격도 해결해야 될 과제다. 특히 바이오플라스틱 중 생분해성 플라스틱은 가격이 비싼 바이오매스가 상대적으로 많이 함유되어 있어 가격이 높은 반면, 분해기간이 짧고 강도나 신장률 등 물리적 특성이나 가공성이 취약해 유통기한이 짧거나 수분, 미생물 등에 접촉하는 시간이 길지 않은 분야에 국한되어 사용된다. 그러나 원료가 바이오매스이므로 원유 가격에 영향을 거의 받지 않아 가격이 상대적으로 안정적이라는 장점은 있다. 이러한 물성과 가격 문제는 앞으로 관련 기술이 발전하면 자연스럽게 해결될 것으로 기대된다.

다섯째, 바이오플라스틱과 관련된 논란의 하나는 식량윤리를 거스른다는 것이다. 바이오플라스틱의 짧은 역사에서 최초이자 가장 성공한 것으로 평가받는 옥수수 전분 플라스틱은 폐기 시 100% 생분해된다. 그러나 가난한 국가에서는 주식으로 사용되기도 하는 옥수수를 플라스틱 재료로 전용하는 것이 과연 옳은가 하는 의문이 제기된다.

또한 플라스틱으로 사용될 작물을 재배할 때 온실가스 배출을 비롯해 화학비료와 살충제 사용으로 물과 토양이 오염되는 등 환경파괴가 만만치 않다는 점도 비판 대상이다. 이러한 비판에 대응하기 위해 최근에는 셀룰로스, 볏짚, 왕겨, 옥수숫대, 대두박, 옥수수 껍질, 대나무 등 풍부한 비식용계 부산물 자원을 바이오플라스틱 원료 소재로 이용하고 있다. 또한 조류도 중요한 원료로 떠오르고 있다. 녹조·갈조류로부터 미역, 다시마까지 원료를 싸고 쉽게 구할 수 있으며, 기르는 데 많은 노력이 들지 않는다는 점이 장점으로 꼽힌다. 다만, 아직 기술의 한계가 있고 제품을 상용화하거나 다양화하기까지 많은 시간이 소요될 것으로 보인다.

여섯째, 바이오플라스틱의 또 다른 문제점은 재활용이 어렵다는 것이다. 특히 PLA, PBS, PBAT, PHA 등의 생분해성 바이오플라스틱은 기존 석유계 플라스틱 재활용 시스템에서는 재활용할 수 없다. 재활용업체가 이러한 플라스틱을 재활용하기 위해서는 특수기술과 시설이 필요하고, 자연히 재활용 과정에서 더 많은 오염요인이 발생하며 재활용 비용도 높아진다는 단점이 있다.

난분해성 석유계 플라스틱을 대체하는 바이오매스 유래 폴리에틸렌, 폴리프로필렌, PET와 바이오매스가 일정 비율 포함되는 산화생분해 플라스틱은 기존 석유계 플라스틱 재활용 시스템을 통해 재활용할 수 있지만, 바이오매스가 포함되어 재활용 비용이 높아지고 재생원료의 품질이 다소 떨어지는 문제점이 있다. 따라서 선진국들은 바이오플라스틱의 시장규모가 확대됨에 따라 이로 인한 환경 영향을 최소화하기 위해 관련 재활용 기술 개발을 꾀하고 있다.

일곱째, 바이오플라스틱의 규격 등이 국제적으로 표준화되어 있지 않은 것도 앞으로 해결해야 할 과제다. 향후 바이오플라스틱 시장이 확대되고 국제교류도 활성화될 것으로 예상되는데, 바이오플라스틱의 규격은 국제 무역장벽으로도 작용할 수 있다. 예컨대 앞서 언급했듯이 2014년 산화생분해성 플라스틱에 대한 규격기준을 도입한 아랍에미리트는 일반 플라스틱을 사용한 포장재, 일회용품, 생활용품 등의 자국 수입 및 유통을 전면금지하고, 자국의 산화생분해성 플라스틱 규격기준에 적합한 제품만 허용하고 있다. 바이오플라스틱의 규격이 서로 달라 앞으로 국가 간 무역충돌이 발생할 가능성이 매우 높다. 따라서 바이오플라스틱 규격 표준화를 위한 국제적 노력에 적극 참여하는 것이 매우 중요하다.

바이오플라스틱은 친환경 플라스틱에 대한 시장의 요구와 주요 온실가스인 이산화탄소 저감 필요성에 의해 단기간에 큰 성장을 이루었다. 앞으로 바이오플라스틱산업은 바이오산업과 환경산업의 핵심 분야로 성장할 것으로 예상되며, 사용 분야도 기존의 일반 플라스틱이 사용되는 모든 분야로 확대될 것으로 예상된다. 그러나 바이오플라스틱 사용이 보다 활성화되기 위해서는 앞에서 지적된 바이오플라스틱의 친환경성과 재활용 가능성이 보다 개선되어야 할 것이다.

5

플라스틱 문제 해결을 위해
우리는 무엇을 해야 할까?

플라스틱과 관련된 문제에는 많은 이해관계가 얽혀 있다. 먼저 플라스틱 문제 해결을 위한 제도와 정책을 담당하는 정부가 있다. 정부가 효율적인 제도와 정책으로 플라스틱 문제 해결 방향을 제시하고 적극적으로 노력한다면 많은 성과를 거둘 것이다. 그러나 다른 모든 분야와 마찬가지로, 플라스틱 문제도 정부만의 노력으로는 한계가 있다. 정부가 제도와 정책을 마련하더라도 다른 경제주체들과 이해관계자가 함께 움직이지 않으면 기대하는 성과를 거두기 어렵다.

플라스틱 관련 이해관계자로는 정부 외에도 지방자치단체, 플라스틱의 원료와 제품 생산업체, 플라스틱 회수·선별 및 재활용업체, 소비자와 시민단체, 과학기술계 등이 있다.

법률상 폐플라스틱을 포함한 생활폐기물 처리 및 관리 책임이 있는 지방자치단체는 폐기물 분리배출과 회수·선별체계 구축 및 홍보, 종량제 봉투 가격 현실화를 통한 오염자부담원칙 구현, 제로웨이스트 삶의 지역 확산, 재생원료 구매 등을 통해 플라스틱 문제 해결에 중요한 역할을 해야 한다.

플라스틱 공급사슬에 속한 플라스틱의 원료와 제품 생산업체는 제로웨이스트 비즈니스 원칙을 채택해 플라스틱 생산 과정에서의 유해물질 감소, 제품의 친환경 설계, 바이오플라스틱 개발, 플라스틱 제품의 재질과 구조개선을 통한 재활용 용이성 증진, 재생원료 사용 확대 등을 실현해야 한다.

플라스틱 회수·선별 및 재활용업체는 직접 폐플라스틱의 회수·선별 및 재활용을 담당하므로 관련 기술 개발과 시설 개선 등을 통한 철저한 회수와 선별, 고품질 플라스틱 재활용품 생산 등을 위해 노력해야 한다.

소비자와 시민단체는 제로웨이스트 삶의 원칙을 실천해 플라스틱 폐기물 줄이기 및 분리배출 생활화, 모범사례 전파, 불법처리 감시 등의 역할을 할 수 있을 것이다.

플라스틱 문제를 해결하기 위해서는 과학기술계의 역할도 중요하다. 폐플라스틱 선별 및 재활용 기술 개발, 바이오플라스틱 개발, 미세플라스틱 검출과 위해성 연구 등은 플라스틱 문제를 해결하는 데 많은 도움이 될 것이다.

이 장에서는 플라스틱 문제 해결을 위해, 정부와 각 경제주체가 해야 할 일을 좀 더 구체적으로 살펴보고자 한다. 플라스틱 폐기물 발생을 최소화하고 최대한 재활용하는 방법을 알아보기에 앞서, 우리가 일상에서 매일 접하는 플라스틱을 어떻게 하면 안전하고 건강하게 사용할 수 있는지 살펴보고자 한다.

플라스틱, 어떻게 사용해야 할까?

이 책에서 플라스틱은 화학물질 덩어리라고 여러 번 언급했다. 플라스틱의 원재와 부재, 용매와 첨가물 대부분이 화학물질이기 때문이다. 이러한 화학물질 중 유해한 성분의 일부가 온도, 습도, 햇볕, 공기, 미생물 같은 조건이 일정하게 갖춰지면 환경에 유출될 수 있기 때문에 세심한 주의가 필요하다.

먼저 대부분의 플라스틱은 열가소성을 가지고 있기 때문에 열을 멀리해야 한다. 가스레인지나 히터 등 불 옆에는 가급적 플라스틱을 두지 말아야 한다. 열을 가까이하면 분해되면서 플라스틱에 함유되어 있던 유해화학물질이 유출될 수 있기 때문이다. 예컨대 폴리염화비닐 등 많은 플라스틱 제품의 가소제로 사용되는 프탈레이트와 비스페놀A 등이 유출되어 사람의 건강에 치명적인 영향을 미칠 수 있다. 프탈레이트와 비스페놀A는 대표적인 독성물질이며 환경호르몬이다.

플라스틱은 가급적 햇볕을 피하는 것이 좋다. 플라스틱은 생분해는 잘 되지 않지만 빛에 약해 장시간 빛에 노출되면 광분해되어 플라스틱에 함유되어 있던 유해화학물질이 유출될 수 있다. 따라서 특히 식품이나 음료를 담은 용기는 햇볕에 노출되지 않도록 해야 한다.

또한 플라스틱은 물리적인 힘에 의해서도 분해될 수 있기 때문에 식품을 담은 용기에 상처를 내거나 긁히지 않도록 주의해야 한다. 장기간 보관하는 식품은 유리나 스테인리스 용기에 담아 보관하는 것이 안전하다. 뚜껑이 있는 플라스틱 용기의 경우 뚜껑을 연 후 용기 입구를 잘 닦은 뒤 사용하는 것이 안전하다. 뚜껑을 여는 과정에서 플라스틱이 분해되어 잔류할 수 있기 때문이다. 세척 시에도 주의할 필요가 있다. 수세미나 솔로 세게 닦으면 상처가 생기기 쉬우므로 부드러운 스펀지를 이용해야 한다.

기름이나 알코올의 보존도 신중하게 해야 한다. 플라스틱은 일반적으로 산이나 알칼리 등에 대한 내약품성이 뛰어나지만 종류에 따라서는 기름이나 알코올에 약한 것도 있다. 그러므로 플라스틱 용기에는 식용유나 알코올 등을 오랫동안 보관하지 않는 것이 좋다. 또한 벤

젠이나 시너 등의 유기용제는 플라스틱을 녹이는 작용을 하므로 피하는 것이 좋다.

플라스틱 제품을 입으로 빨지 않도록 주의해야 한다. 어린이가 장난감을 입으로 가져가거나 장난감을 만진 손가락을 빨거나, 플라스틱 빨대를 빨거나 이로 무는 것을 피해야 한다. 어린이 장난감의 비스페놀A 용출 기준을 0.1mg/L로 정하고, 프탈레이트도 제품 중량의 0.1% 이하로 정해 매우 엄격하게 관리하고 있지만, 아무리 적은 양이라도 섭취는 최대한 피하는 게 좋다. 어린이는 유해화학물질에 매우 민감하기 때문에 적은 양이라도 피해를 줄 수 있다. 플라스틱 빨대를 뜨거운 음료에 사용할 경우 플라스틱이 분해되어 유해성분이 용출될 수 있으므로 더욱 주의해야 한다.

몸체에 직접 인쇄되어 있거나 유색인 플라스틱병에 담긴 음료도 가급적 피하는 것이 좋다. 몸체에 인쇄하는 과정에서 열을 가하고, 유색으로 만들기 위해 성형 과정에서 색을 내는 첨가제를 사용했을 가능성이 있으므로 몸체에 인쇄되어 있지 않거나 색이 없는 용기에 비해 유해성분이 포함되어 있을 가능성이 높다.

플라스틱 종류별로 주의할 구체적인 사항은 다음과 같다.

첫째, 폴리프로필렌은 가장 안전한 플라스틱으로 꼽힌다. 폴리프로필렌은 탄소와 수소만으로 이루어져 환경호르몬으로부터 자유롭기 때문에 환경단체 그린피스가 '미래의 자원'으로 분류할 정도다. 이러한 안전성 때문에 밀폐용기, 가공식품 포장재, 주방용품 및 의료기기로 많이 사용된다. 용해온도가 135~160℃로 높아 전자레인지용 용기로도 사용된다. 다만 열분해 시 유해화합물인 폴리올레핀이 나올 수 있으므로 불을 가까이해서는 안 된다.

둘째, 폴리에틸렌도 상당히 안전한 플라스틱으로 분류된다. 따라서 고밀도 폴리에틸렌은 우유 및 과일주스 용기, 식품포장재 등으로 널리 사용되고, 저밀도 폴리에틸렌은 일회용 장갑, 소스용기 및 냉동식품 포장재로 많이 사용되고 있다. 폴리에틸렌은 방수를 위해 종이컵 안쪽의 코팅에도 사용된다. 2011년 일부 언론 보도에 따르면 폴리에틸렌으로 코팅된 종이컵에 약 90℃의 뜨거운 물을 붓고 약 20분 후 전자현미경으로 확인해 보니 뜨거운 물에 노출된 폴리에틸렌 코팅이 벗겨지고 본래 종이의 펄프 구조가 드러나는 것이 확인되었다. 폴리에틸렌은 인체에 무해하며 섭취해도 흡수되지 않고 배출되므로 어느 정도 안전하지만, 자연물질이 아닌 인공화합물질이므로 장기간 노출 시에는 문제가 발생할 가능성이 있어 종이컵으로 뜨거운 커피나 물을 마시는 것은 피하거나 가급적 빨리 마시는 것이 좋다.

셋째, 생수병이나 탄산음료병으로 사용되는 PET도 가소제를 사용하지 않고 환경호르몬을 유발하지 않기 때문에 안전한 플라스틱이다. 다만 PET 제조 시 촉매로 안티모니(antimony)라는 중금속이 사용되는데, 안티모니는 국제암연구소(IARC)에서 2B군 발암물질로 지정한 물질이다. 단기간 급성노출 시 구토나 설사, 두통, 눈·코·피부 자극, 현기증, 폐이상, 혈액장애, 호흡곤란 등이 일어나며, 만성적으로 노출될 경우 수면장애, 심전도 변화, 후두열, 기관지염, 폐렴, 진폐증, 알레르기 등이 일어나는 것으로 알려져 있다.

일상 조건에서는 페트병에서 안티모니가 나오지 않지만 60℃ 이상 조건에 노출되면 기준치 이상 녹아 나올 수 있고, 자외선에 노출

돼도 녹아 나오는 것으로 알려져 있다. 우리나라 식품의약품안전처에서도 25℃에서 120일 보관 시 0.001mg/L, 60℃에서 120일 보관 시 0.02mg/L 정도 안티모니가 녹아 나오는 것으로 인정하고 있다. 따라서 페트병을 25℃ 정도 상온에서 3개월 이상 보관하거나 뜨거운 차 안에 생수병을 방치하는 것은 안전상 문제가 있을 수 있으므로 주의해야 한다. 마트 등에서 온장고에 페트병 음료를 장기간 보관하는 경우가 있는데, 이 역시 피해야 한다.

넷째, 폴리스티렌은 일반용, 내충격성 및 발포성으로 구분된다. 폴리스티렌은 내수성, 절연성 및 내약품성 등이 우수해 생활용품, 전기절연제, 요구르트·아이스크림·유산제품 용기, 컵라면 용기와 일회용 컵에 많이 사용되고 있다. 폴리스티렌에 열을 가하면 녹아내리는 동시에 원료물질로 들어간 발암물질인 포름알데하이드가 유출될 수 있다. 시중에서 파는 스티로폼 컵라면에 끓는 물을 부은 후 20분이 경과하면 스티렌 이량체와 스티렌 삼량체가 미량 녹아 나오는 것으로 조사되었다. 스티렌 성분은 휘발성 유기화합물의 한 종류로 발암성 물질이며 생식 기능 장애에 관계된 환경호르몬이다. 이러한 유해성 때문에 최근에는 컵라면 용기가 종이에 폴리에틸렌을 코팅한 제품으로 대체되는 경향을 보이고 있다. 따라서 가급적 발포성 폴리스티렌 용기를 사용하지 않는 것이 최선이며, 사용 시에는 뜨거운 물을 붓고 10분 내에 먹어야 안전하다. 폴리스티렌 용기는 전자레인지에서 가열하면 유해물질이 녹아 나오므로 전자레인지에서는 사용하지 말아야 한다.

다섯째, 폴리염화비닐은 뛰어난 가공성과 물성 때문에 바닥재와

플라스틱 시대

창틀, 인조가죽, 시트, 말랑말랑한 인형 등에 사용되고 있다. 원료물질인 염화비닐은 1군 발암물질이며, 다양한 독성을 유발할 수 있다. 또한 가소제로 쓰이는 프탈레이트는 환경호르몬이며 인체에 다양한 위해성을 가진 것으로 알려져 있다. 따라서 어린이가 폴리염화비닐로 만들어진 물건을 빠는 행위 등은 조심할 필요가 있다.

여섯째, 투명하고 단단한 특징을 가진 폴리카보네이트는 가공성, 내열성 및 내충격성이 좋아 물병, 스포츠 장비, CD 및 DVD, 휴대폰·노트북 등의 외장재 소재로 널리 사용되고 있다. 이전에는 유아용 젖병으로도 많이 사용되었다. 폴리카보네이트의 가소제로 사용되는 비스페놀A는 대표적인 환경호르몬으로 알려져 있다. 우리나라는 2012년에 폴리카보네이트를 비롯한 비스페놀A가 포함되어 있는 플라스틱을 유아용 젖병이나 젖꼭지 용도로 사용하는 것을 금지했으며, 현재는 인체에 무해한 실리콘이 젖꼭지에 사용되고 있다. 비스페놀A의 위험성을 고려할 때 폴리카보네이트로 제조된 식료품 용기는 가급적 사용하지 않는 것이 좋으며, 다른 용도로 사용할 때도 비스페놀A가 없는 제품이 안전하다.

일곱째, 불소수지인 폴리테트라플루오로에틸렌(PTFE)은 듀폰의 상품명인 테플론으로 많이 알려져 있다. 불소수지는 열에 강하고 마찰계수가 극히 낮으며 표면이 매끄러워 우리가 일상에서 자주 사용하는 프라이팬, 냄비 등의 코팅에 사용되고 있다. 불소수지 코팅은 식품이 타거나 눌어붙는 것을 방지하는 역할을 한다. 과열될 때 발생할 수 있는 연기의 위험성 외에, 프라이팬이나 냄비에서 떨어진 불소수지 조각 등을 실수로 먹더라도 체내로 흡수되지 않고 그대로 배출되므로 인체에 위해가 발생할 우려는 거의 없는 것으로 알려져 있다. 예전에는 불소수지 제조 시 가공보조제로 자연적으로 잘 분해되지 않고 잔류성유기화합물의 일종으로 자연계나 인체에 축적될 가능성이 있는 유독물질 과불화옥탄산(PFOA)이 사용되었으나, 현재는 과불화옥탄산을 사용하지 않은 대체제가 개발되었다.

불소수지로 코팅된 프라이팬이나 냄비를 사용할 때는 다음 몇 가지 사항을 주의할 필요가 있다. 우선 코팅이 벗겨지거나 흠집이 생기면 이물질이 낄 우려가 있으므로 조리와 세척 시 목재, 합성수지 등 부드러운 재질의 뒤집개나 수세미를 사용하는 것이 좋다. 또한 새로 구입한 조리기구는 사용하기 전에 깨끗하게 세척한 후 사용하고, 빈 프라이팬은 너무 오래 가열하지 않는 것이 좋다.

여덟째, 멜라민 수지는 멜라민과 포름알데하이드를 원료로 만들어진 열경화성 수지다. 현재 사용하고 있는 플라스틱 중 표면이 가장 단단하고 도자기 같은 촉감이 있으며 떨어뜨려도 깨지지 않기 때문에 각종 식기류에 많이 사용된다. 원료로 사용되는 멜라민과 포름알데하이드는 발암물질이며, 체내에 멜라민이 과도하게 축적되면 신장이 손상되고 신장결석 가능성이 높아진다. 이러한 이유 때문에 각국 정부는 주방용품의 경우 유해물질 함유 기준을 정해 관리하고 있다. 우리나라도 멜라민 용출 규격은 2.5mg/L 이하, 포름알데하이드 용출 규격은 4mg/L 이하로 엄격하게 관리하고 있다.

멜라민 수지 재질의 식기를 잘못된 방법으로 사용할 경우 식기에 포함된 유해물질이 빠져나올 수 있으니 주의해야 한다. 먼저 멜라민 수지 식기류는 끓는 물에 중탕하고 물로 깨끗이 닦아 사용하면 멜라민 용출량이 줄어든다. 멜라민 수지가 비록 열에 강한 재질이지만 고온에 직접 또는 반복적으로 노출하는 것은 피해야 한다. 열에 과하게 노출되어 균열이 생기면 원료물질이 빠져나올 우려가 있기 때문이다. 또한 오븐의 열이나 전자레인지의 고주파에 의해서도 용기가 파손될 수 있다. 그러므로 멜라민 수지 용기는 음식물을 담는 것 외에 직접 조리하는 용도로는 사용하지 말아야 한다.

　멜라민 수지 용기를 일반 주방용품처럼 소독하기 위해 장시간 자외선에 노출하면 변색이나 균열이 생길 수 있으며, 이때 변색이나 균열된 부분에서 유해물질이 유출될 수 있다. 따라서 식당에서 흔히 사용되는 자외선소독기에 멜라민 수지 주방용품을 보관할 때는 3시간 이내로 짧게 두어야 한다. 식초를 장기간 보관할 경우에도 용기에서 발암물질인 멜라민과 포름알데하이드가 나올 수 있기 때문에 주의해야 한다. 그리고 멜라민 수지 용기를 세척할 때는 표면에 흠집을 내기 쉬운 솔이나 연마분보다는 부드러운 스펀지를 사용하는 것이 좋다. 아울러 변색, 균열, 파손이 생겼을 경우에는 즉시 새것으로 교체하는 것이 안전하다.

　앞에서 살펴본 주의사항 외에도 플라스틱 제품을 사용할 때는 다음과 같은 사항도 주의해야 한다. 통상 빨간색 고무대야는 재활용 원료로 만들어져 카드뮴 등 중금속과 유해물질이 나올 우려가 있으므로 음식을 만들 때는 식품용으로 제조된 플라스틱이나 스테인리스 재질 대야를 사용하는 것이 좋다. 플라스틱 바가지나 국자를 뜨거운 국 냄비에 넣고 함께 가열하거나, 대량으로 음식을 조리할 때 농산물 포장용으로 만든 양파망으로 국물을 우려내는 것도 피해야 한다. 패스트푸드 매장에서 쟁반 위에 깔아 두는 광고지에 음식이 바로 닿는 것도 피해야 한다. 광고지가 코팅되어 있다면 코팅액이, 코팅되어 있지 않고 그냥 인쇄되어 있다면 잉크가 식품에 묻어 나올 수 있기 때문이다.

플라스틱 문제 해결을 위해 무엇을 해야 할까?

1. 정부가 할 일

플라스틱 문제를 해결하기 위해 정부는 무엇을 해야 할까? 플라스틱과 관련된 다른 경제주체들이 할 수 없는 정부의 가장 중요한 역할은 플라스틱 문제 해결을 위한 다양한 제도와 정책을 도입·시행하는 것이다.

앞서 언급했듯이 실제로 세계 각국 정부는 플라스틱 문제 해결을 위해 다양한 제도를 도입하고 있다. 생산자책임재활용제도, 빈용기보증금제도, 일회용 플라스틱 제품 사용금지와 세금 또는 부담금 부과, 포장재 재질·구조개선제도 등이 대표적인 예다. 앞에서 언급한 제도 외에도 각 국가는 자국의 여건에 맞는 다양한 정책을 개발·시행하고 있다.

우리나라도 플라스틱 문제 해결을 위해 많은 제도를 도입·시행하고 있다. 세계에서 시행되는 주요 제도뿐 아니라 다른 나라에서는 시행하지 않는 쓰레기 종량제, 폐기물부담금제도, 포장재 재활용용이성 평가결과 표시제도까지 모두 도입·시행하고 있어 마치 '플라스틱 관리제도의 백화점 또는 전시장'처럼 느껴지기도 한다.

우리나라를 비롯해 세계 각국 정부의 노력에도 불구하고 플라스틱 문제는 여전히 쉽지 않은 과제다. 플라스틱 문제 해결에 한걸음이라도 더 다가가기 위해서는 이 책에서 제시한 플라스틱 폐기물 줄이기, 재활용 확대, 바이오플라스틱 개발 및 보급 확대가 필요하며, 정부는 다음과 같은 역할을 해야 한다.

첫째, 현재 시행 중인 제도와 정책의 효과성과 효율성을 지속적으로 평가하고 개선해야 한다. 효과성은 목적을 달성하는 정도를 말한다. 플라스틱 문제와 관련해서는 이 제도로 폐플라스틱 발생량이 어느 정도 줄어들고 있는가, 재활용량은 늘어나고 있는가, 재생원료의 품질은 개선되고 있는가, 바이오플라스틱 개발 여건은 좋아지고 있는가 등이 될 것이다. 현재 제도와 정책으로 이러한 목적이 달성된다면 효과성 측면에서 타당하다고 할 것이다.

효율성은 적은 비용으로 큰 효과를 달성하는 것을 말한다. 효율성은 사회 또는 국가적 관점에서 파악할 필요가 있다. 플라스틱 문제와 관련해서는 사회 전체 측면에서 가장 적은 비용으로 폐플라스틱 발생량을 줄이고 재활용을 활성화하는 방법을 찾아야 한다. 이때 사회적 측면에서 비용은 기업체가 부담하는 비용, 정부가 투입하는 예산 등 모든 비용을 포함해야 한다. 정부 입장에서는 정책 시행으로 얻는 효과보다 기업체에 미치는 부담이 지나치게 가혹하지 않은지 늘 체크해야 한다.

둘째, 플라스틱 문제를 둘러싼 국내외적 상황과 여건 변화에 따라 꾸준하게 제도를 개선해야 한다. 플라스틱을 둘러싼 상황과 여건이 갑자기 변하기도 하고 서서히 변하기도 한다. 2018년 중국의 폐플라스틱 수입 금지와 2020년 코로나19로 인한 배달문화 확산 및 포장폐기물 증가는 예측하지 못한 급격한 변화였다. 반면 재생원료의 지속적인 가격하락, 재활용 기술과 선별기술의 발달, 산업구조의 변화에 따른 폐기물의 성상 변화 등은 비교적 서서히 다가오는 변화다. 이러한 대내외적 변화에 맞춰 지속적으로 제도와 정책을 개선하지 못할 경우 사회적 손실이 매우 커질 수 있다.

셋째, 플라스틱을 둘러싼 새로운 행정 수요에 적극 대응할 필요가 있다. 현재 플라스틱 분야에서는 바이오플라스틱과 미세플라스틱 문제와 관련해 새로운 정책방향 수립이 필요하다. 일반 플라스틱의 난분해성 문제 등을 해결하기 위해 개발되고 있는 바이오플라스틱은 미래의 플라스틱으로, 점차 시장이 확대될 것으로 전망된다. 그러나 취약한 물성, 비싼 가격, 재활용 어려움 등 해결해야 할 많은 과제를 안고 있다. 이러한 과제의 해결과 바이오플라스틱의 사용 확대를 위해 관련 기업, 연구계 및 정부가 함께 힘을 합쳐 노력한다면 플라스틱 문제를 해결하는 데 가시적인 성과를 거둘 뿐만 아니라 관련 분야에서 국가경쟁력도 강화될 것이다. 그리고 현재 플라스틱 재활용 시스템으로는 바이오플라스틱 재활용이 어렵다는 이유로 바이오플라스틱 개발 및 사용에 대한 인센티브가 거의 없어 바이오플라스틱 개발·사용 업체의 의욕이 많이 저하된 실정이다. 따라서 바이오플라스틱에 대한 적극적인 지원책이 필요하다.

미세플라스틱도 바다로 유입된 해양 폐기물과 함께 국제적 이슈다. 국내 연안과 해양의 미세플라스틱 현황, 생성 및 이동 경로, 측정 기술, 생태계 및 인체 위해성 등에 대한 조사와 연구를 기반으로 정책 방향을 수립할 필요가 있다.

넷째, 플라스틱 문제 해결에 도움이 될 외국의 선진적 제도를 지속적으로 도입해 플라스틱 문제 관리 기반을 강화할 필요가 있다. 선진국에 비해 미흡하다고 판단되는 분야 중 하나가 플라스틱에 관한 통계다. 플라스틱에 대한 효율적인 정책수립과 집행을 위해서는 플라스틱 생산, 유통과 소비, 재활용과 폐기 등에 대한 정확하고 신뢰할 수 있는 통계자료 확보가 매우 중요하다. 그러나 우리나라에서는 플라스틱에 대한 신뢰성 있는 통계자료를 구하기가 매우 어렵다. 따라서 플라스틱과 관련해 국가 차원의 통계체계를 구축하고, 이러한 통계를 바탕으로 플라스틱 및 플라스틱 제품에 대한 물질 흐름도를 작성해 정책수립과 집행의 근거로 활용할 필요가 있다.

플라스틱 폐기물의 물질재활용정책도 외국에 비해 미흡하다. 영국과 네덜란드 등은 플라스틱 포장재나 일회용 플라스틱 제품을 제조할 때 반드시 재생원료를 일정 비율 이상 사용하도록 의무화하고 있다. 선진국에 비해 물질재활용률이 낮은 우리나라에서 일정한 종류의 플라스틱 제품에 대해 재생원료 사용을 의무화할 경우 재생원료의 가격안정과 품질향상이라는 선순환 효과를 거둘 것으로 예상된다.

다섯째, 플라스틱 문제 해결을 위해 새로운 제도를 도입하거나 기존 제도를 개선할 때는 이해관계자들과 충분한 협의를 거쳐야 한다. 플라스틱 문제 해결에는 관련 전문가 외에도 지방자치단체, 시민단체, 국민, 관련 기업 등 수많은 이해관계자가 연관되어 있다. 제도개선

안에 대한 이해의 폭을 넓히고 시행착오를 줄이기 위해서는 이해관계자들과 제도개선 과정에서뿐만 아니라 시행 중에도 지속적으로 협의할 필요가 있다. 이러한 협의를 통해 이해관계자의 이해가 높아지고 협조를 얻을 수 있다면 정책의 효과는 배가될 것이다.

2. 지방자치단체가 할 일

지방자치단체는 관할구역 내에서 발생하는 모든 생활폐기물에 대한 처리와 관리 책임을 지고 있다. 이러한 책임을 다하기 위해 지방자치단체는 생활폐기물 처리를 위한 기초시설을 설치·운영하고 있다. 주민들이 편리하게 폐플라스틱 등을 분리배출할 수 있도록 거점 배출시설 설치, 주민들이 배출한 폐기물을 수거·회수하기 위한 차량 운행, 수거된 재활용가능자원을 종류별로 분리하는 선별시설 설치·운영, 가연성 폐기물들을 소각하기 위한 소각장 설치와 운영, 재활용이 어려운 폐기물 잔재물을 매립하기 위한 매립장 설치와 운영 등이 지방자치단체가 해야 할 일이다.

또한 지역에서 발생하는 폐기물 현황과 지역 여건을 고려한 폐기물 분리배출 체계 구축 및 홍보, 지역에서 일어나는 각종 폐기물 불법 매립과 투기에 대한 감시와 단속 등도 지방자치단체의 업무다. 이와 같이 중요한 업무를 맡고 있는 지방자치단체는 플라스틱 문제를 해결하기 위해 다음과 같은 역할을 해야 헌다.

첫째, 지역 여건에 적합한 분리배출 체계를 구축하고 주민들에게 적극 홍보해야 한다. 각 지방자치단체의 폐기물 처리 여건은 지역별 상황에 따라 다를 수 있다. 예컨대 도시지역 지방자치단체와 농촌이나 어촌지역 지방자치단체의 폐기물 분리배출 여건은 매우 다르다. 또한 폐기물 매립시설을 갖추고 있는 지방자치단체가 있는 반면 그렇지 못한 경우도 있으며, 생활폐기물 소각시설을 갖추고 있어 생활폐기물 대부분을 소각으로 처리하는 지방자치단체도 있다. 따라서 해당지역의 여건을 고려해 가장 적합한 폐기물 분리배출 체계를 갖추고 이를 지역주민들에게 잘 홍보해야 한다. 분리배출 체계와 요령에 대한 정보제공 및 홍보는 지역사회에 기반을 두고 있는 시민단체의 협조를 받을 수도 있을 것이다.

아울러 플라스틱 폐기물 등 재활용가능자원을 보다 효과적으로 분리배출하기 위해 단독주택지역이나 농어촌지역에서는 가급적이면 지역거점배출제도를 확대할 필요도 있을 것이다. 그리고 현재 분리배출 체계가 잘 작동하고 있는지 늘 점검·평가해 상시적으로 보완·발전시켜야 한다.

둘째, 주민들이 배출한 재활용가능자원을 철저하게 분리·선별해야 한다. 재생원료의 품질을 높이고 재활용 과정에서 소요되는 경비를 절감하기 위해 가장 중요한 것은 재활용가능자원의 철저한 선별과 이물질 제거다. 한국환경공단에서 2020년에 수행한 폐기물통계조사에 따르면, 공공선별장에서 선별을 거친 회수 선별품의 경우에도 재활용업체의 재활용 과정에서 20~30%의 잔재물이 발생하고 있다. 이는 경비부담 등의 이유로 공공선별장에서 재활용가능자원을 종류별로 철저하게 선별하거나 이물질을 제거하지 못한 결과로 해석된다.

따라서 개별선별장의 여건에 맞도록 기계적 선별과 수(手)선별 과정을 최적으로 배치해 선별과 이물질 제거의 효율성을 높일 필요가 있다.

그리고 도시 공동주택지역의 경우 재활용가능자원 회수와 선별을 민간업체에 맡겨 두고 있는데, 재활용가능자원의 가격하락 등으로 2018년 수거 거부와 같은 사태가 다시 발생할 가능성이 있다. 원칙적으로 공동주택에서 발생하는 폐기물 처리와 관리 책임도 지방자치단체에 있는 만큼, 지방자치단체는 공동주택지역에서도 재활용가능자원이 적절하게 회수·선별될 수 있도록 관리해야 한다. 그리고 가급적 빠른 시일 안에 공동주택도 단독주택지역과 마찬가지로 지방자치단체가 회수·선별작업을 직접 담당하는 것이 바람직하다.

셋째, 종량제 봉투 가격의 현실화가 필요하다. 1995년 도입된 우리나라의 쓰레기 종량제는 세계에서 최초로 전국 단위에서 시행되어 OECD 등으로부터 높은 평가를 받아 온 대표적인 경제적 유인제도다. 그러나 현재 종량제 봉투 가격이 쓰레기 처리비용의 30% 수준에 머물러 있어 종량제 봉투를 통한 원인자부담원칙이 제대로 구현되지 못하고 있다. 환경부 자료에 따르면 2008~2015년간 전국 종량제 봉투 가격의 연평균 인상률이 0.3%에 그쳐 같은 기간 연평균 물가상승률 2.8%에도 크게 미치지 못하는 실정이다. 우리나라 가정에서 배출되는 플라스틱 폐기물 중 약 60%가 재활용가능자원으로 분리배출되지 않고 종량제 봉투에 버려지고 있는데, 종량제 봉투 가격이 낮은 것이 이유 중 하나로 분석된다.

넷째, 경비절감보다 재활용을 우선으로 추진할 필요가 있다. 많은 지방자치단체가 경비절감을 이유로 주민들이 애써 분리배출해 놓은 재활용가능자원을 분리해 수거하지 않고 일반 폐기물과 혼합해서 수거하는 경우가 있다. 또한 일부 지방자치단체는 재활용가능자원을 수거하는 과정에서 일반 재활용 수거 차량이 아닌 압축 차량을 사용해 유리병이 파손되고 다른 재질의 재활용가능자원을 혼합압축해 재활용을 어렵게 하고 있다. 특히 재활용가능자원과 일반 폐기물의 혼합수거와 압축 차량을 이용한 혼합압축 장면을 일반 주민들이 목격할 경우 분리배출 필요성에 크게 회의를 느낄 수 있다. 따라서 당장의 경비절감보다 먼 미래를 위해 재활용을 우선할 필요가 있다. 부족한 경비는 종량제 봉투 가격 현실화를 통해 보충할 수 있을 것이다.

3. 플라스틱 원료 및 제품 생산업체가 할 일

앞서 언급했듯이 플라스틱 원료 및 제품 생산업체는 다음과 같은 활동을 통해 플라스틱 문제를 해결하는 데 기여할 수 있을 것이다.

첫째, 바이오플라스틱과 같은 보다 친환경적인 플라스틱 개발과 사용이다. 원료 생산업체가 품질이 우수한 바이오플라스틱을 개발·생산한다면 난분해성과 같은 일반 플라스틱 문제를 해결할 뿐만 아니라 관련 국가경쟁력을 높이는 데도 크게 기여할 것이다.

또한 플라스틱 제조 과정에서 물성의 개량과 작업의 편리를 위해 가소제 등 환경적으로 유해한 첨가제를 사용하는 경우가 많은데, 유해성 첨가제 사용을 줄이거나 유해성이 적은 대체 첨가제를 개발·사용할 필요가 있다. 플라스틱 원료의 유해성을 줄일 경우 인체와 환경에 대한 영향이 줄어들 뿐만 아니라 해당 제품 폐기 시 재활용 가능성도 증대된다.

둘째, 플라스틱 제품의 재질과 구조를 재활용이 용이하도록 개선하는 것이다. 복합재질이 아닌 단일재질로, 라벨과 마개를 분리하기쉬운 것으로, 어둡거나 화려한 색상을 무색이나 연한 색상으로, 금속등 플라스틱 이외 재질과 PVC를 사용하지 않으며, 복잡한 구조를 간단한 구조로 개선하면 해당 플라스틱 제품의 재활용 용이성이 크게증진될 것이다.

셋째, 재생원료의 사용 확대다. 현재 플라스틱 재활용업체가 느끼는 가장 큰 어려움 중 하나는 재생원료의 수요 부족과 지속적인 가격하락이다. 폐플라스틱을 열심히 재활용해 재생원료를 만들더라도 판로를 개척하지 못하는 것이다. 재생원료에 대한 수요가 부족하다 보니 가격이 하락하고, 가격이 하락하다 보니 품질 좋은 재생원료를 만들기 어려운 악순환이 계속된다. 플라스틱 제품 생산업체에서 재생원료를 사용한다면 재활용 시장이 활성화되어 수요 확대 → 가격 유지 → 품질 향상의 선순환 구조가 확립되고, 관련 기술의 발달과 규모의경제 달성으로 가격이 더욱 안정화될 것이다. 외국의 많은 기업이 플라스틱 제품 제조 시 신(新)재료와 일정 비율의 재생원료를 함께 사용하는 것을 참고할 필요가 있다.

넷째, 제로웨이스트 비즈니스를 적극 실천하는 것이다. 플라스틱원료 및 제품 생산업체는 플라스틱의 공급사슬에 직접 속해 있기 때문에 일반 기업체들보다 더욱 책임감을 가지고 제로웨이스트 비즈니스를 실천함으로써 플라스틱 문제 해결을 위해 노력해야 한다. 원료선

플라스틱 시대

택 과정에서 PVC같이 재활용이 어렵고 유해성 있는 원료를 피하고, 생산기술을 개선해 원료 및 제품 생산단계에서 공정폐기물 발생을 최소화할 필요가 있다. 또한 지역생산을 활성화함으로써 물류 및 운송단계에서 발생하는 대기오염물질 및 온실가스 배출도 줄일 필요가 있다. 유통·판매단계에서 포장재 사용을 최소화하고 불가피하게 포장재를 사용할 경우 플라스틱 포장재 사용을 억제하는 것도 중요하다.

4. 폐플라스틱 회수·선별업체 및 재활용업체가 할 일

회수·선별업체와 재활용업체는 순환경제에서 폐기물에 가치(value)를 더해 다시 자원으로 탄생시키는 중요한 역할을 하고 있다. 플라스틱 제품이 수명을 다하고 폐기되었을 때 자원으로서 가치를 부여받아 다시 경제계로 순환하느냐, 아니면 자원으로서 수명을 다하고 지구상에서 영원히 사라지느냐는 회수·선별업체와 재활용업체에 의해 결정된다. 고부가가치 재활용품을 만들기 위해 회수·선별업체와 재활용업체가 해야 할 일은 다음과 같다.

첫째, 효율적인 회수·선별체계를 구축한다. 폐플라스틱으로부터 고품질 재생원료를 생산하기 위해 아무리 강조해도 지나치지 않은 것이 철저한 선별과 이물질 제거다. 재활용업체에 반입된 폐플라스틱이 선별과 이물질 제거가 잘 되어 있으면 재활용 소요비용도 절감된다.

그런데 우리나라의 회수·선별 현장을 둘러보면 여건이 너무나 열악하다. 선별 기계 설비를 전혀 갖추지 못하고 수(手)선별 인력만으로 선별작업을 하는 곳도 많으며, 비닐류라 불리는 복합재질 필름류의 경우 선별작업을 전혀 하지 않고 압축해서 재활용업체로 보내는 작업장도 있다. 이러한 이유로 재활용업체는 다시 원점에서 선별작업과 이물질 제거 작업을 해야 하는 경우가 많아 재활용 경비가 많이 소요된다. 그리고 재활용업체의 선별 및 이물질 제거 작업 과정에서 약 20~30%의 잔재 폐기물이 발생하는데, 이러한 문제를 해결하기 위해 효율적인 선별 공정을 구성하고, 시설을 현대화할 필요가 있다.

최근에는 수선별보다 기계적 선별 비율이 높아지고 있는데, 우리나라에서 발생하는 폐기물 유형에 적합한 선별기술 개발과 적용이 필요하다. 그리고 정부도 회수·선별업체에 대한 관리를 철저히 해, 선별품이 일정 기준을 통과하지 못하면 회수지원금을 지급하지 않는 등 필요한 조치를 취할 필요가 있다.

둘째, 재활용을 위한 시설투자 및 기술개발에 힘쓴다. 플라스틱 재활용은 물질재활용, 화학적 재활용 및 에너지 회수로 구분할 수 있다. 재활용업체가 추구해야 할 재활용 방법은 물질재활용과 화학적 재활용이라고 할 수 있다. 에너지 회수는 소각의 일종이므로, 진정한 의미에서 자원순환이라고 할 수 없기 때문이다. 지금까지 폐플라스틱 재활용은 재질별 선별의 어려움, 낮은 재활용 기술력, 재활용 과정에서 열화(劣化)가 발생하는 플라스틱의 특성 등으로 인해 대부분 재생원료의 품질이 저하되는 다운사이클링(down-cycling)에 머물러 있었다. 물질재활용을 통해 순도가 높은 양질의 재생원료를 생산하고, 화학적 재활용으로 품질이 우수한 원료 또는 연료를 생산하기 위해서는 관련 기술 개발과 시설투자가 필요하다.

5. 일반시민과 시민단체가 할 일

대부분의 환경정책은 일반시민과 시민단체의 협력이 절대적으로 필요하다. 현재 시행되고 있는 환경 관련 제도와 정책 대부분은 일반시민과 시민단체의 협조와 협력을 바탕으로 지금 모습을 갖출 수 있었다. 그런데 일부 환경정책은 국민들에게 때로 많은 불편을 초래하기도 한다.

예컨대 1995년 쓰레기 종량제를 시행하면서 아파트 각 세대에 있던 쓰레기 투입구를 납땜으로 봉쇄했다. 편리하게 아파트에서 투입구로 쓰레기봉투를 던지기만 하면 되던 것을 종류별로 분류한 쓰레기를 들고 직접 1층으로 내려가 쓰레기함에 넣는 불편함을 시민들이 큰 불평 없이 감수한 덕분에 쓰레기 종량제가 지금 형태로 발전할 수 있었다.

시민단체는 환경보전을 위해 필요한 정책이라면 이를 널리 알리고 솔선수범하는 자세를 보여 주었다. 또한 정책이 실행되는 현장에서 예상하지 못한 문제가 발생할 경우 가장 먼저 발견하고 해결방안을 제시하는 것도 시민단체였다. 정부의 정책이 미흡할 경우 문제점을 지적하고 보완방안을 제시할 뿐만 아니라 시민들을 설득하는 일에도 앞장섰다.

플라스틱 문제를 해결하는 데도 일반시민들과 시민단체들의 협조가 매우 중요하다. 때에 따라서는 시민들이 불편을 감수하는 경우도 있을 것이다. 일회용 컵을 사용하지 않기 위해 텀블러를 들고 다녀야 하는 것처럼 말이다. 일반시민과 시민단체가 다음과 같은 일에서 적극적으로 협조한다면 플라스틱 문제 해결이 한층 수월해질 것이다.

첫째, 분리배출의 생활화다. 주민들은 지방자치단체의 분리배출 시스템에 따라 폐플라스틱을 배출하고, 플라스틱 용기를 배출할 때는 내용물을 비우고 물로 헹구어 이물질을 철저하게 제거해야 한다. 그리고 완구·문구류, 옷걸이, 칫솔, 파일철, 전화기, 낚싯대, 유모차·보행기, CD·DVD 등은 일부가 플라스틱 재질로 되어 있지만 플라스틱 외에 나무, 금속 등의 재질이 함께 있으므로 플라스틱으로 배출하는 것이 아니라 종량제 봉투, 특수 규격마대 또는 대형 폐기물 처리 등 지방자치단체가 정하는 방법에 따라 배출해야 한다.

둘째, 제로웨이스트 삶의 실천이다. 제로웨이스트의 가장 기본은 일상생활에서 폐기물, 특히 플라스틱 폐기물 발생을 최소화하는 것이다. 제로웨이스트 삶의 원칙에 따라 자신이 실천할 수 있는 방법을 선택해 차근차근 실행하는 것이 중요하다. 소비자가 개별적으로 제로웨이스트 삶을 실천하고, 이러한 실천이 더욱 확산된다면 사회를 변화시키는 큰 힘이 될 것이다. 제로웨이스트는 각 개인이 일상생활에서 일회용 플라스틱 사용과 배출을 줄이는 차원을 넘어 낭비하지 않는 방향으로 사람들의 생활양식을 바꿀 수 있다. 또한 소비자들이 제로웨이스트 삶을 적극적으로 추구한다면 기업들의 운영방침도 보다 환경친화적으로 바뀔 것이다. 과잉포장과 일회용품 사용을 소비자가 거절할 경우 기업은 포장을 줄이게 되고, 일회용품은 시장에서 점차 사라지게 될 것이다.

셋째, 우수한 분리배출 사례와 제로웨이스트의 확산이다. 우수한 분리배출과 제로웨이스트가 소비자 한 명, 하나의 단체, 한 지역에 머물지 않고 다른 사람에게로, 다른 단체로, 다른 지역으로 확산될 때 그 효과는 배가될 것이다. 더욱이 요즘에는 온라인과 소셜네트워크라는 좋은 전파수단이 있다. 이러한 온라인 플랫폼을 통해 제로웨이스트와 플라스틱 문제에 대한 의견을 자유롭게 주고받으며, 정보와 성공 경험담을 공유할 뿐만 아니라 제로웨이스트 삶을 지속하고 확장해 나갈 긍정적인 에너지를 충전할 수도 있을 것이다.

넷째, 플라스틱의 유해성으로부터 안전을 지키는 것이다. 지금 시중에 유통되고 있는 플라스틱 포장재 대부분은 정부의 안전검사를 통과해 비교적 안전하다고 할 수 있다. 하지만 이 책에서 여러 번 언급한 바와 같이 플라스틱은 화학물질 덩어리다. 플라스틱 제품을 부주의하게 취급하면 화학물질이 유출되어 안전상 문제가 생길 수도 있다는 의미다. 따라서 세심하게 주의를 기울여 플라스틱 제품을 사용함으로써 나 자신과 주변의 안전을 지키는 것이 중요하다.

6. 과학기술계가 할 일

플라스틱의 역습을 어떻게 막을 수 있을까? 플라스틱의 역습에 대한 방어와 반격의 실마리는 결국 과학기술에서 찾아야 할 것 같다. 플라스틱 문제를 해결하려면 다음과 같은 분야에서 우선적으로 기술 개발과 혁신이 이루어져야 한다.

첫째, 폐플라스틱 선별 및 재활용 기술 개발이다. 플라스틱 문제 해결방안의 하나인 효율적인 재활용을 위해 1차적으로는 재질별 선별과 이물질 제거가 필요하고, 2차적으로는 양질의 재생원료를 제조하기 위한 재활용 기술의 혁신이 필요하다.

먼저 폐플라스틱 선별과 관련해 선별시설의 공정은 공간구조와 면적 등 물리적 요인, 전처리시설의 설치 여부, 선별 대상 품목, 재활용 유형 등에 따라 다양하지만, 일반적으로 수선별과 기계적 선별 공정으로 구성되어 있다. 우리나라 선별시설은 전통적으로 주로 수작업 위주로 구성되었으나, 최근에는 숙련된 선별인력을 구하기 어렵고 선별효율을 높이기 위해 기계적 선별 공정을 도입하는 추세다. 금속류를 선별하기 위한 자력 선별장치, 재활용가능자원을 부피에 따라 선별하는 트롬멜, 비중이 낮은 비닐류를 주로 선별하는 풍력선별시설, 협잡물을 선별하는 발리스틱 선별시설, 플라스틱을 재질별로 선별하는 광학선별시설 등이 대표적인 기계적 선별시설이다.

그러나 기계적 선별 공정을 통해 자동으로 선별된 최종선별품의 순도가 낮아 재활용업체에서는 기계적 선별 공정만 거친 선별품을 선호하지 않으며, 심지어 인수거부 사례가 발생하기도 했다. 따라서 폐플라스틱 선별에 적합한 효율적인 선별기술 개발이 매우 중요하다.

폐플라스틱의 재활용 기술은 크게 물질재활용 기술과 화학적 재활용 기술로 구분된다. 이 중 물질재활용이 자원절약과 환경보전 등의 측면에서 가장 바람직한 방법으로 알려져 널리 활용되고 있지만, 낮은 재활용 기술로 다운사이클링에 그치고 있다. 화학적 재활용은 복합 플라스틱이나 저급 플라스틱이 혼합되어 있는 경우에도 적용할 수 있다는 장점이 있으나, 관련 기술을 일부 기업이 독점적으로 보유하고 있어 일반적으로 활용하기에는 기술적 장벽이 높다. 따라서 순도가 높은 양질의 재생원료를 생산하는 물질재활용 기술과 우리나라에서 활용할 수 있는 화학적 재활용 기술을 개발하는 것이 매우 중요하다. 이러한 선별기술과 재활용 기술 개발은 관련 업계 및 연구자들만의 몫이 아니라 정부 차원의 적극적인 지원이 필요하다.

둘째, 미세플라스틱에 대한 연구 강화다. 세계적으로 매년 1,000만 톤 이상의 플라스틱 폐기물이 바다로 흘러드는 것으로 알려지면서 미세플라스틱에 대한 우려가 더욱 커지고 있다. 바다로 흘러든 플라스틱이 풍화와 각종 분해 과정을 거쳐 만들어진 미세플라스틱은 플라스틱 생산 과정에서 첨가된 각종 유해물질을 함유하고 있을 뿐만 아니라 다양한 화학물질을 흡수 또는 흡착해 오염물질의 운반체 역할을 하고 있다.

이렇게 오염된 미세플라스틱을 바다에 서식하는 해양생물이 섭취하고 먹이사슬에 따라 상위단계로 이동해, 결국 사람에게까지 영향을 미치는 것으로 알려져 있다. 특히 잔류성 유기오염물질(persistent organic pollutants, POPs)의 특징 중 하나가 생물축적으로 먹이사슬을 따라 상위단계로 전달되면서 더욱 농도가 증가하는 것이다.

그러나 미세플라스틱이 어떤 지역에 어느 정도 농도로 분포해 있는지, 어떤 구체적인 과정을 거쳐 생성되는지, 해양생태계에 구체적으로 어떤 영향을 미치는지, 인체와 생태계에 미칠 수 있는 잠재적 영향은 무엇인지, 미세플라스틱의 크기와 종류에 따라 인체와 생태계에 미치는 영향에는 어떤 차이가 있는지, 부유 플라스틱 외에 침적된 플라스틱은 미세플라스틱이 되지 않는지, 어떤 화학물질이 미세플라스틱에 흡착 및 흡수가 잘 되는지 등 아직까지 미세플라스틱에 대해 모르는 것이 너무 많다. 이러한 사항들에 대한 종합적이고 체계적인 연구가 이루어져야만 미세플라스틱 문제를 해결하기 위한 보다 효과적인 대책을 세울 수 있을 것이다.

셋째, 바이오플라스틱에 대한 연구다. 일반 플라스틱의 가장 큰 문제는 사용 후 폐기물이 된 다음에도 잘 썩지 않는다는 것과 화석연료를 기반으로 하고 있어 제조 및 사용 과정에서 많은 양의 온실가스를 배출한다는 것이다. 이러한 일반 플라스틱의 문제를 해결하기 위해 바이오플라스틱에 대한 연구가 활발히 진행되고 있다. 바이오플라스틱 중 생분해성 플라스틱은 일반 플라스틱의 첫 번째 문제인 난분해성을 해결할 것으로 기대되고 있으며, 바이오매스 플라스틱은 석유계 플라스틱의 두 번째 문제인 온실가스 배출을 줄여 줄 것으로 기대되고 있다.

이러한 장점에도 불구하고 바이오플라스틱은 해결해야 할 몇 가지 과제를 안고 있다. 생분해성 플라스틱이 기대와 다르게 온도가 낮은 바다에서는 잘 분해되지 않는다는 논란, 생분해성 플라스틱이 분해되어 미세플라스틱이 되었을 때 해양생태계에 미치는 영향이 일반 플라스틱과 큰 차이 없다는 논란, 바이오매스 플라스틱과 산화분해성 플라스틱은 생분해성이 없어 해양생태계에 미치는 영향이 크다는 논란, 일반 플라스틱에 비해 물성이 취약한데도 불구하고 가격이 높다는 논란, 옥수수 전분 등을 원료로 사용함으로써 식량 윤리를 거스른다는 논란 등이 앞으로 바이오플라스틱과 관련해 해결해야 할 과제다.

연구를 통해 이러한 과제들을 해결할 경우 바이오플라스틱 시장은 더욱 확대될 것이다. 예컨대 옥수수 전분 등 식량자원을 바이오플라스틱 원료로 사용한다는 논란은 볏짚, 셀룰로스, 왕겨, 옥수숫대, 옥수수 껍질, 대나무 등 비식량 바이오매스를 원료로 사용하는 기술을 개발함으로써 해결할 수 있을 것이다.

바이오플라스틱이 안고 있는 또 하나의 문제점은 현재 재활용 시스템에서는 재활용이 어렵다는 것이다. 바이오플라스틱을 재활용하기 위해서는 기존의 일반 플라스틱과 분리된 별도의 회수·선별 및 시설·기술이 필요하다. 바이오플라스틱의 생산과 사용이 확대될 경우 바이오플라스틱을 재활용하기 위한 기술 개발도 매우 중요한 과제의 하나가 될 것이다.

플라스틱 시대의 미래

우리는 앞에서 플라스틱이 무엇이며 어떻게 만들어지는지, 플라스틱에는 어떤 화학물질이 함유되어 있는지, 플라스틱이 사람과 환경에 어떤 영향을 미치는지, 플라스틱 문제가 얼마나 심각한지, 플라스틱 문제 해결을 위한 제도와 정책은 무엇이 있는지, 어떻게 플라스틱 문제를 해결할 수 있는지 등에 대해 살펴보았다.

이를 통해 우리는 플라스틱이 화학물질 덩어리로서 다양한 형태와 방식으로 인체와 환경에 심각한 영향을 미칠 수 있는 '악마의 재능'을 지니고 있다는 것을 알 수 있었다. 플라스틱 문제의 심각성은 그 규모와 범위 때문에 더욱 깊어진다. 지금 이 순간에도 전 세계에서 플라스틱 생산과 소비가 계속 증가하고 있으며, 이에 따라 플라스틱 폐기물 발생량도 지속적으로 증가하고 있다. 해양 플라스틱과 미세플라스틱의 예에서 보는 것처럼 플라스틱 폐기물의 폐해는 배출되는 어느 한 마을, 어느 한 지역, 어느 한 국가에만 국한되는 것이 아니라 이웃 마을, 지역, 국가, 그리고 마침내 전 지구촌으로 확산되는 특성을 갖고 있다.

플라스틱 폐기물 발생량이 계속 늘어나고, 그로 인한 생태계 훼손이 전 세계적으로 확산됨에도 불구하고 우리는 플라스틱 사용을 중단할 수 없다. 천사의 모습으로 우리에게 주는 엄청난 혜택을 포기할 수 없기 때문이다. 일상을 함께하는 식기, 가전제품은 말할 것도 없고, 가볍고 체내 부작용이 거의 없으며 위생적으로 뛰어나 사람의 생명을 구하고 질병을 치료하는 데 도움을 주는 인공심장, 인공뼈, 수술장비, 의족, 의수 같은 플라스틱 의료용 기구를 사용하지 않을 수 없다. 가벼우면서도 강도가 높아 연비를 개선할 뿐만 아니라 환경개선에도 기여하는, 자동차와 비행기의 재료나 부품으로 사용되는 플라스틱도 포기할 수 없다. 그 외 농업과 어업의 생산성을 높여 소득을 올려 주는 농·수산용 자재, 2차 전지 및 디스플레이 등에 사용되는 고기능성 플라스틱, 부식에 강하고 내구성이 우수해 파이프·케이블·지붕·바닥·창문 등에 사용되는 건축용 플라스틱 등 다양한 분야에서 사용되는 플라스틱의 혜택을 포기하기란 거의 불가능하다.

플라스틱 시대, 우리는 미래를 위해 무엇을 할 수 있을까? 플라스틱이 우리에게 주는 혜택을 포기할 수도 없고, 플라스틱 폐기물로 인한 인체와 생태계의 악영향도 그냥 둘 수 없다. 이러한 상황에서 우리가 선택할 수 있는 유일한 방법은 플라스틱을 현명하고 슬기롭게 사용하는 것이다. 꼭 필요한 분야에만 사용하고 그렇지 않은 분야에서는 사용을 줄여 플라스틱 폐기물 발생을 최대한 억제하는 것, 플라스틱 폐기물을 최대한 재활용해 순환자원으로 활용하는 것, 자연에서 분해 가능한 바이오플라스틱을 개발해 사용하는 것 등이 현명하고 슬기로운 플라스틱 사용방법이라고 할 수 있다. 이것이 플라스틱 문제를 해결해 나가는 출발점이 될 것이다. 이를 위해 정부, 지방자치단체, 기업, 시민과 시민단체, 학계 전문가 등이 각자 역할을 충실히 이행한다면 플라스틱 문제를 해결하고 새로운 플라스틱 시대를 여는 데 조금이라도 가까워질 것이다.

나가며

내가 플라스틱에 대해 처음으로 고민했던 시기는 환경부 자원순환정책과장으로 근무하던 2006년경이었다. 엄청나게 늘어나는 플라스틱 폐기물을 어떻게 관리할 것인가는 당시에도 현안이었다. 자원순환의 개념과 기본원칙을 우리나라 법령에 처음으로 반영하고 폐기물부담금을 20배 인상한 것도 플라스틱 문제 해결을 위한 고민의 결과였다.

서울대학교 그린에코공학연구소에서 근무하는 4년간 자원순환에 관한 연구를 수행하면서 플라스틱 폐기물 재활용과 처리 현장을 둘러볼 수 있었다. 우리나라의 재활용 여건이 얼마나 열악한지, 제도와 현장의 괴리는 무엇인지, 현장의 요구사항이 무엇인지를 파악할 수 있는 소중한 기회였다. 모든 문제 해결의 실마리는 현장에 있음을 실감한 순간이었다.

한국과학기술단체총연합회(한국과총)의 회장이셨던 김명자 전 장관님의 요청으로 2019년 1년간 6회 시리즈로 개최한 '플라스틱 이슈포럼'의 운영위원장을 맡으면서 국내와 해외에서 발간된 플라스틱에 관한 대부분의 자료를 훑어보고 관련 정책동향을 정리할 기회를 가졌다. 매 1~2개월마다 개최되는 포럼을 보다 알차게 운영하기 위해서였다.

플라스틱에 관한 자료를 정리하면서 느낀 것은 플라스틱이 사회에 미치는 엄청난 영향에 비해 이를 체계적으로 설명한 국내 자료가 매우 부족하다는 점이었다. 특히 일반 시민과 학생들이 플라스틱 전반을 이해하도록 도움을 줄 수 있는 책이 없다는 것을 알게 되었다. 이것이 이 책을 쓰게 된 가장 큰 이유라고 할 수 있다. 플라스틱의 명과 암, 요람부터 무덤까지를 제대로 이해하는 것이 바로 플라스틱 문제 해결의 출발점이기 때문이다.

세계경제포럼(World Economy Forum)에서 2006년부터 매년 발간하는 『글로벌 위험 보고서(The Global Risks Report)』를 얼마 전 보면서 플라스틱 문제의 심각성을 다시 한번 인식하게 되었다. 이 보고서는 1,000명의 글로벌 전문가와 오피니언 리더의 설문조사를 바탕으로 향후 10년간 인류의 생존과 경제에 위협이 될 수 있는 30가지 위험을 명시하고 있는데, 지난 5년간의 보고서를 보면 30개 위험 중 가장 위협이 되는 5대 위험에 기후대응 실패(climate action failure), 극단적 기상(extreme weather), 생물다양성 손실(biodiversity loss), 사람이 만든 환경재앙(human-made environmental disasters) 등 환경과 관련된 4개 위험이 매년 빠지지 않고 포함되어 있음을 알 수 있다. 그런데 이 4개 위험은 모두 플라스틱과 관련되어 있다. 플라스틱이 화석연료를 원료로 하고 있으므로 기후와 기상문제의 원인이 되고, 지구생태계를 훼손하여 생물다양성을 감소시킨다. 그리고 플라스틱은 사람이 만든 대표적인 환경오염물질이다. 곧 플라스틱 문제를 해결하지 않는다면 이러한 위험들이 현실화되어 인류에게 돌이킬 수 없는 결과를 초래할 수도 있다는 것을 이 보고서는 알려 주고 있는 것이다.

집필을 마무리하는 지금 이 순간에도 플라스틱 문제의 심각성을 경고하고 새로운 대책을 알리는 자료들이 계속 나오고 있다. 2021년 11월 국제자연보전연맹(IUCN)은 매년 최소 1천400만 톤의 플라스틱 폐기물이 해양으로 흘러 들어가고 있으며, 이러한 플라스틱 오염은 식품의 안전성과 품질, 인류 건강, 연안 관광, 지구생태계를 심각하게 위협할 뿐만 아니라 현재 인류에 가장 큰 위협이 되고 있는 기후변화를 심화한다고 발표했다. 유럽에서 플라스틱에 대한 대처가 가장 느슨한 국가였던 영국은 최소 30%의 재생원료를 사용하지 않는 플라스틱 포장재에 대해 2022년 4월부터 톤당 약 33만 원의 플라스틱 포장세를 물리겠다고 발표했다. 우리나라는 재활용이 어려운 제품에 대해 분담금 할증 조치를 시행하는 등 일회용품에 대한 규제를 대폭 강화하고 있다. 이러한 경고와 정책들이 세계 곳곳으로 확산되어 사람들과 기업의 행동방식이 보다 친환경적으로 바뀌는 데 도움이 되었으면 하는 바람이다.

이 책을 집필하면서 많은 사람들에게 물심양면 도움을 받았다. 먼저 1999년 환경부에서 처음 뵌 이후 늘 격려와 영감을 주시고, 2019년에는 '플라스틱 이슈 포럼'의 위원장직을 나에게 맡겨 이 책을 집필하는 계기를 만들어 주신 김명자 장관님께 깊은 감사의 말씀을 드리고 싶다. 그리고 책의 출간을 도와준 서울대학교출판문화원에도 감사를 전한다.

마지막으로 이 책의 발간을 계기로 그동안 충분히 전하지 못했던 사랑과 감사의 마음을 우리 가족들에게도 전하고 싶다. 먼저 겸손과 배려를 몸소 실천하시면서 자식들을 사랑으로 가르치시다 2014년 사고로 돌아가신 아버지(고 이의철 님)와 현재 치매 초기 증세로 고생하시는 어머니(이일생 님)께 가슴 북받치는 마음으로 감사를 전하고 싶다. 내 인생의 동반자로 나 때문에 많은 것을 희생했던 아내(백근실)에게도 고맙다는 말과 사랑한다는 말을 전한다. 그리고 훌륭한 사회인으로 성장한 아들(이용수)과 딸(이화은)에게도 아빠로서 감사하다는 말을 전하고, 새로 우리 가족이 되어 준 며느리(박정은)와 2021년 3월 태어난 쌍둥이 손녀(이은하, 이은수)에게도 사랑한다는 말을 전하고 싶다. 은하와 은수가 플라스틱 위험으로부터 자유로운 세상에서 마음껏 꿈의 나래를 펼칠 수 있기를 희망해 본다.

2022년 2월
이찬희

국문 참고문헌

강신호(2019). 『이러다 지구에 플라스틱만 남겠어』. 북센스.

강창근·이승환·김의경(2007). 「내분비계 장애물질」. 『한국의사협회지』 50(4), 359-368.

고금숙(2019). 『우린 일회용이 아니니까』. 슬로비.

구지선(2020). 「바이오플라스틱 산업의 현황과 과제」. Weekly KDB Report 4-7.

김명자(2019). 『산업혁명으로 세계사를 읽다』. 까치.

김지선(2017). 「바이오플라스틱 제품 개발 동향 및 물성 DB 분석」, 화학소재정보은행 심층보고서.

김청(1999). 『플라스틱 이야기』. 도서출판 포장산업.

나이트, 제오프(2016). 『세상에 대하여 우리가 더 잘 알아야 할 교양 (45) 플라스틱 오염』. 내인생의책.

노진섭(2018). 「플라스틱 지구①: 인구 20만 '쓰레기 섬' GPGP」, 「플라스틱 지구②: 인류 위협하는 '마이크로비즈'」. 시사저널.

대한상공회의소(2002). 「환경관련 핵심규제 현황 및 개선 방안」.

류민영·김혜연(2009). 「고분자 성형공정 개요 및 성형원리」. 『고분자과학과 기술』 제20권 2호.

맥컬럼, 윌(2019). 『플라스틱 없는 삶』. 북하이브.

무어, 찰스·필립스, 커샌드라(2013). 『플라스틱 바다』. 미지북스.

박정규·간순영(2014). 「잔류성·생물축적성 물질 피해저감을 위한 미세플라스틱 (Microplastic) 관리방안」. 『환경정책연구』 13(2), 65, 65-98.

박정규 외(2010). 「세대간 생체전이성 화학물질의 현황 및 관리방향」. 한국환경정책·평가연구원 연구보고서 2010-15.

박태균(2019). 『환경호르몬 어떻게 해결할까?』. 동아엠앤비.

식품의약품안전처(2019). 「김치 담글 때 재활용 빨간색 고무대야 사용하지 마세요」. 언론 홍보자료.

식품의약품안전평가원(2020).「비스페놀류 통합위해성 평가」. 식품의약품안전처 식품의약품안전평가원 발간등록번호 11-1471057-000434-01.

신희덕·김종헌(2014).「폐플라스틱의 처리·재자원화 최신동향」. *Journal of Korean Institute of Resources Recycling* Vol. 23 No. 4, 3-11.

양은영·이동국·양재호(2018).「환경호르몬과 신경계질환」.『대한신경과학회지』제36권 제3호, 139-144.

여민경(2003).「환경호르몬의 영향과 규제방안에 관한 연구」. 한국형사정책연구원 연구보고서 02-34.

유영선·오유성·김운수·최성욱(2015).「생분해, 산화생분해, 바이오베이스 플라스틱의 세계 주요 국가 인증마크 및 규격기준동향」. *Clean Technology* Vol. 21 No. 1, 1-11.

유영선·오유성·홍승회·최성욱(2015).「국내외 바이오 플라스틱의 연구개발, 제품화 및 시장 동향」. *Clean Technology* Vol. 21 No. 3, 141-152.

유영선·황성연·오동엽·박제영(2019).「국내외 바이오 플라스틱 종류, 최신동향 및 제품적용 현황, 바이오 플라스틱의 기술 개발현황 및 전망」.『융합연구리뷰』Vol. 5 No. 12.

이국환(2019).『플라스틱: 미래산업에 답하다-4차 산업혁명의 핵심소재』. 기전연구사.

이빛나·신혜정·나현경·이나경·양미희(2009).「Bisphenol A 노출과 소아비만」.『환경독성학회지』제24권 제4호, 287-292.

이상호·박경문·주정찬(2019).「생분해성 바이오플라스틱 생산기술과 산업동향」. KEIT PD Issue Report 20-40.

이소라·조지혜·신동원·정다운·고인철·이찬희·황용우·홍수열(2019).「순환경제로의 전환을 위한 플라스틱 관리전략 연구」. KEI 연구보고서 2019-17. 한국환경정책·평가연구원.

이원구·조병철·전형진(2012).「자동차용 바이오 플라스틱 동향」.『공업화학전망』제15권 제4호, 1-10.

이정현(2019).「전기전자제품의 프탈레이트 규제 물질 관리 방안」. 한국환경산업기술원 환경동향보고.

이철우·최경희·정석원·김혜림·서영록(2009).「내분비계 장애물질에 대한 이해와 미래 연구 방향」.『대한내분비학회지』제24권 제1호, 7-14.

전영인(2018).「친환경 플라스틱 대체 소재 기술개발 동향」. KOSEN Report 2018, 4.

제갈종건(2016).「바이오플라스틱」. *BT NEWS* 23(2), 20-24.

조던, 크리스(2019).『크리스 조던-아름다움의 눈을 통해 절망의 바다 그 너머로』. 인디고서원.

크라우트바슐, 산드라(2016). 『우리는 플라스틱 없이 살기로 했다』. 양철북.

프라인켈, 수전(2012). 『플라스틱사회』. 을유문화사.

프레시안(2011). 「종이컵에 뜨거운 물? 세상에 이런 일이!」. 2011년 2월 10일.

한국과학기술한림원(2019). 「플라스틱 오염 현황과 그 해결책에 대한 과학기술 정책」. 『월간 플라스틱 사이언스』 2019년 9월호, 10월호, 11월호, 12월호.

한국석유화학협회(2021). 『2021 석유화학편람』.

한국환경공단(2011). 「폐플라스틱 재활용 중간가공물 품질기준 설정 연구」. 연구용역보고서.

홍수열 외(2017). 「회수품 기준 정립 및 선별시설 개선방안 연구용역」. 한국순환자원유통지원센터.

환경부(2021). 『2021 환경백서』.

The Picker(2019). 「제로웨이스트학 개론」. The Picker.

외국문 참고문헌

Andersson, T., Forlin, L., Harig, I., and Larsson, A.(1988). "Physiological disturbances in fish living in coastal water polluted with bleached kraft mill effluents". *Canadian Journal of Fisheries and Aquatic Science* 45, 1525-1536.

Baillie-Hamilton, P. F.(2002). "Chemical toxins: A hypothesis to explain the global obesity epidemic". *Alternative Complement Medicine* 8(2), 185-192.

Carwile, J. L. and Michels, K. B.(2011). "Urinary bisphenol A and obesity: NHANES 2003-2006". *Environmental Research* 111(6), 825-830.

Caspersen, I. H., Aase, H., Biele, G., Brantsæter, A. L., Haugen, M., Kvalem, H. E. et al.(2016). "The influence of maternal dietary exposure to dioxins and PCBs during pregnancy on ADHD symptoms and cognitive functions in Norwegian preschool children". *Environment International* 94, 649-660.

European Bioplastics(2019). "Bioplastics market data 2019". Report European Bioplastics.

European Bioplastics(2020). "Bioplastics market development update 2020". Report European Bioplastics.

European Court of Auditors(2020). "EU Action to Tackle the Issue of Plastic Waste". Review no. 04.

Facemire, C. F., Gross, T. S., and Guillette, L. J. J.(1995). "Reproductive impairment in the Florida panther: Narture or nurture". *Environmental Health Perspective* 103(Suppl. 4), 79-86.

Geyer, R., Jambeck, J. R., and Law, K. L.(2017). "Production, use, and fate of all plastics ever made". *Science Advances* 3, e1700782.

Gibbs, P. E. and Bryan, G. W.(1986). "Reproductive failure in populations of the dog-welk, Nucella lapillus, caused by imposex induced by tributyltin from antifouling paints". *Journal of the Marine Biological Association of the United Kingdom* 66, 767-777.

Green, Dannielle Senga(2016). "Effects of microplastics on European flat oysters, Ostrea edulis and their associated benthic communities". *Environmental Pollution* 216, 95-103.

Henriksen, G. L., Ketchum, N. S., Michalek, J. E., and Swaby, J. A.(1997). "Serum dioxin and diabetes mellitus in veterans of Operation Ranch Hand". *Epidemiology.* 1997 May 8(3), 252-258.

Karasik, R., Vegh, T., Diana, Z., Bering, J., Caldas, J., Pickle, A., Rittschof, D., and Virdin, J.(2020). *20 Years of Government Responses to the Global Plastic Pollution Problem, the Plastic Policy Inventory.* Duke Nicholas Institute.

Kim, E. H., Jeon, B. H., Kim, J., Kim, Y. M., Han, Y., Ahn, K., and Cheong, H. K.(2017). "Exposure to phthalates and bisphenol A are associated with atopic dermatitis symptoms in children: A time-series analysis". *Environmental Health* 16(24).

Kim, Sunmi, Lee, Jangwoo, Park, Jeongim, Kim, Hai-Joong, Cho, Geumjoon, Kim, Gun- Ha, Eun, So-Hee, Lee, Jeong Jae, Choi, Gyuyeon et al.(2015). "Concentrations of phthalate metabolites in breast milk in Korea: Estimating exposure to phthalates and potential risks among breast-fed infants". *Science of the Total Environment* 508, 13-19.

Lebreton, L. C. M., Zwet, J. van der, Damsteeg, J. W., Slat, B., Andrady, A., and Reisser, J.(2017). "River plastic emissions to the world's oceans". *Nature Communications* 8, Article number: 15611.

Michael, D. F., Kuehler, C. T., Steven, M. S., and John, R. P.(1987). "Sex ratio skew and breeding patterns of gulls: Demographic and toxicological considerations". *Studies in Avian Biology* 10, 26-43.

Michael, R. C. and George, L. H. Jr.(1984). "Female-female pairing and sex ratios in gulls: A historical perspective". *The Wilson Bulletin* Vol. 96 No. 4, 619-625.

Plastics Europe(2021). *Plastics-the Facts 2021.*

Safe, S. H.(2000). "Endocrine disruptors and human health-is there a problem? An update". *Environmental Health Perspectives* 108(6), 487-493.

Semenza, J. C., Tolbert, P. E., Rubin, C. H., Guillette, L. J. Jr., and Richard J. J.(1997). "Reproductive toxins and alligator abnormalities at Lake Apopka, Florida". *Environmental Health Perspective* 105(10), 1030-1032.

Shah-Kulkarni, S., Kim, B. M., Hong, Y. C., Kim, H. S., Kwon, E. J., Park, H. et al. (2016). "Prenatal exposure to perfluorinated compounds affects thyroid hormone levels in newborn girls". *Environment International* 94, 607-613.

The PEW Charitable Trusts and SYSTEMIQ(2020). *Breaking the Plastic Wave.*

UNEP(2018). *Single-Use Plastics: A Roadmap for Sustainability.* UN Environment Programme.

UNEP(2021). *Addressing Singe-Use Plastic Products Pollution Using a Life Cycle Approach.* UN Eivironment Programme.

Van den Berg, M., Kypke, K., Kotz, A., Tritscher, A., Lee, S. Y., Magulova, K. et al.(2017). "WHO/UNEP global surveys of PCDDs, PCDFs, PCBs and DDTs in human milk and benefit-risk evaluation of breastfeeding". *Archives of Toxicology* 91, 83-96.

Zero Waste Europe(2019). "Unfolding the Single-Use Plastics Directive". Policy Briefing.

인터넷 참고자료

네이버 블로그 세스코. "발암물질 생성하는 멜라민수지 주방용품 사용 시 주의사항". https://m.blog.naver.com/cescomembers/22131099457l.(최종접속일: 2021.12.15.)

㈜바이오소재 홈페이지. "규격 및 시험방법". http://www.neomcc.com/default/bio_plastic/standard.php?sub=06.(최종접속일: 2021.12.15.)

식품의약품안전평가원 홈페이지. "프탈레이트류". http://www.nifds.go.kr/brd/m_13/view.do?seq=342&srchFr=&srchTo=&srchWord=&srchTp=&itm_seq_1=0&itm_seq_2=0&multi_itm_seq=0&company_cd=&company_nm=&page=3.(최종접속일: 2021.12.15.)

연합뉴스(2017). "캔 제품 환경호르몬, 태아 사회성 발달에 악영향 줄 수도". https://www.yna.co.kr/view/AKR20171208156900017.(최종접속일: 2021.12.15.)

한국기후·환경네트워크 블로그. "제로웨이스트로 저탄소생활을 실천하는 방법". https://blog.naver.com/greenstartkr/221750021777.(최종접속일: 2021.12.15.)

한화케미컬 공식 블로그. "자동차 연비를 높이는 '플라스틱 복합섬유'". https://www.chemidream.com/2449?category=450709.(최종접속일: 2021.12.15.)

Clean Water Action Homepage. "The Problem of Marine Plastic Pollution". https://www.cleanwater.org/problem-marine-plastic-pollution.(최종접속일: 2021.12.15.)

Science History Institute Homepage. "History and Future of Plastics". https://www.sciencehistory.org/the-history-and-future-of-plastics.(최종접속일: 2021.12.15.)

Statista Homepage. "Annual production of plastics worldwide from 1950 to 2020". https://www.statista.com/statistics/282732/global-production-of-plastics-since-1950/.(최종접속일: 2021.12.15.)

이찬희(李贊熙)

1961년 경북 영천에서 태어나 영남대학교 행정학과를 졸업(1987)하고, 미국 위스콘신 대학교에서 정책학석사학위(1996)를, 한양대학교에서 환경공학박사학위(2016)를 받았다. 대학교 4학년 재학 중 제30회 행정고시에 합격(1986)해 환경부, 주유엔대표부, 유엔환경계획(UNEP), 대통령비서실 등에서 근무했다. 대통령비서실의 기후환경비서관을 마지막으로 2017년 5월 공직에서 물러난 뒤 서울대학교 그린에코공학연구소 교수로 약 4년간 재직하면서 자원순환과 플라스틱에 대한 연구에 종사했다. 한국과학기술단체총연합회 주관으로 2019년 6회 시리즈로 개최한 '플라스틱 이슈 포럼'의 운영위원장으로서 포럼의 기획과 운영을 총괄했다. 한국포장재재활용사업공제조합 이사장(2021~2024)을 거쳐 현재 한국자연공원협회 회장으로 근무하고 있다.